绿色中原建设纪实

(2006)

王照平　主编

黄 河 水 利 出 版 社

图书在版编目（CIP）数据

绿色中原建设纪实.2006/王照平主编. —郑州：黄河水利出版社，2007.12
ISBN 978-7-80734-319-6

Ⅰ.绿…　Ⅱ.王…　Ⅲ.林业经济-经济建设-概况-河南省－2006
Ⅳ.F326.276.1

中国版本图书馆CIP数据核字(2007) 第182964号

出 版 社:黄河水利出版社
地址:河南省郑州市金水路11号　　邮政编码:450003
发行单位:黄河水利出版社
发行部电话:0371-66026940　　传真:0371-66022620
E-mail:hhslcbs@126.com
承印单位:河南省瑞光印务股份有限公司
开本:890 mm×1 240 mm　1/16
印张:12.25
字数:295千字　　印数:1—1 000
版次:2007年12月第1版　　印次:2007年12月第1次印刷

书号:ISBN 978-7-80734-319-6/F·84　　定价:35.00元

编 委 会 名 单

主　　编　王照平

副 主 编　刘有富　万运龙

执行主编　徐　忠　杨晓周

编写人员　(按姓氏笔画排序)

马润淑　马淑芳　钱建平　尤利亚　王东升

王明付　王英武　王晋生　王　翃　王　冠

周三强　刘玉明　刘宇新　刘建立　何立新

吴玉珂　张文艳　张顺生　张孟林　张新胜

张　吉　李永平　李向东　李灵军　李笑峰

李敏华　杨文培　汪运利　肖建成　陈风顺

陈克铭　陈振武　陈　卫　陈　明　范增伟

郑付来　郑红卫　郑晓敏　金红俊　胡建清

赵　蔚　赵利伟　侯大兴　侯利红　柴明清

秦志强　袁黎明　贾治军　郭安鑫　钱建平

曹卫领　温保良　程逸远　舒长青　路　旭

鄢广运　翟跃东

编 辑 说 明

一、《绿色中原建设纪实》是一部综合反映河南省现代林业建设重要活动、发展水平、基本成就与经验教训的资料性工具书。每年出版一卷，反映上年度情况。本卷为2006年卷，收录限2006年的资料。

二、《绿色中原建设纪实》的基本任务是，为河南省林业系统和有关部门的各级生产与管理人员、科技工作者以及广大社会读者，全面、系统地提供全省森林资源培育和保护、林业产业、林业支撑体系与基础设施建设等方面的年度信息和有关资料。

三、2006年卷编纂内容设37个栏目。每个栏目设概述和纪实两部分。

四、《绿色中原建设纪实》编写实行条目化，条目标题力求简洁、规范。全卷编排按内容分类，按分类栏目设书眉。

五、《绿色中原建设纪实》撰稿及资料收集由河南省林业厅各处室局、厅直各单位和各省辖市林业局承担。

《绿色中原建设纪实》编委会

2007年6月

目　录

河南林业

一、概述

2006年，河南省林业工作在各级党委、政府的正确领导下，紧紧围绕构建和谐社会和建设社会主义新农村的总目标，周密部署，狠抓落实，全面完成年度工作目标任务，实现了“十一五”规划的良好开局，是迈出新步伐、取得新成绩、再上新台阶的一年。

（一）强力推进造林绿化，林业生态建设再上新台阶

继续组织实施了退耕还林、天然林保护、重点地区防护林建设、野生动植物保护与自然保护区建设、外资造林等重点林业工程。郑州市启动了森林生态城建设，洛阳市实施了北邙绿化生态屏障建设，三门峡市实施了南山北岭覆盖性绿化工程，南阳市等开展了南水北调中线水源地生态建设，平顶山市开展了全市增绿活动，开封市开展了防沙治沙示范区建设，加快了生态建设步伐。全省共完成营造林面积278.75万亩，是年度责任目标266万亩的104.8%。完成县级以上通道绿化2 741公里。新建和完善农田林网面积1 324万亩，是年度目标任务的220.7%。完成大田育苗面积41.3万亩，是年度目标任务的165.2%。13个县（市、区）达到高级平原绿化标准，基本实现了全省高级平原绿化达标。在全省开展了林业生态县创建活动，信阳市出台了创建林业生态县配套文件，全省首批建成林业生态县9个。首次将义务植树纳入了目标管理，安阳、商丘、周口、焦作、驻马店市创新了义务植树管理方式，鹤壁市开展了林地认养活动，全民义务植树活动深入开展。全省参加义务植树人数4 615万人（次），占全省适龄公民人数的90.7%；完成义务植树1.88亿株，是全省应植株数的123.3%，为历年来最好的一年。

（二）加大依法治林力度，资源保护管理取得新进展

严格征占用林地审核、林木采伐和木材运输管理，严禁天然林采伐,全省林木采伐量严格控制在限额以内，全省征占用林地审核审批率达到90%以上，伐区林木凭证采伐率和办证合格率稳定在95%以上。加快了林权证发证步伐，退耕还林和其他工程林权证发证率达到94.6%。编制了全省征占用林地定额，为实行林地限额管理奠定了基础。全省的国家级和省级公益林面积扩大到990.65万亩，各项管护措施全部落实到位。天然林保护工程（以下简称天保工程）区森工企业职工“四险”补助得到妥善解决。豫北4市32个县森林资源二类调查外业工作已经完成。加强了林业灾害预防控制，全省森林火灾受害面积6 033亩，森林火灾受害率0.1‰，低于1‰的年度控制目标；全年各种林业有害生物成灾面积14.8万亩，林木病虫害成灾率2.3‰，低于9‰的年度控制目标；没有发生重特大森林火灾及森林病虫害。新建国家级自然保护区2处，省级以上森林公园7处（其中国家级3处）。加强野生动物疫源疫病监测体系建设，新建6个国家级、165个市县级监测站点，全年共向国家和省报送野生动物疫源疫病监测信息报告单291份。组织开展了以“绿盾行动”为重点的5次严打专项行动，39起重特大毁林案件均得到及时查处，全省共查处各类涉林案件1.3万起，打击处理违法犯罪人员1.6万人。印发了森林防火等4项应急预案，提高了应对突发林业事件的快速反应能力。开展了林业综合行政执法改革，加强了林业立法和执法监督，《河南省野生植物保护条例》已提请省人大审议，开展了《中华人民共和国种子法》执法检查和行政执法案卷评查。

（三）全面实施科教兴林，林业产业有了新发展

围绕林业生态建设、森林资源保护和产业发展，狠抓了科教兴林，组织实施了国家、省级林业科技项目30多项，新建林业科技示范园区18个，推广林业新技术10多项和林果新品种20多个，制定并发布实施省、市、县级地方林业技术标准（规程）33个，培训林农20多万人（次），扶持林业科技示范户3 500多个。组织编制了13个农村党员干部远程教育电教片。全省有8个林业科技项目获得了省科技进步二、三等奖。全省营造以杨树为主的速生丰产林面积27.38万亩，新发展经济林面积59万亩。全省各类经济林产品总产量达到665万吨，为年度目标任务的110.8%。花卉和园林绿化苗木生产基地发展到57万亩，为年度目标任务的103.6%。向社会推出了林产品十大品牌和优秀品牌，一批林产品获得国优和省优称号。出台了促进伏牛山区森林生态旅游开发与资源保护的实施意见，组织了多种形式的森林旅游宣传推介活动。全省67处森林生态旅游景区正式对游客开放，全年接待游客1 530万人（次），为年度目标任务的102%，直接旅游收入3.7亿元。全省完成林业总产值345亿元，比2005年增长19.7%。

（四）巩固先进性教育成果，先进性建设取得新成效

河南省林业主要工作在全国继续保持了较好的位次。经国家林业局组织核查或检查验收，河南省造林绿化工作被评为全国绿化先进集体，营造林质量被评为全国先进单位，年度营造林实绩总体评价综合得分列全国第十名，封山育林实绩评价综合得分列全国第四名，飞播造林实绩评价综合得分列全国第四名，天然林资源保护工程森林管护得满分，防沙治沙工作被评为第三次全国荒漠化和沙化监测工作先进集体，“绿盾行动”被评为全国优秀组织单位，森林病虫害防治工作被评为全国森防宣传先进单位，法制工作被评为全国林业系统“四五”普法宣传教育先进集体，科技工作被评为全国林业科技工作先进集体。《中华人民共和国种子法》知识竞赛获组织奖，苗木花卉在2006年中国苗木交易大会上获“特装展”金奖，森林旅游在中国森林旅游博览会上获“最佳演示奖”。河南林业信息网站被评为全国农业网站100强。老干部工作被评为全省老干部工作先进集体。厅团委被授予“河南省五四红旗团委”称号。

2006年，全省各地林业部门不断创新工作方法，强化工作措施，积累了一些好的经验。

一是领导重视是加快林业发展的保证。省委书记徐光春、省长李成玉多次听取林业工作汇报，作出重要批示，并深入基层检查指导林业工作，3月份又亲率党政军领导参加义务植树活动。省委、省政府3次召开会议，专题安排部署植树造林、森林防火和生态建设工作。多数市、县的主要领导都把林业作为生态建设的主体和经济结构调整的支柱产业来抓，促进了林业工作快速、健康发展。

二是改革创新是加快林业发展的动力。启动了林业生态县创建活动，为全省林业可持续发展搭建了有效载体。广泛开展了集体林权制度改革调研，为全面推进河南省林权制度改革奠定了基础。采取多种措施，大力发展非公有制林业，全省共吸收社会资金5亿多元，完成非公有制造林面积212万亩，占全省人工造林面积的76%。同时，通过天然林保护区人工商品林采伐管理和平原农区低产低效林更新改造试点，探索出了森林采伐分类管理与更新的模式和方法。通过开展"一警一区"责任制试点和森林公安警务区建设，提高了林业治安防范能力。通过林地保护利用试点，为依法维护林地资源的可持续利用，保持林地总量动态平衡奠定了基础。

三是加大投入是加快林业发展的重要途径。在国家宏观经济政策调整，退耕还林、天然林保护工程和国债资金大幅度减少的情况下，经过各级林业部门的共同努力，全年中央和省投资规模达到14.38亿元，与上年持平，确保了重点工程和项目的稳步实施。郑州市投入2.5亿元用于森林生态城建设；漯河市投资1亿元用于城乡绿化；新乡市投资1 700多万元建设凤凰山森林公园；洛阳市政府拿出1 000万元建设北邙绿色生态工程；濮阳市政府决定，连续5年每年投入500万元建设速生丰产林基地。新安、义马、渑池等县（市）林业财政投资已突破1 000万元。全省工程造林面积达201.21万亩，占全省造林总面积的72.2%。

四是严格目标管理和督促检查是加快林业发展的主要措施。省政府将造林绿化任务纳入了政府责任目标考核体系。省林业厅将年度工作责任目标分解落实到各省辖市林业主管部门、厅机关各处（室、局）及厅直各单位，出台了考核办法，制定了《林业生态县检查验收办法》等检查细则。在植树造林、森林防火等关键时期，厅领导实行包片责任制，处级干部带队，组成督察组，深入各市、县和生产第一线开展督察，确保造林进度、质量和各项责任目标落实到位。许昌市在"国家森林城市"创建中，抽调市直126名干部组成63个督察组对全市63个行政村的林业生态建设进行督导。济源市建立了市领导包乡督导、"三室"联合督导和林业部门技术督导相结合的多重督导机制。

五是加强干部队伍和行风建设是加快林业发展的基础。加强了林业干部职工的培训学习，组织培训县级林业局局长、国有林场场长和林业执法人员400多名。按照规定程序，较好地解决了厅机关和直属事业单位领导班子结构优化、优秀年轻干部培养选拔和轮岗交流问题，厅机关与直属事业单位轮岗调整了48名处级干部。通过干部轮岗调整和培训学习，提高了干部队伍的整体素质，激发了干事创业的热情。全省林业系统继续坚持政务公开制度，深入开展了治理商业贿赂和政风行风评议活动，共制定整改措施100余项，组织人员下基层调查解决问题600人（次）。加大了违法违纪案件查处力度，狠抓了公路"三乱"等纠风工作。在2006年全省政风行风评议中，林业系统综合考核得分列第11位，比2005年上升19个位次。

二、纪实

1月

1月9~20日 张胜炎副厅长带队赴北京与日本国际协力银行代表开展日本政府贷款河南省造林项目正式评估谈判，并于20日与日方达成协议，签署了《日本政府贷款河南省造林项目评估备忘录》。

1月11日 省财政厅、林业厅联合下发《关于中德财政合作河南省农户林业发展项目各年度市、县两级配套资金列入财政预算的通知》（豫财办债〔2006〕1号），全面落实省、市、县级配套资金，确保了项目的顺利实施。

1月20日 国家林业局对外合作项目中心通知（林合日便字〔2006〕1号），中日绿化基金洛阳一冈山友谊林建设项目列入2005年度小渊基金资助项目，日方年度资助530万日元，建设期为3年。

1月23日 财政部印发《关于中德财政合作河南省农户林业发展项目有关事项的函》（财金便函〔2006〕12号），批准实施该项目。项目总投资1.31亿元，其中德国政府赠款600万欧元（合6 000万元人民币），建设内容包括营造用材林、防护林、经济林，开展封山育林、间伐与经营示范，修建谷坊坝等，项目区包括嵩县、卢氏、鲁山、南召等4个县。

1月中旬 厅领导带领有关处室负责人赴尉氏等7个国有林场，慰问贫困职工、森林公安干警并检查安排春节期间林业生产情况。

1月25~26日 林业厅党组书记、厅长王照平与厅党组成员走访慰问厅机关离退休老干部，向全厅老同志祝贺新春。

2月

2月8日 省政府办公厅印发《关于切实做好义务植树工作的通知》（豫政办明电〔2006〕21号），对2006年义务植树工作提出明确要求。一要进一步提高对义务植树工作重要性的认识。二要按照属地管理原则，建立义务植树登记卡制度。三要切实负起责任，加强组织领导。

2月9~11日 国家林业局保护司桌榕生司长一行来河南检查野生动物疫源疫病监测体系建设情况，并对河南省林业厅各项工作给予了充分肯定。

2月11日 经国务院批准，河南小秦岭自然保护区正式晋升为国家级自然保护区，这是河南省建立的第8处国家级自然保护区。小秦岭自然保护区位于灵宝市境内，豫、陕、晋三省交汇处，属黄河上中游天然林保护工程项目区，是三门峡水库、小浪底水库上游重要的水源涵养林，同时也是河南省国有三门峡河西林场的林区。保护区总面积22.74万亩，区内海拔超过2 000米的山峰有40座，最高峰老鸦岔垴（海拔2 413.8米）是河南省境内的最高峰，被誉为“中原第一峰”。

2月13日 省编制办公室批复（豫编办〔2006〕9号），同意河南省野生动物救护中心加挂河南省野生动物疫源疫病监测中心的牌子，增加副处级领导职数1名。

2月16日 国务院办公厅下发《关于发布山西五鹿山等22处新建国家级自然保护区名单的通知》（国办发〔2006〕9号），批准河南省建立小秦岭国家级自然保护区，总面积22.74万亩。

2月16日 河南省春季植树造林和森林防火电视电话会议在郑州召开。会议主要任务是总结分析2005年冬以来河南省植树造林和森林防火的形势，安排部署春季植树造林和森林防火工作。副省长刘新民出席会议并作重要讲话。省林业厅厅长王照平通报了2005年冬以来全省植树造林工作进展情况和当前森林防火面临的形势。会议由省政府副秘书长王树山主持。省绿化委员会和省护林防火指挥部成员单位负责人参加会议，18个省辖市及各县（市）政府分管领导、绿化委员会和护林防火指挥部成员单位负责人在各市、县（市）分会场参加了会议。

2月17日 省政府印发《关于批转河南省创建林业生态县设施方案的通知》（豫政〔2006〕12号），计划到“十一五”末力争全省1/3的县（市、区）达到林业生态县标准。创建标准：①山区森林覆盖率≥50%（太行山区≥40%），丘陵区森林覆盖率≥25%，平原风沙区林木覆盖率≥20%，一般平原农区林木覆盖率≥18%。②平原区农田防护林网、农林间作控制率≥95%，山区宜林荒山荒地绿化率≥90%（太行山区≥85%），丘陵区宜林荒山荒地绿化率≥85%。③沟、河、渠规划区内，铁路、高速公路、国道、省道主干线和县级公路出入口绿化率≥95%。④县城（镇）建城区绿化率≥30%，平原村庄林木覆盖率≥40%。⑤区域内单一主栽树种株数或面积不超过70%。⑥国家、省级重点生态公益林和森林公园面积占国土面积比例：山区≥25%，丘陵区≥10%，平原区≥1%。区域内古树名木建档保护率达到100%。⑦连续3年林业总产值增长幅度：平原地区≥18%，丘陵区、山区≥12%。

2月20～26日 三门峡市林业局邀请日本国中野市日中友好协会会员、果树栽培专家小林良次先生，到三门峡市进行果树管理现场指导和技术交流。在有关技术人员的陪同下，小林良次先生分别到渑池县西村、段村的仰韶杏园和牛心柿园、陕县原种场桃、杏设施栽培基地和二仙坡绿色苹果基地、灵宝市川口乡和东村乡苹果示范园进行技术指导与交流学习。

2月24日 省政府印发《关于表彰平原绿化高级标准先进县（市、区）的通报》（豫政〔2006〕13号），对新乡县等26个达到平原绿化高级标准的先进县（市、区）予以通报表扬，并授予郑州市二七区、金水区、惠济区等26个县（市、区）“河南省平原绿化高级标准先进县（市、区）”荣誉称号。截至2005年年底，河南省已有80个县（市、区）达到了《河南省县级平原绿化高级标准》。

2月25日 省委同意宋全胜同志任侦察员（副厅级）（豫组干〔2006〕93号）。

3月20日 省政府决定任命宋全胜为侦察员（副厅级）（豫政任〔2006〕43号）。

3月

3月8~9日 全省省辖市林业局长会议在郑州召开。会议的主要任务是：贯彻落实省委经济工作会议、省委农村工作会议和全国林业厅局长会议精神，回顾总结“十五”林业建设成就和经验，研究提出“十一五”林业发展思路，安排部署2006年度的林业工作，进一步推进河南省林业快速持续健康发展。会上，王照平厅长作了重要的主题报告，9个市、县林业局作了典型发言或书面交流，分组进行了讨论，对先进单位进行了表彰。各省辖市林业局长和办公室主任、5个扩权市（县）林业局长、厅机关各处室局和直属单位的主要负责同志，以及省科技兴林顾问组成员和省会部分新闻单位的记者参加了会议。

王照平厅长在安排部署2006年工作时，强调要重点抓好八个方面的工作：一是扎实搞好造林绿化工作；二是继续抓好重点工程建设；三是积极推进林业生态县建设；四是切实加强森林资源保护；五是大力发展林业产业；六是继续深化林业改革；七是认真实施科教兴林；八是大力推进依法治林。同时指出，要从五方面入手，强化措施，巩固基础，为河南省林业建设事业健康发展提供可靠保障：一要加强组织领导，认真落实林业目标责任制；二要广泛筹措资金，切实加强林业项目资金管理；三要加强基础设施建设，提高支撑保障能力；四要搞好林业宣传，努力营造良好的发展环境；五要加强机关作风和党风廉政建设，为加强林业发展提供坚强的组织保障。

3月9日　国家林业局下发《关于内蒙古红花尔基樟子松林等10个国家级自然保护区总体规划的批复》（林计发〔2006〕35号），批准河南省实施连康山国家级自然保护区总体规划。

3月21日　由省林业规划院编制的《世界银行贷款河南省贫困地区林业发展项目造林工程设计》获2005年度国家林业局优秀工程勘查设计二等奖。

3月23日　省委、省人大、省政府、省政协和省军区领导徐光春、李成玉、王全书、叶冬松、祁正祥、李新民、李长铎、王明义、张世军、张以祥、夏清成、贾连朝、王菊梅、史济春、刘新民、陈义初、曹建新、赵金声、李其明、张宝明等在郑州邙山水土保持生态园挥锹铲土，与省市直属机关干部一起参加义务植树活动。在植树现场接受记者采访时，徐光春说，植树造林是我们党和国家的优良传统，植树造林的效益是多方面的，不仅有生态效益、经济效益，而且对全社会形成一种爱护环境、保护生态的意识也有着非常重要的作用。造林绿化既是改进生态环境、促进人与自然和谐发展的迫切要求，同时又是调整农业结构、增加农民收入的重要措施。近年来，全省各级党委、政府把造林绿化放在重要位置来抓，林业建设取得了可喜成绩。但是，河南省人口密度大，林业资源相对较少，生态环境脆弱，林业建设仍面临着艰巨的任务。最近，省政府印发了《创建林业生态县实施方案》，要求到“十一五”末，全省有1/3的县（市、区）达到林业生态县标准。各级党委、政府一定要从落实科学发展观和建设社会主义新农村的高度，充分认识造林绿化的重要作用，采取得力措施，切实抓紧、抓好。

参加本次义务植树活动的领导和机关干部有500多人，共栽植树木3 000多株。

3月23日　省政府办公厅印发《关于加强古树名木保护工作的通知》（豫政办〔2006〕18号），对古树名木保护工作提出了具体要求。一要提高对古树名木保护工作重要性的认识，增强做好古树名木保护工作的自觉性；二要对古树名木实行挂牌保护；三要制定管护制度，落实古树名木保护责任制；四要坚决制止并严厉打击破坏古树名木的行为；五要加强对古树名木保护工作的领导，安排专项经费用于保护工作。

3月27日　全国绿化委员会、人事部、国家林业局联合印发《关于表彰全国绿化先进集体、全国绿化劳动模范和先进工作者的决定》（国人部发〔2006〕29号），河南省林业厅植树造林处等10个单位被授予“全国绿化先进集体”荣誉称号，陈瑞林等4位同志被授予“全国绿化劳动模范”荣誉称号，李法等6位同志被授予“全国绿化先进工作者”荣誉称号。同日，全国绿化委员会印发了《关于表彰“全国绿化模范城市（区）”、“全国绿化模范县（市）”和“全国绿化模范单位”的决定》（全绿字〔2006〕8号），河南省新县等4个县（市）被授予“全国绿化模范县（市）”荣誉称号，武警郑州指挥学校等6个单位被授予“全国绿化模范单位”荣誉称号。

4月

4月1日~6月1日　省林业厅在全省范围内组织开展了“春季打击涉林违法犯罪”专项行动。查处各类涉林案件2 106起；打击处理违法犯罪人员2 586人；清理木材加工经营场1 193处，取缔矿点、炭窑206个，收缴木材910.6立方米。

4月2日　全省林业计划财务工作会议在郑州召开，会议的主要内容是传达贯彻全国林业厅局长会议精神和全国计财会议精神，回顾总结“十五”期间林业计财工作，安排部署2006年度计财工作。

4月10日　省林业厅、省编制办公室、省政府法制办公室印发《关于开展林业综合行政执法试点的通知》（豫林文〔2006〕14号），确定河南省林业综合行政执法4个试点县为栾川、延津、鲁山、许昌县。

4月13日　省国有资产监督管理委员会批复《河南省林业厅厅属企业改制工作总体方案》（豫国资企改〔2006〕19号），省林业厅组织所属企业按照批复精神，做好企业改制的各项工作。

4月13~18日　以刘瑾女士为团长的世界银行检查团对河南省实施的贫困地区林业发展项目进行了检查验收。检查团一行深入到新县、鲁山，实地考察了项目的实施情况，查看了项目的有关合同、技术材料、档案等，与项目农户进行了细致的交谈，并听取了两县人民政府的汇报。贫困地区林业发展项目自1998年开始实施，至2005年底全面完成项目建设任务。共完成造林面积1 300 050亩，其中用材林面积828 196.5亩，竹林面积2 616亩，经济林面积469 237.5亩。累计实现投资38 639万元，其中世界银行贷款2 614万美元。项目区涉及河南省的郑州、开封、洛阳、平顶山、新乡、三门峡、周口、驻马店、南阳、信阳等10个市的22个项目县172个乡（镇）的107 274个造林农户。项目建成后，预计林木蓄积量将增加897.1万立方米，累计生产木材736.7万立方米，竹材0.099 3万吨，薪材72.7万吨，生产各类经济林产品114.6万吨，产值达65.9亿元人民币。通过发展林业将持续增加贫困地区农民的收入，使22个项目县172个乡（镇）的近40万贫困农民脱贫致富，并为贫困农户提供950万个就业机会。同时，项目将改善贫困地区的生态环境和农业生产条件，将使项目区的森林覆盖率提高2个百分点。

4月14日　省政府办公厅印发《关于加强我省美国白蛾预防工作的通知》（豫政办明电〔2006〕67号）。

4月18日　省委副书记、省长李成玉在焦作市市委书记铁代生、市长毛超峰和温县县委书记董安民、县长魏曰高等人的陪同下到温县调研，并实地视察了温县工业原料林基地建设情况。李省长一行来到温县南张羌镇朱庄村速生丰产林基地示范点，听取了县林业部门负责人对该县工业原料林基地建设总体情况的汇报，详细询问了基地经济效益、种植模式、资金投入、林权落实等情况。对工业原料林基地树木长势好、林地综合效益高十分满意。对温县大力开展林业生态建设、构建绿色屏障、着力调整农业种植结构、增加农民收入以及为县域经济发展营造良好的投资环境的做法给予充分肯定，高度赞赏该县坚持走可持续发展道路的长远意识和取得的喜人成就。李省长强调指出：要切实借鉴其他地市林权落实的成功经验，一定要把林木产权落实到户，充分调动农户参与植树造林和管护的积极性，要进一步挖掘土地潜力，优化种植结构，把温县工业原料林基地建设提高到一个新的发展水平。

4月18日，河南省直工会《关于颁发河南省直属机关五一劳动奖状、五一劳动奖章的决定》，授予林业厅徐忠同志河南省直属机关五一劳动奖章。

4月28日~6月30日　全省森林公安机关组织开展了林区禁毒人民战争。此项行动共出动铲毒人员1.2万人（次），铲除毒品原植物罂粟1.6万株，查获非法种植人员79人。

4月28日　省林业厅组织经济林和果树栽培、林木病虫害防治、林木种苗培育、退耕还林工程等方面专家赴灵宝开展送科技下乡活动。有关专家就灵宝大枣丰产栽培管理技术、林木新品种介绍、杨树病虫害防治技术进行了现场授课，并在枣园进行现场示范讲解，课后还举办了现场咨询和发放科技书刊资料活动。现场接受技术培训和咨询的林农、果农约600人（次），展示科技挂图10幅，发放宣传明白纸1 000多份、科技图书资料800余册。

5月

5月10日~6月30日　按照国家林业局的统一部署，在全省范围内组织开展了以“打团伙、挖窝点、破大案”为重点的破案攻坚战。行动期间，查处各类涉林案件1 976起，打击处理违法犯罪人员2 183人，刑事拘留118人，逮捕55人，行政处罚2 010人，清理木材市场及加工点47个，收缴木材612.3立方米。

5月11日　河南省林业厅、河南省人民政府纠风办公室联合发出通知（豫林改〔2006〕100号），在全省开展创建文明执法服务十佳站和十佳标兵活动。

5月12日　根据省林业厅、省发改委、省财政厅《关于开展河南省天然林资源保护工程阶段性成效评估工作的通知》（豫林天〔2006〕103号）要求，组织开展了河南省天然林资源保护工程阶段性成效评估工作，编写了《河南省天然林资源保护工程阶段评估报告》。

5月17日　河南省林业厅下发《关于建立信阳两河口省级湿地公园的批复》（豫林护批〔2006〕20号），批准建立全省第一个湿地公园——信阳两河口省级湿地公园。该湿地公园位于信阳市东南郊，初步规划面积0.75万亩。

5月18日　财政部印发《关于下达2006年中央森林生态效益补偿基金的通知》（财农〔2006〕39号），新增河南省重点公益林补偿面积320.65万亩；同年9月25日，《河南省财政厅、河南省林业厅下达2006年森林生态效益补偿基金的通知》（豫财办农〔2006〕212号），新增省级公益林补偿面积100万亩。至此，全省享受森林生态效益补偿的生态公益林面积已达990.65万亩，其中中央财政补偿870.65万亩，省财政补偿120万亩，本年度补偿基金共计4 903万元。

5月24日　省护林防火指挥部作出《关于表彰2005年度全省森林防火工作先进集体和先进个人的决定》（豫防指〔2006〕3号），对郑州市人民政府护林防火指挥部等63个先进集体和李建功等123名先进个人进行了表彰。

5月31日　国家林业局下发《关于河南丹江湿地自然保护区湿地保护工程建设项目可行性研究报告的批复》（林计批字〔2006〕26号）和《关于河南汝南宿鸭湖湿地省级自然保护区湿地保护工

程建设项目可行性研究报告的批复》（林计批字〔2006〕47号），批准河南省实施汝南宿鸭湖湿地省级自然保护区湿地保护工程和丹江湿地自然保护区湿地保护工程建设项目，总投资1 424万元，其中中央投资497万元。这是《全国湿地保护工程实施规划（2005~2010年）》（林计发〔2006〕82号）启动实施后河南省的第一批建设项目。

5月 在国家林业局、国家旅游局、全国工商联和辽宁省政府联合举办的2006年中国森林旅游博览会上，河南省获得展厅“最佳演示奖”、综合评比“铜奖”、“组织奖”等3个奖项。

5月 按照河南省机构编制委员会《关于撤销省林业干部学校成立省林业产业发展中心的批复》（豫编制〔2005〕21号）文件精神，正式完成了省林业产业发展中心的组建工作。省林业产业发展中心主要任务是负责全省林业产品结构调整，承担林业产业统计和林业产品的质量监督，指导全省林业产业的安全生产等。机构规格相当于处级，经费实行全额预算管理。

6月

6月1~10日 河南省林业厅组织有关技术人员对2005年度长江中下游及淮河流域防护林、太行山绿化、防沙治沙、水土保持生物治理、邙岭绿化等国家和省林业重点生态工程建设情况进行了检查验收。经检查验收，人工造林面积核实率平均为95.84%，核实合格率平均为85.94%，并将结果通报全省（豫林造〔2006〕150号）。

6月6日 国家林业局分别以林计批字〔2006〕155号、169号、173号、184号文件，批准河南省实施连康山国家级自然保护区、小秦岭国家级自然保护区、黄河湿地国家级自然保护区焦作管理分局3处基础设施和罗山董寨国家级自然保护区基础设施建设续建项目，总投资3 697万元，其中中央投资2 154万元。

6月16~10月31日 省林业厅配合审计署驻郑州特派员办事处对全省2004~2006年6月天然林资源保护工程资金的管理、使用和工程实施以来的效果情况进行了审计。

6月24~26日 国家林业局副局长赵学敏、中国湿地公约履约办公室常务副主任印红、国家林业局计划劳资司副司长杨冬、中国野生动物保护协会秘书长陈润生和宣传办公室副主任厉建祝，在省林业厅厅长王照平、南阳市副市长张宪中及有关负责人的陪同下，到南阳市淅川丹江口水库湿地省级自然保护区、内乡宝天曼国家级自然保护区和郑州市黄河湿地省级自然保护区考察。赵学敏一行察看了南水北调中线工程渠首陶岔周围的生态环境，实地考察了丹江口水库湿地省级自然保护区，听取了淅川县委、县政府湿地自然保护区建设工作情况汇报。在宝天曼国家级自然保护区，赵学敏一行实地察看了自然保护区林区植被和国家生态定位站建设运行情况。

6月26日 全省湿地保护管理暨自然保护区建设管理工作会议在郑州召开。国家林业局副局长赵学敏一行7人应邀出席会议。各省辖市林业局负责同志、保护科（站）科（站）长、自然保护区负责同志及厅有关处室单位负责同志参加了会议。赵学敏副局长、刘新民副省长分别在会上作重要讲话。赵学敏副局长指出，河南是黄河流域湿地和野生动植物保护的重点省份，加强河南湿地和野生动植物保护管理在全国保护工作中具有示范作用。他要求河南重点抓好以下工作：一是在加强珍稀濒危野生动植物保护拯救的同时，加强对野外资源的普遍保护，大力促进野生动植物资源的培育。

二是强化自然保护区建设和管理工作，科学整合现有自然保护区，提高管理水平。三是加强湿地保护，重点做好省内重要湿地的规划编制工作。四是加强野生动物疫源疫病监测防控体系建设。五是通过加强保护促进社会主义新农村建设。刘新民副省长在讲话中指出：河南省湿地保护和自然保护区建设工作十分薄弱，自然保护区数量少、面积小，保护和管理水平偏低，远远不能适应全省生态建设和经济社会可持续发展的需求。要在加强现有自然保护区建设管理的基础上，科学规划，实施抢救性保护，切实保护好河南省野生动植物资源、湿地资源和生物多样性。

6月26日 河南省黄河湿地保护与恢复研讨会在郑州召开。国家林业局副局长赵学敏、中国湿地公约履约办公室常务副主任印红等一行7人应邀出席研讨会，赵学敏副局长作了重要讲话。各省辖市林业局负责同志、保护科（站）科（站）长、自然保护区负责同志及厅相关处室单位负责同志参加了研讨会。华东师范大学教授陆健健、中国林业科学研究院副研究员崔丽娟、河南省政府参事赵体顺、黄河水利委员会总工黄锦辉、河南省水利科学研究院高工潘国强等5位专家到会做专题报告。

6月27日 省林业厅印发《河南省林业生态县检查验收办法》，经省林业厅组织检查验收，舞钢市、延津县、鹤壁市淇滨区、濮阳县、临颍县、漯河市郾城区、义马市、柘城县、新县达到林业生态县建设标准。

6月 为规范育林基金的征收与管理，省林业厅首次将育林基金征收及管理情况纳入各省辖市林业局年度目标考核体系，进一步加大了育林基金征收力度，当年征收总额达到250万元。

7月

7月2~14日 三门峡、洛阳、济源、郑州、南阳、新乡、焦作、安阳8个省辖市的16个县（市、区）完成飞播造林面积32.7万亩，超额完成厅年度目标任务12万亩。

7月4日 河南省林业厅印发了《河南省林业发展“十一五”规划》（豫林计〔2006〕140号），“十一五”河南省林业工作的指导思想是：以邓小平理论和“三个代表”重要思想为指导,用科学发展观统领林业工作全局，深入贯彻落实中央林业决定，全面实施以生态建设为主的林业发展战略，以重点工程和林业生态县建设为载体,坚持依法治林、科教兴林和全社会办林业，大力推进林业改革创新，切实转变增长方式，推动传统林业向现代林业转变，努力构建完善的林业生态体系和发达的林业产业体系，促进生态和产业协调发展，为建设社会主义新农村、促进人与自然和谐、实现中原崛起和全面建设小康社会作出积极贡献。总体目标是：到2010年，林木覆盖率达到26%以上，1/3的县（市、区）达到林业生态县建设标准；林业产值达到600亿元以上，林业产业结构趋于合理；林业基础设施进一步完善，支撑保障能力明显增强。

7月10~11日 国家林业局党组副书记、副局长李育材在局退耕还林办公室、计划劳资司和场圃总站领导的陪同下，来河南对退耕还林工作进行了专题调研。调研期间，李育材副局长不畏高温酷暑，深入山头地块，实地察看了小浪底等地的退耕还林工程现场，听取了当地负责同志的工作汇报，详细询问了工程管理情况，并在工程现场与退耕农户进行了亲切交谈，仔细询问了造林机制、效益及政策兑现情况，充分征求了退耕农户对延长期退耕还林政策的意见和建议。李育材副局长对河南省退耕还林工作取得的成绩给予充分肯定，并就下一步贯彻落实好延长期的退耕还林后续政策提出三项要求：一要有创造性；二要有原则性；三要有灵活性。

7月12~20日 省林业厅组织有关林业技术人员分别对新郑市、许昌县、漯河市召陵区、临颍县、信阳市平桥区、息县、淮滨县、开封县、淇县、温县、社旗县、邓州市等17县（市、区）的林业持续发展项目造林任务进行检查，检查面积20 340亩。

7月17日 省林业厅印发《中原城市群生态体系建设规划》（豫林计〔2006〕154号），规划提出了在中原城市群区域内的9个省辖市47个县（市）组织实施黄河生态建设工程、南水北调中线绿化工程、豫西山地生态建设工程、南太行绿化工程、沙化土地治理暨平原防护林工程等六大林业重点工程，力争到2010年使该区域内的林木覆盖率达到25%，生态环境得以大大改善。

7月17日 省林业厅下发《关于建立尉氏贾鲁河省级森林公园的批复》（豫林护批〔2006〕24号），批准建立尉氏贾鲁河省级森林公园。

7月18日 国家林业局在全国确定首批51个具有典型性和代表性的自然保护区开展示范自然保护区建设。河南省内乡宝天曼国家级自然保护区和河南董寨鸟类国家级自然保护区名列其中（林护发〔2006〕208号）。

7月28日 省林业厅召开上半年工作总结会。会议传达贯彻了省政府十三次全会和国家林业局全国林业厅局长会议精神，通报了上半年工作情况，部署了下半年的工作。各分管厅领导分别通报了上半年工作情况和下半年工作安排意见，王照平厅长作了重要讲话。他强调2006年下半年要加强组织领导，强化目标管理，转变工作作风，建立抓落实的长效机制，确保全面完成各项目标任务。厅领导王照平、李健庭、乔新江、王德启、张胜炎、弋振立、丁荣耀、乔大伟、万运龙出席会议。厅机关全体人员、厅直单位领导班子成员参加了会议。

8月

8月1日 李成玉省长深入灵宝市调研林业产业，强调要探讨新型林业投资机制，加快林权制度改革，拉长林业产业链条，推进林业健康发展，提升果品加工业水平，带动农民致富。李成玉省长来到灵宝市黄河滩涂速生杨基地，看到企业家杨健生营造的13 005亩速生杨长势喜人，指出：近几年河南省林业的快速发展，得益于产权制度改革，“不植无主树，不造无主林”已在全省形成共识并广泛应用，这不仅解决了林业投资问题，也改变了过去“年年栽树不见树”的现象，改善了生态环境。同时，投资者得到了丰厚的回报，我省木浆造纸企业和林木加工企业也有了原料。要继续探讨新型林业投资机制，调动社会方方面面的积极性发展林业，推进林业健康发展。在灵宝市金色庄园果蔬有限责任公司，李成玉仔细察看了该公司加工生产果酱、果蔬罐头的生产线，并详细询问了果农种植水果的收益情况，了解了企业的原料供应、生产工艺、市场等情况。当听说该厂的产品全部出口，且大部分出口到德国、法国、美国、澳大利亚等发达国家时，指出：以前灵宝的果品加工主要是大罐的果汁，后来是果酱，而现在是可以进入发达国家终端市场的小罐产品，可以说灵宝的果品加工业已进入到新的阶段，希望继续坚定信心，采用国际标准化生产，占领更多的高消费地区终端市场，提高企业经济效益。同时，林业龙头企业对带动农民致富有着非常重要的作用，希望灵宝市继续发展、扶持林业龙头企业，把更多的林产品加工转化成附加值高的终端产品，带动农民增收。

8月3日 河南省人民政府办公厅印发《河南省重大林业有害生物灾害应急预案》（豫政办〔2006〕66号）。预案主要有总则、组织指挥体系及其职责、监测预警、应急响应、后期处置、保障措施、附则等7个方面的内容。

8月4日 省政府办公厅印发《关于印发〈河南省森林防火抢险应急预案〉的通知》（豫政办〔2006〕67号），首次就预防和控制森林火灾，特别是迅速、有效处置重、特大森林火灾的组织指挥、监测预警、应急响应、后期处置、保障措施等提出明确要求。

8月21~25日 由十届全国人大代表、河南省人大常委会副主任张以祥带领的十届全国人大代表专题调研组赴南阳市就生物质能源发展利用情况进行专题调研。调研组先后调研了天冠集团30万吨乙醇汽油项目和3万吨生物柴油项目、内乡县沼气发电项目和西峡县林木生物质能源林基地建设情况。分别听取了省发展和改革委员会关于全省发展生物质液体燃料有关情况的汇报、河南省农业厅关于全省生物质能源利用情况的汇报和河南省林业厅关于全省林木生物质能源发展情况的汇报，以及南阳市关于生物燃料发展情况的汇报。

8月22日 省林业厅印发《河南省重大林业生态事故应急预案》（豫林〔2006〕186号）。

8月24日 由省林业规划院编制的《中德财政合作河南省农户林业发展项目可行性研究报告》，获河南省工程咨询协会2006年度河南省优秀工程咨询成果一等奖；《河南省黄河林业股份有限公司林板一体化原料林基地可行性研究报告》、《河南伏牛山国家级自然保护区五马寺管理局基本建设一期工程可行性研究报告》获2006年度河南省优秀工程咨询成果二等奖。

9月

9月4日 省林业厅下发《关于建立偃师市山张林场狩猎场的批复》（豫林护批〔2006〕30号），批准建立偃师市山张林场狩猎场。

9月12日 在全国林业科学技术大会上，河南省林业厅科学技术处和南阳市林业局荣获“全国林业科技先进集体”称号，汪志强、许留霞、宋宏伟、杨玉金和张明绍5位同志荣获“全国林业科技工作先进个人”称号。

9月14日 全省林业生态建设现场会在商丘市召开。省委副书记陈全国出席会议并作了重要讲话，会议由副省长刘新民主持。会议的主要内容是：总结交流近年来河南省开展林业生态建设、推动社会主义新农村建设的经验，安排部署了下一阶段全省林业工作。会议代表参观了宁陵县的万亩梨园和农条间作、夏邑县的农田林网和村庄绿化、梁园区的黄河故道生态防护林。商丘、郑州、洛阳、邓州和新县等市、县政府作了典型发言。陈全国副书记在讲话中全面总结了“十五”期间河南省在加快造林绿化步伐、稳步推进重点工程、不断发展林业产业、加大科教兴林力度、有效实施依法治林、全面加强林业基础设施建设等方面取得的成绩和经验。刘新民副省长对如何贯彻落实好这次会议精神提出了具体要求，并就全省集体林权制度改革、秋冬季植树造林、森林防火和林业有害生物灾害防治等当前需要做好的重点工作进行了安排部署。刘新民副省长特别强调，省政府年底考核时，对完不成义务植树规定任务和森林资源增长率低于全省平均水平的市、县，不仅不能评先，而且要取消已经获得的先进或达标资格；对林业工作落后的市、县要给予通报和点名批评，对好的市、县要给予表彰奖励。省林业厅厅长王照平通报了2006年以来的林业重点工作、主要责任目标完成情况及“十一五”期间河南省林业建设的总体思路、发展目标和建设重点，对当前需要做好的几项重点工作进行了安排。省绿化委员会成员、各省辖市分管林业工作的副市长和林业局局长、部分县（市、区）的县（市、区）长和林业局局长以及中央、省、市新闻单位的记者参加了会议。

9月15日 国家林业局批复实施邓州市速生杨树良种基地建设项目，国家扶持投资109万元（林计批字〔2006〕401号）。

9月18日 由省林业科学研究院主持完成的“高产优质抗病杏新品种及配套栽培技术”项目通过省科技厅组织的成果鉴定（豫科鉴委字〔2006〕530号）。

9月23~27日 省人大农工委杨金亮主任一行赴周口、驻马店检查《中华人民共和国种子法》和《河南省实施〈中华人民共和国种子法〉办法》情况，弋振立副厅长陪同调研。

10月

10月18日 全省林业科技工作会议在南阳召开。会议总结交流了“十五”以来及2006年林业科技工作经验，安排部署当前和今后一个时期全省林业科技工作。

10月18日 《河南黄河小浪底水库库区绿化风景区旅游绿化规划》被国家林业局评为2006年度全国林业优秀工程咨询成果一等奖，《南水北调中线工程林业生态建设规划》被评为2006年度全国林业优秀工程咨询成果二等奖。

10月25日~11月8日 省政府办公厅印发《关于对秋冬季重大动物疫病防控工作进行督察的通知》（豫政明电〔2006〕204号），省林业厅派出6个副厅级领导带队的督察组，对全省秋冬季重大动物疫病防控工作进行督察，野生动物疫源疫病监测工作开展情况列入督察内容。

10月27日 由国家环保总局、国家林业局、农业部、国土资源部、水利部、国家海洋局和中科院7部门在北京组织召开的“中国自然保护区发展五十周年纪念大会”上，7部门联合授予20家单位和80名同志“全国自然保护区管理先进集体”及“全国自然保护区管理先进个人”荣誉称号，河南省林业厅保护处汪万森和罗山董寨国家级自然保护区管理局阮祥锋获得“全国自然保护区管理先进个人”荣誉称号。

10月 2006年度河南省科学技术进步奖评审工作揭晓，全省林业系统共有8项成果获奖，其中二等奖3项，三等奖5项。省林业厅推荐的《北方型杂种马褂木抗逆优良无性系选育及快繁技术研究》成果获省科技进步二等奖；《欧美杨107、108杨树新品种引种栽培技术及大面积推广》和《河南省退耕还林后续产业发展研究》2项成果获省科技进步三等奖。

11月

11月1日~12月30日 省林业厅在全省范围内组织开展以打击破坏林地和野生动物资源违法犯罪活动为主要内容的专项行动，代号“绿盾行动”。省林业厅成立了由弋振立副厅长任组长、宋全胜局长任副组长、厅办公室等有关单位负责人为成员的专项行动领导小组，印发了《关于进一步加大对省局挂牌督办案件查处力度　全面推进“绿盾行动”的紧急通知》，通报挂牌督办案件11起，查处各类涉林刑事案件立案249起，破案181起，查处行政案件3 026起。打击处理违法犯罪人员3 525人，其中刑事拘留232人，逮捕91人，行政处罚3 202人。清理非法征占用林地项目567个，野生动物驯养繁殖场所236处，木材及野生动物加工、经营场所1 930处。收缴各类野生动物11 357只（头），其中国家二级以上保护动物17只（头），野生动物制品1 289.5公斤，皮张1 085张，木材1 524.6立方米。

11月6日 河南省政府在郑州召开全省秋冬季植树造林和森林防火工作电视电话会议，会议总结分析2006年以来河南省植树造林和森林防火的形势，安排部署2006年秋冬季的植树造林和森林防火工作。副省长刘新民出席会议并作了重要讲话。河南省林业厅厅长王照平通报了2006年以来全省植树造林、森林防火工作情况和秋冬季植树造林、森林防火工作安排意见。会议由省政府副秘书长王树山主持。省绿化委员会和省护林防火指挥部成员单位负责同志参加会议，各省辖市、县（市、区）政府分管领导、绿化委员会和护林防火指挥部成员单位负责人在各市、县（市）分会场参加了会议。

11月7日 河南省林业厅下发《关于建立平顶山省级森林公园的批复》（豫林文〔2006〕63号），批准建立平顶山省级森林公园。

11月25日 国家林业局下发《关于公布第二批国家级陆生野生动物疫源疫病监测站和加强秋冬季候鸟高致病性禽流感监控工作的通知》（林护发〔2006〕241号），在全国增设200处国家级野生动物疫源疫病监测站，河南省封丘县林业局野生动植物保护管理站等6个单位名列其中。

11月28日 全国鸟类环志中心同意建立董寨国家级自然保护区鸟类环志站，这是河南省建立的第一个鸟类环志站。

11月 按照《河南省人民政府关于深化省属社会公益及农业类科研机构管理体制改革的意见》（豫政〔2005〕29号）的要求，以省科技厅《关于省属社会公益及农业类科研机构改革的实施方案》（豫科〔2005〕112号）为具体操作规则，省林业科学研究院开展了省属社会公益及农业类科研机构管理体制改革工作。省编制委员会以豫编〔2005〕52号批准实施《河南省林业科学研究院机构编制方案》。至2006年11月，河南省林业科学研究院科技体制改革工作已基本完成。改革后的省林业科学研究院确定为河南省林业厅直属非营利性科研事业单位，机构规格相当于处级，全额供给事业编制60名。

12月

12月10日 由河南林业学校主持完成的“河南省锈色粒肩天牛灾变规律及综合治理技术研究”项目通过省科技厅组织的成果鉴定（豫科鉴委字〔2006〕959号）。

12月11日 由河南省森林病虫害防治检疫站主持完成的“河南省林木害虫天敌姬蜂分类及多样性研究”项目通过省科技厅组织的成果鉴定（豫科鉴委字〔2006〕960号）。

12月12日 国家林业局对河南省的护林航空消防站可行性研究报告进行了批复（林计批字〔2006〕462号），同意在河南建设航空消防站，以及其他配套基建工程，项目总投资791万元，航空消防站综合楼建设面积1 100平方米。

12月17日 由省林业调查规划院主持完成的“河南省沙化土地监测及防治技术研究”项目通过省科技厅组织的成果鉴定（豫科鉴委字〔2006〕961号）。

12月18日 省委组织部《关于刘有富同志职务任免的通知》（豫组干〔2006〕338号）任刘有富同志为河南省林业厅副厅长、党组成立（列王照平同志之后）。

12月20日 省委同意河南省林业厅巡视员、党组成员李健庭同志退休（豫组干〔2006〕238号）。

12月21日 由农业部信息中心、中国互联网协会、中国电子商务协会共同主办的“2006中国农业网站100强评选”颁奖典礼在北京举行。河南林业信息网作为全国唯一一家林业网站入选中国农业网站100强。河南林业信息网自2003年网站建成以来，坚持“宣传林业，服务社会，推进绿色中原建设”的办网思路，突出了政务信息发布、信息服务、网上办事等三个方面的功能，科学设计，精心管理，较好地发挥了宣传林业、服务社会的作用，受到了社会的普遍好评。截至目前，网站共编发各类林业信息9万余条，发布供求信息6万余条，工作日平均点击率2 000人（次），用户满意率达75%以上。2005年、2006年在河南省省直机关门户网站评比中综合评分列第三名和第二名，受到了省政府通报表扬。

12月23日 由省林业技术推广站主持完成的“桃密早丰集约化栽培技术研究与示范”项目通过省科技厅组织的成果鉴定（豫科鉴委字〔2006〕962号）。

12月23日 省林业技术推广站主持完成的“桃主干形树体栽培新模式及配套栽培技术研究与示范”通过了省科技厅组织的成果鉴定（豫科鉴委字〔2006〕962号）。

12月25日 省林业技术推广站主持完成的“欧美杨107、108杨新品种引种栽培技术及大面积推广”获河南省科技进步三等奖（证书号：2006-J-201-D01/05）。

12月25日 省财政厅下达《关于追加林业专项经费的通知》（豫财办农〔2006〕344号），首次追加河南省森林公安局和全省44个贫困县森林公安民警服装及标志配备经费271万元。

12月26日 国家林业局分别以林场许准〔2006〕932号、林场许准〔2006〕933号、林场许准〔2006〕934号文件批准河南省建立商城黄柏山、灵宝燕子山、西平棠溪源3处国家森林公园。至此，全省国家森林公园达到29处。

12月27日 全省林业产业工作会议在郑州召开。会议对年度林业产业工作进行了总结，对2007年全省林业产业工作进行安排部署。

12月27日 河南省林业厅下发《关于建立郑州黄河省级森林公园的批复》（豫林文〔2006〕79号）和《关于建立伊川荆山省级森林公园的批复》（豫林文〔2006〕80号），批准建立郑州黄河、伊川荆山2处省级森林公园。至此，全省省级森林公园达到63处。

12月29日 由省林业科学研究院主持完成的“刺槐种质（基因）资源评价及饲料型良种选育研究”项目通过省科技厅组织的成果鉴定（豫科鉴委字〔2006〕1189号）。

12月29日 国家林业局印发《关于表彰全国营造林质量管理先进单位和先进个人的决定》（林造发〔2006〕289号），河南省林业厅被授予“2001~2003年度国家营造林质量奖”，开封县林业局刁建彬和桐柏县林业局魏诸清被授予“全国营造林质量管理先进工作者”称号。

造林绿化

一、概述

2006年，全省各地按照省委、省政府的安排部署，大力植树造林，强力推进全民义务植树活动，狠抓营造林质量管理，全省造林绿化工作取得了显著成效。

据上报统计，全省共完成人工造林面积278.75万亩，为年度任务的104.8%；新建和完善农田林网面积1 324万亩，为年度任务的220.7%；绿化通道1.06万公里；完成四旁植树16 345万株；参加义务植树4 615万人（次），占全省适龄公民人数的90.7%；完成义务植树18 827万株，为全省应植株数的123.3%。长江淮河流域防护林、太行山绿化、防沙治沙、水土保持生物治理、邙岭绿化等国家和省重点林业生态工程年度建设任务均圆满完成。

（一）强力推进全民义务植树活动

首先，做好宣传发动。省政府办公厅印发了《关于切实做好义务植树工作的通知》（豫政办明电〔2006〕21号），对义务植树工作提出了明确要求。

其次，组织省领导参加义务植树活动。组织20多名省级领导到邙山参加义务植树活动。

第三，审查义务植树基地规划。对18个省辖市上报的义务植树基地（领导绿化点）规划进行了详细审查。

第四，明确义务植树任务。在调查的基础上，确定并下发了各省辖市义务植树任务（豫林办〔2006〕116号）。

第五，加强督促检查。在造林督察中，将义务植树情况作为督察的重点之一。同时，组织有关技术人员对全省义务植树实施情况进行检查，将结果通报全省（豫绿办〔2006〕6号）。

第六，强化制度建设。针对检查中发现的问题，省绿化委员会办公室印发了《关于加强义务植树管理工作的通知》（豫绿办〔2006〕7号），进一步对义务植树的登记卡、任务通知两项制度和统计、档案管理两项工作提出了具体要求。

（二）狠抓造林质量管理

首先，审批国家和省林业重点生态工程2006年作业设计。组织有关专家对长江淮河防护林、太行山绿化、防沙治沙、平原绿化、水土保持、邙岭绿化等6个工程近百个项目县造林作业设计进行了审查，并予以批复。

其次，筹备召开有关造林会议。筹备召开全省春季和冬季植树造林电视电话会议，安排部署全省春季、冬季植树造林工作；印发了《河南省林业厅关于做好2006年雨季造林工作的通知》，推动全省雨季造林工作顺利开展；筹备召开全省林业生态建设现场会，安排部署林业生态建设。

第三，组织造林督察。春季和冬季，协同人事处制订了《河南省林业厅2006年春季和冬季植树造林督察方案》，抽调由处级干部带队的9个造林督察组，深入基层督促检查造林进度和质量。

第四，开展检查验收。按照《国家林业局办公室关于开展2006年营造林质量大检查工作的通知》（办造字〔2006〕26号）的要求，组织省林业调查规划院、种苗站、退耕中心和产业中心的有关人员，对商水县、嵩县2006年营造林质量进行了检查，并将结果上报国家林业局。组织有关单位对全省林业重点生态工程进行了检查验收，将结果通报全省（豫林造〔2006〕150号）。

第五，向省政府汇报进展情况。春季和秋冬季造林期间，定期书面向省政府汇报春季植树造林进展情况。

（三）积极做好“创绿色家园　建富裕新村”行动和社会主义新农村建设工作

首先，做好启动会议筹备工作。根据《中央宣传部、中央文明办、全国绿化委员会、国家林业局关于开展“创绿色家园　建富裕新村”行动的通知》（林宣发〔2006〕70号）的要求，积极做好河南省“创绿色家园　建富裕新村”活动启动电视电话会议的各项准备工作。起草了《中共河南省委宣传部、河南省文明办、河南省绿化委员会、河南省林业厅关于开展“创绿色家园　建富裕新村”行动的通知》和省委宣传部副部长、省林业厅王照平厅长两个讲话。

其次，做好工作总结。按照《国家林业局植树造林司关于上报林业推进社会主义新农村建设进展情况的通知》的要求，起草了《河南省林业厅推进社会主义新农村建设2006年上半年和全年工作总结》，上报国家林业局。

第三，配合国家林业局调研。积极配合国家林业局植树造林司完成了“创建绿色家园”专题调研活动。

第四，提供新闻线索。按照《国家林业局植树造林司关于做好推荐宣传报道线索和筹备召开“创建绿色家园新闻线索通气会”的通知》要求，在各省辖市上报的基础上，严格筛选和把关，确定19个新闻线索上报国家林业局。

二、纪实

植树造林处荣获第三次全国荒漠化和沙化监测工作先进集体称号　1月26日，根据《国家林业局关于表彰第三次全国荒漠化和沙化监测工作先进集体和先进个人的决定》（林沙发〔2006〕20号），授予省林业厅植树造林处“第三次全国荒漠化和沙化监测工作先进集体”荣誉称号，授予省林业厅植树造林处师永全和省林业调查规划院肖武奇“第三次全国荒漠化和沙化监测工作先进个人”荣誉称号。

获全国绿化先进集体与个人表彰　3月27日，《全国绿化委员会、人事部、国家林业局关于表

彰全国绿化先进集体、全国绿化劳动模范和先进工作者的决定》（国人部发〔2006〕29号），授予省林业厅植树造林处等10个单位“全国绿化先进集体”荣誉称号、陈瑞林等4位同志“全国绿化劳动模范”荣誉称号、李法等6位同志“全国绿化先进工作者”荣誉称号。同日，全国绿化委员会印发了《关于表彰“全国绿化模范城市（区）”、“全国绿化模范县（市）”和“全国绿化模范单位”的决定》（全绿字〔2006〕8号），河南省的新县等4个县（市）被授予“全国绿化模范县（市）”荣誉称号、武警郑州指挥学校等6个单位被授予“全国绿化模范单位”荣誉称号。

获首届中国绿化博览会先进单位和个人表彰　2月6日，省绿化委员会办公室印发了《关于表彰首届中国绿化博览会先进单位和个人的通报》（豫绿办〔2006〕1号），对河南省参加首届中国绿化博览会做出突出成绩的洛阳国家牡丹园等22个单位、史光敏等17位同志予以表彰。

河南省人民政府办公厅印发《关于切实做好义务植树工作的通知》　2月8日，省政府办公厅印发《关于切实做好义务植树工作的通知》（豫政办明电〔2006〕21号），对2006年义务植树工作提出明确要求。一要进一步提高对义务植树工作重要性的认识；二要按照属地管理原则，建立“义务植树登记卡制度”；三要切实负起责任，加强组织领导。

表彰平原绿化高级标准先进县（市、区）　2月24日，省政府印发《关于表彰平原绿化高级标准先进县（市、区）的通报》（豫政〔2006〕13号），对新乡县等26个达到平原绿化高级标准的县（市、区）予以通报表扬，并授予“河南省平原绿化高级标准先进县（市、区）”荣誉称号。

印发《太行山绿化工程建设技术规定》　3月9日，省林业厅办公室印发了《关于转发〈太行山绿化工程建设技术规定〉的通知》（豫林办〔2006〕14号）。该规定对太行山绿化工程建设的原则、林种和树种布局、人工造林、封山育林、飞播造林、经济林、技术要求及档案建设与管理提出了具体要求。

印发河南省人民政府办公厅关于加强古树名木保护工作的通知　3月23日，省政府办公厅印发了《关于加强古树名木保护工作的通知》（豫政办〔2006〕18号），对古树名木保护工作提出了具体要求。一要提高对古树名木保护工作重要性的认识，增强做好古树名木保护工作的自觉性；二要对古树名木实行挂牌保护；三要制定管护制度，落实古树名木保护责任制；四要坚决制止并严厉打击破坏古树名木的行为；五要加强对古树名木保护工作的领导，安排专项经费用于保护工作。

黄淮海平原4省农业结构调整占用耕地情况调研　4月8~15日，配合国家发改委、国土资源部、农业部、国家林业局调研河南省平原地区农业结构调整占用耕地情况。

营造林自查工作　5月11~18日，按照《国家林业局办公室关于开展2006营造林质量大检查工作的通知》（办造字〔2006〕26号）的要求，省林业厅抽调植树造林处和省林业调查规划院、种苗站、退耕中心、产业中心等单位有关人员组成两个联合检查组，对周口市商水县和洛阳市嵩县进行了重点抽查，并形成调查报告，上报国家林业局。

西峡县、新县被纳入全国长江防护林生态重点治理县　5月29日，按照《国家林业局长江流域防护林体系建设管理办公室关于组织推荐长江等防护林29个生态重点治理县的通知》（林长函〔2006〕3号）的要求，河南省推荐西峡县、新县为全国长江防护林生态重点治理县，上报国家林业局长江防护林体系建设管理办公室。

林业重点生态工程检查验收 6月1~10日，组织有关技术人员对2005年度长江中下游及淮河流域防护林、太行山绿化、防沙治沙、水土保持生物治理、邙岭绿化等国家和省林业重点生态工程建设情况进行了检查验收。经检查验收，人工造林面积核实率平均为95.84%，核实合格率平均为85.94%，并将结果通报全省（豫林造〔2006〕150号）。

省绿化委员会检查全省义务植树工作 6月1~10日，省绿化委员会办公室组织有关人员，对18个省辖市义务植树组织和实施情况进行了检查。经检查，全省义务植树尽责率达93.13%，其中南阳、商丘、济源、周口、郑州、漯河、洛阳、三门峡、焦作9个市的尽责率在95%以上，并将结果通报全省（豫绿办〔2006〕6号）。

参加全国防护林工程建设管理信息系统培训班 6月30日~7月4日，按照国家林业局植树造林司工程管理处的要求，组织林州、安阳县、淇县、辉县、沁阳、罗山等6个县（市）林业局的有关技术人员参加了在北京举办的全国防护林工程建设管理信息系统培训班。

参加“绿博会”揭牌仪式暨城市绿化研讨与经验交流活动 9月25~28日，按照《全国绿化委员会办公室关于举办“绿博会”揭牌仪式暨城市绿化研讨与经验交流活动的通知》（全绿办〔2006〕6号），造林处参加了在江苏南京举办的“绿博会”会址揭牌仪式和城市绿化研讨与经验交流会。

起草《河南省林业厅关于支持城乡一体化试点工作有关情况的报告》 9月29日，为落实《河南省人民政府办公厅关于推进城乡一体化试点工作任务分解的通知》（豫政办文〔2006〕32号）精神，起草《河南省林业厅关于支持城乡一体化试点工作有关情况的报告》（豫林造〔2006〕211号），上报省政府。

省绿化委员会办公室印发《关于加强义务植树管理工作的通知》 10月10日，为落实省委副书记陈全国在《河南林业信息》专刊第六期上的批示精神，河南省绿化委员会办公室印发了《关于加强义务植树管理工作的通知》（豫绿办〔2006〕7号），进一步对义务植树的登记卡和任务通知两项制度和统计、档案管理两项工作提出了具体要求。

参加全国古树名木保护管理培训班 10月10~13日，按照《全国绿化委员会办公室关于举办古树名木保护管理培训班的通知》（全绿办函〔2006〕21号）的要求，造林处派人参加了在浙江杭州举办的全国古树名木保护管理培训班。

下发《河南省林业厅关于贯彻落实徐光春书记批示精神进一步加快非公有制林业发展的意见》 10月13日，为落实省委书记徐光春在《河南林业信息》专刊第七期上的批示精神，起草下发了《河南省林业厅关于贯彻落实徐光春书记批示精神进一步加快非公有制林业发展的意见》（豫林造〔2006〕224号），对非公有制林业发展提出了新的具体要求。

召开全国黄河故道防沙治沙现场经验交流会议 10月31日，全国黄河故道防沙治沙现场经验交流会在河南省商丘市召开，山东、安徽、河北、江苏及河南省黄河故道20多个市、县林业局负责人参加会议。

开展珍贵树种培育基地建设调研活动 11月，按照《国家林业局办公室关于做好编制全国珍贵树种培育基地建设工程规划有关基础工作的通知》（办造字〔2006〕94号）的要求，组织开展了珍贵树种培育基地建设专题调研活动，并将调研结果上报国家林业局。

绿化模范单位、绿化模范县（市、区）、绿化模范乡（镇）检查验收 11月13~20日，按照《河南省绿化委员会办公室关于对河南省绿化模范单位、绿化模范县（市、区）、绿化模范乡（镇）进行核查验收的通知》（豫绿办〔2006〕9号）的要求，组织有关单位对各地申报的河南省绿化模范单位、绿化模范县（市、区）、绿化模范乡（镇）进行了验收。

获国家营造林质量奖 12月29日，国家林业局印发了《关于表彰全国营造林质量管理先进单位和先进个人的决定》（林造发〔2006〕289号），河南省林业厅被授予“2001~2003年度国家营造林质量奖”，开封县林业局刁建彬和桐柏县林业局魏诸清两位同志被授予“全国营造林质量管理先进工作者”称号。

资源林政管理

一、概述

2006年，全省资源林政管理工作紧紧围绕林业发展和生态建设大局，牢固树立和落实科学发展观，认真落实《绿色中原建设规划》，严格按照国家和省有关资源林政管理的方针政策和要求，强化措施，狠抓落实，圆满完成了目标任务，各项工作都取得了明显成效。

（一）进一步加强了林地林权管理

一是进一步严格了征占用林地审核、审批。省林业厅连续4年将全省征占用林地的审核审批率作为资源林政管理处年度工作责任目标，切实抓好征占用林地审核、审批工作。各级林地管理机构认真执行《中华人民共和国森林法》、《中华人民共和国森林法实施条例》和《河南省林地管理条例》，严格按照《占用征用林地审核审批管理办法》、《占用征用林地审核审批管理规范》规定的程序审核、审批征占用林地。2006年，河南省共审核审批征占用林地申请182起，收缴森林植被恢复费1.18亿元。二是加强了林地保护管理队伍建设。一方面，加强基础设施建设，全省市、县林地林权管理所需的交通、通信、计算机等办公设备已有了较大改善；另一方面，加大人员培训力度，举办了两期培训班，对18个省辖市和150余个县（市、区）林地林权管理人员进行了轮训，提高了全省林地管理人员的政治和业务素质，全面提升了林地依法行政能力和执法水平。三是编制了河南省“十一五”征占用林地年度定额。按照《国家林业局关于实行征占用林地定额管理及编制“十一五”年度定额的通知》要求，省林业厅组织有关人员编制了河南省“十一五”期间征占用林地年度定额，有关成果经过征求相关部门意见和专家论证并报经省政府批准后，已上报国家林业局。四是开展了林地保护利用规划编制试点工作。根据河南省二类调查工作的开展情况，挑选了基础较好的尉氏、范县2个县开展了《林地保护利用总体规划》的编制工作，现已基本完成编写工作。五是加强了林权登记发证工作督导，组织考核组对林权登记发证工作进行核查。通过对2006年工作的考核，全省2005年的退耕还林林地以及其他项目造林地林权证登记发证率达94.6%，为依法加强林地资源保护管理和维护林农的合法权益奠定了坚实的基础。六是优化了林地执法环境。加强了对社会、对群众林地保护管理法律法规知识的宣传，加大了对有关部门的宣传力度，相关部门之间工作关系协调、执法程序衔接较好，用地单位依法征占用林地意识明显增强。七是积极开展相关调研工作。配合国家林业局驻武汉专员办事处完成了对南阳市森林植被恢复费使用情况、2个县征占用林地、林木采伐的调研和对永城、滑县托管造林情况的调查任务，在全省开展了林权管理情况调研，完成了“河南省林权管理中存在的问题与对策”的调研报告。八是指导省林业厅物资站建立了河南省林业厅物资站活立木营业所，已正式营业，并在桐柏等5个地方建立了营业部。同时，对此前“打击破坏森林资源专项行动”等专项活动清理出的违法占用林地案件，认真跟踪督办，狠抓落实，完善手续，有效地遏制了有林地的非法逆转。

（二）强化了森林采伐限额管理与监督

一是对全省森林资源加强源头控制，规范了森林采伐的审批，实行了办证人员签证制度，严格执行“十一五”期间年森林采伐限额，分解下达了“十一五”期间年森林采伐限额，全年林木采伐量严格控制在限额以内。完成了林木采伐许可证网上办证系统的建设任务，对全省296名采伐证办证人员进行了有针对性的培训。网上办证和网上监控系统试运行，有效提升了资源林政管理水平。全省伐区凭证采伐率和发证合格率均达到95%以上。二是严格禁止天然林商品性采伐，组织完成了嵩县、栾川、灵宝等15个天保工程县（市、区）人工商品林采伐管理试点任务。三是组织对全省18个县（市、区）2006年执行森林采伐限额情况进行了认真核查。

（三）认真组织二类调查和综合核查工作

一是会同省林业调查规划院修改、完善了《二类调查操作细则》。二是组织完成了博爱县二类调查试点工作，通过试点，统一了技术标准，锻炼了队伍，明确了工作任务。三是及时召开了豫北4市二类调查工作会议，安排部署了2006年的二类调查工作。四是完成了豫北4市二类调查的外业工作，派出40余名技术人员，完成了豫北4市33个县的二类调查技术培训、外业巡回指导和外业调查质量检查工作，目前二类调查的外业工作已全部完成，正在着手内业计算机输入工作。五是对2004年开展二类调查试点的3个县和26个国有林场的数据汇总、成果图编汇进行了指导。

（四）加大了林业行政案件的查处力度

严格执行国家林业局破坏森林资源责任追究制度和重大案件报告制度的规定，采取领导包案查处、异地查处、派督察组等办法，进一步加大林业行政案件查处、督察、督办工作力度，查处了一批违法运输木材、乱砍滥伐、乱垦滥占林地等案件，巩固了造林绿化成果。根据厅领导批示，督办、查办了嵩县白河乡农民盗伐林木、洛宁吉家洼金矿毁林开矿、开封杏花营农场林地被非法占用等15起案件，完成了厅督办和国家局转办案件120余起。

（五）强化了素质培训，注重依法行政能力建设

一是规范了木材检查站建设、管理，在全省木材检查站组织开展了“创建文明执法、热情服务十佳站和十佳标兵”活动，会同省政府纠风办公室先后多次对公路“三乱”进行明察暗访，规范木材检查站的执法行为，对10个先进站和10名先进个人进行了表彰，全省林业系统没有发生大的公路“三乱”事件。二是按照国家林业局的要求，组织开展了森林资源管理重大问题调研，完成了《河南省森林资源管理重大问题调研报告》。三是加强了对18个省辖市资源林政科科长的考核管理。对全省296名林木采伐签证人员进行了培训，注重提高行政执法人员的综合素质和依法行政能力。

二、纪实

国家林业局驻武汉森林资源监督专员办事处与河南省林业厅召开联席会议 3月10日,国家林业局驻武汉森林资源监督专员办事处与河南省林业厅在郑州召开了联席会议，总结了2005年河南省森林资源保护管理工作取得的经验和成绩，查找了工作中的不足，并对2006年工作重点进行了研究和部署。

全省木材检查站开展创建文明执法服务十佳站和十佳标兵活动 5月11日，河南省林业厅、河南省人民政府纠风办公室联合发出通知，要求在全省木材检查站开展创建“文明执法服务十佳站和十佳标兵”活动。通知要求全省木材检查站开展创建“文明执法服务十佳站和十佳标兵”活动，要以“三个代表”重要思想和科学发展观为指导，以深入开展创建“文明执法服务十佳站和十佳标兵”活动为载体，以遏制木材检查站“三乱”行为为重点，以进行“行风评议”为手段，全面提升全省木材检查站的标准化建设水平，不断规范木材检查站及其执法人员的执法行为，树立典范，激励后进，为构建和谐社会营造良好环境。一是要以文明执法为核心，自觉做到严格执法、文明执法，杜绝执法不严、以言代法、随意执法、粗暴执法、越权执法等现象的发生。二是热情服务。各木材检查站要牢固树立林业部门“窗口”形象，强化便民措施，真正做到了解问题、解决问题，全面遏制公路“三乱”行为。

营造林实绩、征占用林地和采伐限额执行情况综合核查 5月15日~6月25日，国家林业局华东森林资源监测中心一行21人，完成了对河南省2005年度人工造林更新、封山育林、飞播造林完成面积，历年退耕还林地造林保存情况，天保工程管护情况以及征占用林地、采伐限额执行情况等综合核查工作。

林木采伐许可证网上办理系统开发成功 为进一步规范林木采伐管理，10月31日，河南省林木采伐许可证网上办理系统开发成功，从2007年1月1日起，全省统一实行林木采伐许可证网上办理制度。

开展森林资源管理系统治理商业贿赂专项工作 6月12日~7月31日，在全省森林资源管理系统组织开展了治理商业贿赂专项工作。按照全面排查、突出重点、自查自纠的要求，结合实际，着力解决林业行政许可和行政审批事项中可能引发的商业贿赂问题，重点从林木采伐证、木材运输证、木材加工许可证的办理，征占用林地审核，林权登记发证，育林基金、森林植被恢复费的征收，林业行政执法和林政案件查处以及木材检查站的规范化建设等方面进行了自查和抽查，没有发现滥用职权、收受贿赂事件。

森林资源管理重大问题调研 8月9~14日，国家林业局驻武汉森林资源监督专员办事处刘嗣上专员来河南济源、新乡、信阳三市开展森林资源管理重大问题调研。

印发《河南省重大林业生态事故应急预案》 8月22日，省林业厅印发《河南省重大林业生态事故应急预案》，并于当日起实施。

豫北4市森林资源规划设计调查工作会议召开 9月28日，“豫北4市森林资源规划设计调查工作会议”在郑州召开，标志着河南省二类调查工作正式启动。根据卫星影像数据接收时间顺序，

2006年的二类调查工作主要集中在黄河以北地区，涉及安阳、鹤壁、新乡、濮阳4个省辖市的32个县（市、区）。会议总结了二类调查准备工作开展情况，并从行政管理、技术管理的角度对2006年的二类调查工作进行了安排部署。厅党组成员、副厅长王德启主持会议，安阳、鹤壁、新乡、濮阳4个省辖市林业局分管资源林政管理工作的副局长、资源林政科科长以及4个省辖市所辖32个县（市、区）林业局（农委）的局长（主任）、资源林政股股长共计80余人参加了会议。

“十一五”期间征占用林地年度定额编制完成 10月30日~12月31日，省厅组织有关人员，根据《国家林业局关于实行征占用林地定额管理及编制“十一五”年度定额的通知》的要求，编制了河南省“十一五”期间征占用林地年度定额，征求了相关部门意见，通过了专家论证，并报经省政府批准，以豫林资〔2006〕272号文上报国家林业局。按照“从严控制，节约、集约用地”的原则，确定河南省“十一五”期间征占用林地年度定额为6万亩。

森林公园和国有林场建设管理

一、概述

2006年，按照国家林业局、省政府林业工作的整体部署，全省各级林业主管部门继续加强对国有林场和森林公园的管理指导，不断加大对国有林场基础设施建设投入和森林公园招商引资力度，努力维护国有林场合法权益，积极推动国有林场各项改革，实现了全省国有林场和森林公园的稳定发展。

（一）公益林补偿问题得到基本解决，国有林场基础支撑能力增强

继2005年国有林场195.26万亩重点公益林列入第一批中央森林生态效益补偿范围后，2006年又有34.24万亩列入第二批中央森林生态效益补偿范围，同时在2006年开始实施的省级森林生态效益补偿中，列入国有林场公益林面积63.55万亩。到2006年底，列入中央、省两级森林生态效益补偿范围的国有林场公益林面积达到293.05万亩，占全省非天保工程区国有林场经营面积的比例达到78.05%，年补偿资金达到1 318.73万元，极大地缓解了非天保工程区国有林场的经济压力。

（二）森林资源培育经营取得新的进展

全年国有林场人工造林面积达到23万亩（含宜林地造林、采伐更新造林），为“九五”以来造林面积最大的一年。在2006年启动的日本政府贷款河南造林项目（包括人工造林、封山育林、低效林改造、中幼林抚育等建设内容，建设期限5年）中，31个国有林场列入了工程实施范围。全年共生产木材8.6万立方米。

（三）国有林场内部管理改革取得新的突破

全省国有林场立足自身条件，不等不靠，积极推动各项改革，取得了显著成效。一是在定岗定员，实行聘用制、竞争上岗、工资分配制度改革方面取得了成功经验；二是在富余职工分流、安置上取得了较大突破；三是在林场经营模式上进行了有益探索，如黄柏山林场租赁周边集体、群众林地，扩大发展空间，兰考林场兴办职工家庭林场等；四是林场内部运行机制改革进一步深化，如实行公益林、商品林分类经营管理方式，对造林、抚育、采伐等生产活动，引入市场机制，实行委托、对外招标、承包方式等；五是继续探索平原地区国有林场森林经营模式，在国家林业局农田防护林

采伐改革的基础上，在林木采伐方式、低产低效林改造、造林更新模式等方面进行了一系列试验，取得了很多成功的经验。按照省政府要求，完成了国家林业局等7部门提出的《关于加快国有林场改革的实施意见》（报批稿）修改意见的反馈工作。

（四）继续加大森林公园扶持力度，森林风景资源的保护能力得到提高

2005年实施公益林生态效益补偿以来，河南省确定了优先支持自然保护区、森林公园的方针，继2005年自然保护区、森林公园范围内435万亩重点公益林被列入第一批中央森林生态效益补偿范围后，2006年又有36万亩列入第二批中央森林生态效益补偿范围，在2006年开始实施的省级森林生态效益补偿中，列入自然保护区、森林公园公益林面积81.52万亩。截至目前，列入中央、省级森林生态效益补偿范围的自然保护区、森林公园公益林面积已达到552.67万亩，其中涉及66处森林公园，补偿面积已达全省森林公园规划面积的78%，森林风景资源的保护能力与条件得到显著改善。

（五）强化森林公园建设与森林旅游发展的指导工作

积极参与省政府《关于进一步加快伏牛山生态旅游发展的意见》的制定、论证、修改工作，认真维护国有林场、森林公园、自然保护区的利益。组织召开了伏牛山区及有关省辖市森林公园、自然保护区和国有林场负责人参加的全省森林生态旅游工作座谈会，围绕贯彻落实省政府伏牛山生态旅游发展工作会议精神进行了讨论座谈，对拟出台的《河南省林业厅关于进一步加快全省森林公园建设和森林旅游发展的意见》进行了修改完善。

2006年，共接待游客1 541万人（次），直接旅游收入达到3.28亿元,分别比2005年增长28.4%、26.1%，森林旅游在全省旅游产业中的地位稳步提高。

二、纪实

参加全国森林旅游博览会 5月，组织全省森林公园、自然保护区参加了由国家林业局、国家旅游局、全国工商联和辽宁省政府举办的2006中国森林旅游博览会，投资10多万元，印制和刻录了5 000多份画册、光盘，聘请专业广告公司进行展厅设计、布展，以“中华之源、绿色中原”为主题，全面展示了河南省林业建设成就和森林公园、自然保护区的优美风光，并组织森林旅游经营单位负责人150多人到会观摩学习、宣传促销、推介项目，共发放宣传资料2万多份。获得展厅“最佳演示奖”、综合评比“铜奖”、“组织奖”等三个奖项。

举办全省第二期国有林场场长培训班 8月25日~9月5日，厅人事教育外事处与野生动植物保护处在河南科技大学林业职业学院举办了第二期国有林场场长培训班，42位国有林场场长参加了培训。培训班聘请有关专家、教师及业务部门领导，系统讲解了林业基础知识、林业政策法规、林政资源管理、国有林场改革、森林旅游等课程。

组织召开全省森林生态旅游工作座谈会 9月2日，围绕贯彻落实省政府伏牛山生态旅游发展工作会议精神，组织召开了全省伏牛山区及有关省辖市森林公园、自然保护区和国有林场负责人参加的全省生态旅游工作会议，讨论修改了《河南省林业厅关于进一步加快全省森林公园建设和森林旅游发展的意见》。

国家林业局批准设立3处国家级森林公园 12月26日，国家林业局分别以林场许准〔2006〕932

号、林场许准〔2006〕933号、林场许准〔2006〕934号文件批准设立商城黄柏山、灵宝燕子山、西平棠溪源3处国家森林公园，全省国家森林公园达到29处。

省林业厅批准建立4处省级森林公园 省林业厅批准建立了尉氏贾鲁河、平顶山、郑州黄河、伊川荆山等4处省级森林公园，全省森林公园达到92处，其中省级森林公园63处。

自然保护区建设与野生动植物保护管理

一、概述

一年来，全省自然保护区建设和野生动植物保护管理部门按照国家林业局确立的“相持阶段”林业发展指导思想，围绕《绿色中原建设规划》，不断加强野生动植物和湿地资源保护与管理，加快自然保护区建设，取得了显著成效。

（一）深入推进自然保护区和湿地保护管理，基础设施建设取得较大进展

一年来，完成了桐柏太白顶、高乐山及信阳天目山3个省级自然保护区联合晋升淮河源国家级自然保护区的申报工作，并通过国家林业局初评，完成了国家级评审委员会专家考察工作；2月，经国务院办公厅公布，河南小秦岭自然保护区晋升为国家级自然保护区，使全省国家级自然保护区增至8处，保护区总面积达到735.75万亩，占全省国土面积的2.94%；丹江湿地自然保护区也通过了国家级自然保护区评委会评审，完成了公示、整改工作，已报国务院待批。此外，还组织完成了宝天曼国家级自然保护区范围调整的申报工作，已通过国家林业局初评；完成平顶山白龟山库区湿地、固始淮河湿地、濮阳黄河湿地3个省级自然保护区的考察、评审工作，已通过省级自然保护区评审委员会评审，上报省政府待批。

按计划完成了太行山猕猴国家级自然保护区焦作管理局，伏牛山国家级自然保护区老君山管理局，南召宝天曼管理局，黄河湿地国家级自然保护区三门峡管理分局和洛阳管理分局5个一期基础设施建设项目的作业设计编制、审定工作，争取省基本建设投入地方配套资金200万元，并启动实施了这5个基础设施建设项目，完成了年度建设任务。

2006年，河南省争取国家级自然保护区建设工程项目工作稳步前进，共有4个建设项目获得国家林业局批准，核定总投资3 697万元，其中中央投资2 154万元。而且，还争取到湿地保护工程建设项目2项，核定总投资1 424万元，其中中央投资497万元。

（二）扎实开展野生动物保护管理工作和疫源疫病监测防控工作，完善监测防控体系建设

为认真贯彻落实国务院《重大动物疫情应急条例》，林业厅下发了《河南省林业厅关于进一步加强野生动物疫源疫病监测体系建设的通知》（豫林护〔2006〕10号）。2006年国家林业局在河南省

新批准建立了6个国家级监测站，河南省新建市县级监测站点165处，目前已形成了包括11个国家级、14个省级、224个市县级监测站点的监测体系。全省继续实行野生动物疫源疫病监测信息报告制度和值班制度，全年共向国家林业局野生动物疫源疫病监测总站和省政府防治高致病性禽流感指挥部办公室上报信息报告单291份，其中4起野生鸟类异常死亡情况在第一时间上报了国家林业局野生动物疫源疫病监测总站和省政府防治高致病性禽流感指挥部办公室，并及时报送了检验结果。

全年共完成审批《陆生野生动物或其产品出省运输证明》53份；《河南省陆生野生动物或其产品运输证明》16份；野生动物驯养繁殖审核12项、审批16项，发放《野生动物驯养繁殖许可证》56份；完成了宛西制药股份有限公司、中纺棉花进出口公司等单位出口野生动物产品的审核7项，完成野生动物或其产品出口审批5项；完成了郑州市动物园等单位野生动物及其产品经营利用审核2项审批1项。

（三）积极开展野生动物救护、饲养管理、疫源疫病监测工作

河南省野生动物救护中心担负着全省野生动物资源调查和伤病残国家重点保护野生动物的救治及非正常来源珍稀濒危野生动物收容、救护与饲养工作。2006年救护中心领导班子把“提高野生动物救护治疗水平，使伤病残野生动物的治愈率达到85%以上”作为全年工作的重点列入本年度工作责任目标。围绕这项工作先后修订完善了《河南省野生动物卫生防疫制度》、《河南省野生动物救护中心药品管理办法》、《河南省野生动物饲养管理制度》，制定了《河南省野生动物救护中心野生动物救护管理办法》。一年来共救护野生动物200余次，行程6 000多公里，救护收容野生动物死体、活体4 173只（头、条），其中国家一级保护动物金钱豹、大鸨等12只，二级保护动物红隼、猫头鹰、天鹅、灰鹤等56只，一般保护动物4 103只。对救护的伤病残动物及时治疗，精心护理，救治成功率达到86%以上，并成功实施两例大手术。全年共成功繁育梅花鹿11只，猕猴1只。一年来，新闻媒体对野生动物救护工作报道共25次，其中接受河南电视台采访2次，在社会上引起很大反响。

二、纪实

全省野生动物疫源疫病监测工作受到国家林业局检查组表扬 2月9~11日，国家林业局检查组一行对全省野生动物疫源疫病监测工作进行了检查，并对各项工作给予充分的肯定。

省野生动物救护中心加挂河南省疫源疫病监测中心牌子 2月13日，省编制办公室批复《河南省林业厅关于成立河南省野生动物疫源疫病监测中心的请示》，同意河南省野生动物救护中心加挂河南省疫源疫病监测中心牌子。

小秦岭省级自然保护区晋升国家级自然保护区 2月16日，国务院办公厅公布，小秦岭省级自然保护区晋升国家级自然保护区，总面积22.74万亩。

《陆生野生动物疫源疫病监测规范（试行）》出台实施 3月7日，国家林业局印发了《陆生野生动物疫源疫病监测规范（试行）》，河南省林业厅以豫林护〔2006〕92号予以转发并实施。

国家林业局批复连康山国家级自然保护区总体规划 3月9日，国家林业局下发了《关于内蒙古红花尔基樟子松林等10个国家级自然保护区总体规划的批复》（林计发〔2006〕35号），批准河南省实施连康山国家级自然保护区总体规划。

组织举办全省第二十五届“爱鸟周”宣传教育活动 3月27日，下发专题文件对“爱鸟周”宣传教育活动进行统一安排部署。各地认真制订宣传活动方案，精心组织，举办了形式多样、内容丰富的宣传活动。

国家林业局对河南省野生动物展演团体驯养繁殖管理情况进行专题调研 4月6~8日，国家林业局对全省野生动物展演团体驯养繁殖管理情况进行专题调研并召开了座谈会。旨在全面了解河南省野生动物展演团体的状况，为下一步制定具体管理政策提供依据。

救护中心举办野生动物标本展 4月16日，救护中心举行以“珍爱自然　保护鸟类　共建和谐社会”为主题的野生动物标本展。郑州市外国语中学、十九中、五十五中等13所学校的800余名师生来到省野生动物救护中心参观。救护中心工作人员为师生们讲解了河南省野生动物的种类、数量、生活习性及救护常识，激发了同学们保护野生动物的意识。同学们兴致勃勃、头戴各种动物头饰与野生动物进行零距离接触，体会人与动物和谐共处的乐趣。

批准建立信阳两河口省级湿地公园 5月17日，河南省林业厅批准建立全省第一个湿地公园——信阳两河口省级湿地公园。

争取湿地保护工程建设项目2项 5月31日，国家林业局批准河南省实施汝南宿鸭湖湿地省级自然保护区湿地保护工程和丹江湿地自然保护区湿地保护工程建设项目，是自《全国湿地保护工程实施规划（2005~2010年）》（林计发〔2006〕82号）印发后河南省的第一批建设项目，两项总投资1 424万元，其中中央投资497万元。

完成《河南太行山猕猴国家级自然保护区管理现状及对策》调研报告 6月，救护中心组织专业技术人员分别对河南太行山猕猴国家级自然保护区济源、焦作、新乡3个管理局的9个管理分局进行实地调研，完成《河南太行山猕猴国家级自然保护区管理现状及对策》调研报告。

争取国家级自然保护区建设项目4项 6月6日，国家林业局批准河南省实施小秦岭国家级自然保护区、连康山国家级自然保护区、黄河湿地国家级自然保护区焦作管理分局3处基础设施和罗山董寨国家级自然保护区基础设施建设续建项目。4个项目总投资3 697万元，其中中央投资2 154万元。

召开全省湿地保护管理暨自然保护区建设管理工作会议 6月26日，全省湿地保护管理暨自然保护区建设管理工作会议在郑州召开。国家林业局副局长赵学敏一行7人应邀出席会议。省林业厅部分领导出席会议。18个省辖市及5个扩权县（市）林业（农林）局局长、保护科（站）科（站）长和保护区负责人以及厅有关单位负责同志参加了会议。赵学敏副局长、刘新民副省长、王照平厅长分别在会上作重要讲话。

召开河南省黄河湿地保护与恢复研讨会 6月26日，河南省黄河湿地保护与恢复研讨会在郑州召开。国家林业局副局长赵学敏、中国湿地公约履约办公室常务副主任印红等一行7人应邀出席研讨会，省林业厅部分领导出席会议。

国家林业局确定河南省2处自然保护区为国家级示范自然保护区 7月18日，国家林业局在全国确定了首批51个具有典型性和代表性的自然保护区开展示范自然保护区建设。河南省宝天曼国家级自然保护区和罗山董寨国家级自然保护区名列其中。

完成河南省野生动物疫源疫病监测中心建设及省野生动物救护中心续建工程可行性研究报告

7月19日，救护中心通过省林业厅向国家林业局上报《河南省林业厅关于呈报河南省野生动物疫源疫病监测中心建设及省野生动物救护中心续建工程项目建议书的请示》，2006年10月16日国家林业局批复同意河南省林业厅建设野生动物疫源疫病监测中心及省野生动物救护中心续建工程项目。2006年11月，救护中心完成《河南省野生动物疫源疫病监测中心建设及省野生动物救护中心续建工程可行性研究报告》，经专家论证通过，上报国家林业局并批复。

向省人大常委会报送了《河南省人民政府关于提请审议〈野生植物保护条例（草案）〉的议案》 7月，经省政府常务会议研究同意，向省人大常委会报送了《河南省人民政府关于提请审议〈野生植物保护条例（草案）〉的议案》。配合省人大农工委完成了条例（草案）的一审工作，目前正在配合省人大法工委进行二审的立法调研、修改工作。此前，省林业厅为积极争取《河南省野生植物保护条例》列入省人大2006年立法计划，起草了《河南省野生植物保护条例》（初稿），并配合省政府法制办公室完成了征求意见、专家论证等工作。

新批建一处狩猎场 9月4日，省林业厅批准建立偃师市山张林场狩猎场。

开展全省部分活体野生动物驯养繁殖情况调查 9月4日，全省开展了对虎、豹、狮、象等17种（类）野生动物所有种和亚种的调查工作，全省86个驯养繁殖单位纳入调查范围。

省政府派出督察组对全省秋冬季重大动物疫病防控工作进行督察 10月25日~11月8日，省政府办公厅下发《关于对秋冬季重大动物疫病防控工作进行督察的通知》（豫政明电〔2006〕204号），派出6个由副厅级领导带队的督察组，对全省秋冬季重大动物疫病防控工作进行督察，野生动物疫源疫病监测工作开展情况列入督察内容。

河南省6处省级野生动物疫源疫病监测站晋升为国家级 11月25日，国家林业局在全国增设200处国家级野生动物疫源疫病监测站，河南省的封丘县林业局野生动植物保护管理站等6个单位名列其中。

建立首个鸟类环志站 11月28日，全国鸟类环志中心同意建立董寨国家级自然保护区鸟类环志站，这是河南省建立的第一个鸟类环志站。

组织完成郑州黄河湿地等5个省级自然保护区总体规划的编制及审定工作 12月，组织完成了郑州黄河湿地、洛阳熊耳山、林州万宝山等5个省级自然保护区总体规划的编制工作，并于12月10日全部通过专家评审。

国家林业局批准董寨国家级自然保护区从北京引进2对朱鹮 12月27日，为继续推进朱鹮保护拯救工作、人工繁育、放归自然和再建野生种群，弥补河南空白，国家林业局批准董寨国家级自然保护区从北京动物园引进2对朱鹮。

森林公安

一、概述

2006年，河南省森林公安机关在各级党委、政府及林业、公安主管部门的领导下，在国家林业局森林公安局的关心、指导和大力支持下，坚持以邓小平理论、“三个代表”重要思想和科学发展观为指导，按照年度工作要点和目标任务，紧紧围绕林业生态建设和林区社会治安稳定大局，以贯彻落实公安部“抓基层、打基础、苦练基本功”为载体，以社会主义法治理念教育活动为动力，以八项重点工作为切入点，团结奋进，开拓进取，取得了显著成绩。

（一）加强队伍建设，牢固树立“立警为公，执法为民”的思想

积极开展社会主义荣辱观教育活动。2006年，林业厅森林公安局下发《关于组织开展社会主义荣辱观教育活动的通知》（豫林公〔2006〕35号文件），制作“八荣八耻”、“人民警察职业道德规范”标牌350套，发放到基层单位，在全体森林公安民警中营造“学习八荣八耻，遵守职业道德”的舆论氛围，使广大民警对“八荣八耻”的具体内容入耳、入脑、入心。使广大民警充分认识到胡锦涛总书记提出的以“八荣八耻”为主要内容的社会主义荣辱观教育，为民警加强社会主义思想道德建设，巩固马克思主义在意识形态领域的指导地位，打牢团结奋斗的共同思想基础，形成积极健康向上的社会风尚具有重要的现实意义和深远的历史意义。

进一步深化大练兵活动。2006年，全省森林公安机关以“抓基层、打基础、苦练基本功”为载体，狠抓了“大练兵”活动。在2005年大练兵的基础上，编写培训教材8本，培养实战教官208人，聘请教官104人，培养标兵能手64人。省林业厅森林公安局“大练兵”领导小组围绕基层民警“三懂四会”，完善了“一日一练，一周一训，一月一评”的练兵长效机制。年内，全省森林公安系统共举办培训班62期，其中省级8期，培训700人（次）；地市54期，培训1 970人（次），有效地提高了民警的业务素质、专业技能素质和思想道德素质。

（二）积极开展专项行动，严厉打击各类破坏森林和野生动植物违法犯罪活动

各级森林公安机关牢固树立“侦查破案”才是硬道理的思想，全年共受理各类破坏森林和野生动植物资源案件14 304起，查处11 913起，其中刑事案件1 144起，重特大刑事案件39起，打击处理违法犯罪人员14 383人，收缴木材7.3万立方米，查获野生动物21.7万只（头），其中国家二级以上保护动物231只（头）。成功破获了平舆县“1·12”特大滥伐林木案，沁阳市“2·24”特大滥伐林木案，西峡县“5·15”特大盗窃国家二级保护野生动物大鲵案，杞县“3·09”特大故意毁坏林木案，息县“6·09”重大滥伐林木案，卢氏县“11·02”重大非法占用林地案，南阳市卧龙区“11·10”重大盗伐林木案，郑州市“11·28”重大非法占用林地案等一大批涉林重特大刑事案件。

（三）坚持以科技为先导，努力加强装备和基层派出所建设

2006年为努力提高警务保障水平，经多方争取投入资金155万余元，为基层森林公安机关配发计算机、传真机、摄像机、现场勘查箱、防弹背心等办公、办案装备和个人防护器材700余台（个）。在派出所统一建筑外观形象和标识工作中，全年各地共完成派出所外观标识98个，完成派出所建筑外观形象50个，进一步促进了派出所规范化建设。在“三基”建设中，“金盾工程”建设进度加快，信息化应用水平得到普及，县（市）分局、派出所办公用房有明显改观，经费和装备保障得到加强。

（四）认真做好群众来信来访工作

1~12月，林业厅森林公安局共受理并查处群众来信来访各类信访件137件，其中国家林业局森林公安局批办15件，省领导批办2件，厅领导批办8件，结案率达100%。

二、纪实

成立“河南省维护森林公安民警正当执法权益委员会” 2月9日，为切实加强维护森林公安民警正当执法权益工作，防止公安民警遭受暴力袭击、诬告陷害、妨碍执行公务等不法侵害事件的发生，林业厅森林公安局成立河南省维护森林公安民警正当执法权益委员会。副厅级侦察员、厅森林公安局局长宋全胜同志任维权委员会主任。

森林公安机关设立督察部门，进一步完善监督机制 3月，为促进全年工作上台阶，充分利用督察这一利器，在省、市、县森林公安机关设立了督察部门，聘任了1 596名特邀监督员，构建了社会监督网络。年内厅森林公安局对“五条禁令”和“内务条令”的贯彻落实情况进行明察暗访，并组织开展了“三个排查”和“三个专项治理”、行风评议等项活动，督办涉及民警违法违纪案件17起，清除违法违纪民警5人，免职2人，追究刑事责任2人。

动员部署“春季打击涉林违法犯罪”专项行动 3月31日，省森林公安局在郑州召开了各省辖市林业局主管局长和森林公安局局长会议，对全省“春季打击涉林违法犯罪”专项行动进行了动员部署。

组织开展“春季打击涉林违法犯罪”专项行动 4月1日~6月1日，在全省组织开展了“春季打击涉林违法犯罪”专项行动。在春季严打中，查处各类涉林案件2 106起，打击处理违法犯罪人员2 586人，清理木材加工经营场所1 193处，取缔矿点、炭窑206个，收缴木材910.6立方米。

组织开展“禁种铲毒”专项行动 4月28日~6月30日，全省森林公安机关组织开展了林区禁毒人民战争。此项行动共出动铲毒人员1.2万人（次），铲除毒品源植物罂粟1.6万株，查获非法种植人员79人。

开展“破案攻坚战”专项行动 5月10日~6月30日，在全省范围内组织开展了以“打团伙、挖窝点、破大案”为重点的破案攻坚战。行动期间，查处各类涉林案件1 976起；打击处理违法犯罪人员2 183人，其中刑事拘留118人，逮捕55人，行政处罚2 010人；清理木材市场及加工点47个，收缴木材612.3立方米。

组织召开派出所建设现场会 5月29日，省林业厅在鲁山县组织召开派出所建设现场会，弋振立副厅长、宋全胜局长出席会议并作重要讲话，对进一步加强森林公安派出所建设进行了安排部署。通过一年的努力，目前，经省森林公安局审核、认定，全省共有6个一级所，27个二级所，54个三级所。三级以上派出所占全省派出所总数的62.6%。与此同时，18个省辖市还建立完善警务区368个，下沉警力464人。

开展社会主义法治理念教育 6~12月，厅森林公安局决定在全体民警中进行社会主义法治理念教育。同时，举办3期社会主义法治理念培训班，培训基层骨干243人，为各省辖市民警法治理念教育培训奠定了基础。

开展“林区爆炸物品、枪支弹药、管制刀具”专项整治行动 8月10日~9月25日，在全省林区内组织开展了爆炸物品、枪支弹药、管制刀具专项整治行动。行动期间，发放宣传单6 600张，共排查涉爆单位363家，相关人员960余人，关闭停产小煤窑、小矿山50家,收缴雷管21枚、导火索17.5米、老式猎枪3支、管制刀具18把。

开展“绿盾行动” 11月1日~12月30日，在全省范围内组织开展以打击破坏林地和野生动物资源违法犯罪活动为主要内容的专项行动，代号“绿盾行动”。省林业厅成立了由弋振立副厅长任组长、宋全胜局长任副组长、厅办公室等有关单位负责人为成员的专项行动领导小组。行动期间，查处各类涉林刑事案件立案249起，破案181起，查处行政案件3 026起，打击处理违法犯罪人员3 523人；清理非法征占用林地项目567个，野生动物驯养繁殖场所236处，木材及野生动物加工、经营场所1 930处；收缴各类野生动物11 357只（头），野生动物制品1 289.5公斤，皮张1 085张，木材1 524.6立方米。

认真开展八项重点工作绩效考评 12月，厅森林公安局根据年初八项重点工作，逐一分解，以百分制进行考评。厅森林公安局抽调各省辖市业务骨干对18个省辖市216个单位进行拉网式检查考核，并排出顺序，奖优罚劣。三门峡市森林公安局排名第一，受到表扬。

科技兴林

一、概述

2006年，河南林业科技工作认真贯彻全国林业科技大会精神，全面落实科学发展观，与时俱进，努力为促进林业可持续发展提供科技支撑，成效显著。

（一）加强林业科技综合管理

一是组织参加了全国林业科技大会，河南省共有3个单位6位同志受到表彰。省林业厅科技处、南阳市林业局获“全国林业科技工作先进集体”称号。组织召开了全省林业科技工作会议，总结交流了“十五”以来及2006年林业科技工作取得的经验，安排部署了2007年林业科技工作的重点和目标。二是对“十五”期间全省林业科技基本情况进行了统计整理，建立了全省林业科技基本情况统计档案和数据库。三是编制印发了《关于切实加强林业科技管理工作的通知》、《河南省2006~2007年林业科教振兴行动计划》等重要文件，提出了科技综合管理和近两年科教振兴的目标与行动计划。

加强了对林业科技的目标考核工作。从2006年起，将林业科技示范园区建设和林业标准化工作纳入省辖市年度目标考核内容，组织制定印发了2个检查验收办法，极大地推动了全省林业科技示范园区的建设和林业标准化工作的开展。

（二）围绕重点林业工程建设，组织开展科技攻关和专项研究

围绕森林资源培育、保护和高效利用三个方面组织指导全省林业科研单位进行科技攻关，全省有20多项林业科技成果通过专家鉴定，其中厅直单位完成6项。新争取国家林业局重点攻关项目1项、省科技发展计划项目13项，并完成了项目阶段性研究任务。全省有8项林业科研成果获河南省政府科技进步奖，其中二等奖3项、三等奖5项。

（三）大力强化林业科技推广，提供有力科技支撑

对现有成果、技术进行了认真筛选和组装配套，重点推广了植物生产调节剂应用技术、抗旱造林技术、经济林丰产高效栽培技术等16项造林技术推广；重点引进、推广了杨树新品种及核桃、石榴等22个林果新品种。新争取国家林业局林业科技推广项目2项，新争取成果转化资金项目2项。组织申报2007年度国家林业局林业科技推广项目5项，申报省农业科技成果转化资金项目2项。

（四）以点带面，狠抓林业科技示范体系建设

坚持分类指导，加快建设林业科技示范体系。对全省10余个林业科技示范园区进行了调研。结合各市林业局年度科技工作目标，督促各省辖市新建林业科技示范园区24个，建设省级林业科技示范园区3个。

（五）切实做好林业标准化和国际技术合作交流工作

继续抓好林业标准化示范区项目建设，完成了信阳市平桥区、固始县、内黄县、桐柏县全国林业标准化示范县、示范区、示范项目，示范面积已达41.8万亩。新争取新县、长葛、鄢陵县3个全国林业标准化示范区项目，组织完成省级林业地方标准制修订11项，结合各省辖市年度科技工作目标，督促省辖市完成林业标准33项。

积极组织申报农业引智成果推广示范基地项目；新争取国家林业局“948”项目3项，新争取省外专局引进国外技术、管理人才项目3项，正在组织实施。组织2个林业科技专家组赴南非、以色列、巴西等国进行林业科技合作交流。

（六）做好林业科普工作，积极开展送科技下乡活动

在全省范围内举办了“林业科技活动周”活动，全省林业部门和科研单位、企事业单位采取送科技下乡、举办培训班、开展技术咨询、现场指导等多种形式，为林农和基层干部开展技术服务，发放技术资料90多万份。

（七）认真落实社会主义新农村建设16件实事

根据厅领导批示要求，制定落实社会主义新农村建设16件实事中涉及科技工作的4个方面内容，会同有关单位研究制定了具体措施，并认真抓好工作落实。①大力推进速生丰产林建设，重点推广了欧美杨107、108、2000系列杨、豫刺1–2号、豫楸1号、火炬松等用材林优良品种。同时，推广了一批丰产栽培、集约经营等新技术。②围绕六大林业重点工程建设，突出抓了西峡等6个科技支撑示范县（市）建设，并新建了3个省级林业科技示范园区。③组织编写了《优质高档核桃生产技术》6本科普系列丛书，向全省农民及林业职工免费发放林业科技书刊20种10 000余本。④组织开展了“林业科技活动周”，全省林业单位采取送科技下乡，举办培训班、专家咨询等形式，培训林农达20万人（次）。

（八）认真抓好省院合作项目的落实

对2005年度的15个项目进行了实地核查，新安排16个科技合作项目，从中国林业科学研究院引进美国杏李、饲料桑、健杨、杂交马褂木等4个优良新品种。

（九）认真搞好林业科技调研工作

开展了林业科技示范园区调研工作，对全省10余个林业科技示范园区进行了调查摸底，并提交了《河南省林业科技示范园区建设现状及对策》。

二、纪实

印发《关于切实加强林业科技管理工作的通知》 2月8日，省林业厅印发了《关于切实加强林业科技管理工作的通知》。

印发《河南省2006~2007年林业科教振兴行动计划》 2月22日，省林业厅印发了《河南省2006~2007年林业科教振兴行动计划》，提出了全省近两年林业科教振兴的目标与行动计划。

开展林业科技示范园区调研活动 3~5月，对全省10余个林业科技示范园区进行了调查摸底，并提交了《河南省林业科技示范园区建设现状及对策》。

组织送科技下乡活动 4月，在全省范围内举办了“林业科技活动周”活动，全省林业部门和科研单位、企事业单位采取送科技下乡、举办培训班、开展技术咨询、现场指导等多种形式，为林农和基层干部开展技术服务。据统计，全省送科技下乡次数达到4 000多人（次），受培训林农和林业职工达到22.2万人（次），发放林业科普宣传资料90多万份，受教育总人数达到70多万人(次)。

召开全省林业科技工作会议 10月17~18日，全省林业科技工作会议在南阳市召开。会上，学习贯彻了全国林业科技大会精神，总结交流了河南省“十五”以来及2006年林业科技工作经验，安排部署了2007年林业科技工作的重点和目标。

林业法制建设

一、概述

一年来，在林业厅党组的正确领导下，政策法规处坚持以《全面推进依法治林实施纲要》为指导，紧紧围绕全省林业的中心工作，认真贯彻落实科学发展观，在林业立法、法制宣传教育、执法监督等方面取得了明显成效。

（一）普法工作成绩斐然

2006年是“四五”普法总结验收及“五五”普法的开局之年。“四五”普法工作开展以来，一批重要的林业法律法规得到及时宣传普及，为河南省依法治林工作的全面推进打下了坚实基础；林业部门的公务员尤其是各级领导干部法制观念进一步增强，依法决策、依法管理的能力和水平明显提高；林业职工法律素质不断增强，依法办事、依法维护自身权益、处理矛盾纠纷的能力明显提高；顺利完成了“四五”普法规划确定的各项任务。有3个单位、7名同志受到国家林业局的表彰，1名同志受到依法治省领导小组的表彰。

（二）立法工作进展顺利

会同保护处，配合省政府法制办公室和省人大农工委修改、论证了《河南省野生植物保护条例（草案）》，并已通过省人大一审。上报了2007年林业立法计划，《河南省森林防火条例》已列入省人大2007年调研项目。

（三）执法监督进一步强化

8月份省人大常委会执法检查组对全省《中华人民共和国种子法》和《河南省实施〈中华人民共和国种子法〉办法》的贯彻实施情况进行了检查。栾川、延津、鲁山和许昌开展了林业综合执法试点工作。

（四）深入开展调研工作

对全省集体林权的现状进行了深入广泛的调查，并形成了调研报告；完成“托管造林”公司在河南省经营活动情况的调研。

二、纪实

修改《河南省野生动物保护条例》 2月，政策法规处会同保护处，配合省政府法制办公室对《河南省野生植物保护条例（草案)》进行了反复讨论修改，并于4月27日组织省内部分植物专家、法律专家对条例（草案）进行了论证。7月4日，省政府将条例（草案）提请省人大常委会审议。9月25日，河南省第十届人大常委会第二十六次会议通过了对《河南省野生植物保护条例（草案)》的第一次审议。

开展综合执法试点工作 4月10日，省林业厅会同河南省机构编制委员会办公室和省政府法制办公室印发了《关于开展林业综合行政执法试点的通知》（豫林文〔2006〕14号)，决定在栾川、延津、鲁山和许昌开展林业综合行政执法试点工作，并对试点工作的指导思想和原则、试点内容、试点步骤、组织领导等问题作了明确规定。6月底，召开了试点县、市林业局负责人参加的座谈会，了解试点工作开展情况并对下一步工作作了具体安排。目前，各试点单位正按照试点工作方案稳步推进。

开展集体林权制度改革调研 4月，拟定了《河南省集体林权制度改革调研提纲》，并对安阳、新乡、濮阳、焦作、鹤壁5市集体林权制度改革情况进行了深入调研，结合豫西、豫东、豫南3个调研组的调研情况，完成了《河南省集体林权制度改革调研报告》。

梳理河南省林业厅行政执法依据 5月，按照省政府法制办公室的要求，政策法规处会同林政处、保护处、防火办公室、种苗站、森防站、退耕中心对省林业厅行政执法项目的法律依据进行了全面梳理，梳理的结果为：行政许可39项，行政处罚87项，行政强制5项，行政征收5项，行政确认2项，行政给付2项，已上报省政府法制办公室。

完成“四五”普法工作的总结表彰 5月，按照国家林业局和河南省依法治省工作领导小组的工作部署，完成了“四五”普法先进集体和先进个人的评选、推荐、上报工作。许昌市林业局、焦作市林业局、厅政策法规处获得“全国林业系统‘四五’普法宣传教育先进集体”荣誉称号；陈明、宋建波、李伟、韩经玉、侯贵文、吴国新、王太平等7名同志获得“全国林业系统‘四五’普法宣传教育先进个人”荣誉称号。

举办全国林业行政许可工作座谈会 6月1日，全国林业行政许可工作座谈会在登封市召开。国家林业局政策法规司副司长卢昌强、综合处处长周全锋及国家林业局有关司、局、总站、办公室的同志出席了会议。各省、自治区、直辖市林业厅（局）法规处负责同志参加了会议。卢昌强副司长在会上介绍了国家林业局35项行政许可事项的有关情况，各省、自治区、直辖市座谈交流了行政许可法实施以来林业行政许可项目的办理情况和工作经验。

对社会投资造林情况进行调研 6月，按照国家林业局《关于开展社会投资造林有关情况调查的通知》要求，对全省18个省辖市社会投资造林情况进行了全面调查，并着重了解了“托管公司”经营活动情况。据调查，目前河南省有10家“托管造林”公司，经营活动合法。

对《中华人民共和国种子法》和《河南省实施〈中华人民共和国种子法〉办法》进行执法检查 8月份，会同种苗站配合省人大常委会对《中华人民共和国种子法》和《河南省实施〈中华人民共和国种子法〉办法》执行情况进行了检查，对检查出的问题提出了切实可行的整改措施。

制定《河南省林业系统法制宣传教育第五个五年规划》 9月15日，根据国家林业局制订的《全国林业系统法制宣传教育第五个五年规划》和《中共河南省委 河南省人民政府印发〈省委宣传部、省司法厅关于法制宣传教育和依法治理工作的第五个五年规划〉的通知》要求，结合河南省林业工作实际，制定了《河南省林业系统法制宣传教育第五个五年规划》，对全省林业系统五年中法制宣传教育工作的指导思想、主要目标、工作原则、主要任务、工作步骤、组织领导和保障措施都提出了明确规定，已印发全省。

森林防火

一、概述

2006年，全省森林防火工作在省委、省政府、国家林业局和省林业厅党组的正确领导下，狠抓各项预防和扑救措施落实，在各重点林区相继发生严重春旱、秋旱，火险等级居高不下，森林火情不断发生的情况下，严阵以待，沉着应对，及时有效地处置了历次森林火情。全年共处置森林火情960起,其中森林火警820次,一般火灾140次,过火总面积16 600亩,受害森林面积6 376亩。为扑救森林火灾,出动人工31 968个（次）,出动车辆2 685台（次)。无重大森林火灾和人员伤亡事故的发生，圆满完成了森林火灾受害率低于1‰的目标任务。

（一）强化了对森林防火工作的组织领导

省委、省政府高度重视森林防火工作。李成玉省长、刘新民副省长多次批示要求抓好森林防火工作。关键时期，省政府3次召开森林防火电视电话会议，刘新民副省长、王照平厅长亲自对森林防火工作进行周密的安排部署。各级政府层层签订森林防火目标责任书，把森林防火责任落实到人和山头地块。根据人员变动情况，及时调整了省护林防火指挥部成员,并新增监察厅、商务厅为成员单位。以省政府名义出台了《河南省森林防火抢险应急预案》，进一步明确了省护林防火指挥部成员组成和各成员单位职责。省政府办公厅也及时发出通知，就森林防火工作提出具体的工作意见和措施。

（二）狠抓督促检查

调整了省护林防火指挥部成员单位森林防火责任区。全年组织省护林防火指挥部成员单位深入各自责任区检查督导森林防火工作两次。刘新民副省长、王照平厅长在关键时期亲自到林区检查指导。11月中旬，省政府王树山副秘书长受李成玉省长、刘新民副省长委托，带领弋振立副厅长、省森林防火办公室负责同志深入洛阳、三门峡重点林区对森林防火工作进行检查和调研，发现问题，共同商讨对策，并提出明确整改要求。厅党组对紧要时期的森林防火工作尤为重视，分别于春季、冬季两次派出9个工作组，在高火险时期深入林区巡回检查，为做好森林防火工作提供了重要的领导和组织保障。

（三）营造了浓厚的森林防火宣传氛围

制订了全省森林防火宣传方案，就森林防火宣传的组织领导、运作方式、表彰奖励提出明确要求。省委宣传部为加强森林防火宣传，专门向《河南日报》、河南省人民广播电台、河南电视台等媒体发出通知。河南省人民广播电台、《河南日报》、河南电视台等媒体先后4次就森林防火工作专题采访了王照平厅长。为使林区群众在娱乐中逐步增强森林防火意识，省森林防火办公室专门印制1万副森林防火扑克免费发往重点林区。进入秋冬季森林防火紧要期前，省防火指挥部再次发出通知，要求各地切实搞好11月份的森林防火宣传月宣传活动，规定各市、县都要结合实际，制订宣传月森林防火宣传计划和实施方案，并指定一名领导同志专门负责森林防火宣传月宣传活动，发现问题及时解决。各地积极贯彻省办通知精神，宣传月期间不仅在电台、电视台发表了大量党政领导讲话，制作、播出了大量森林防火公益广告和森林防火宣传字幕，还在报纸上开辟了森林防火宣传专栏，并组织文艺演出队、宣讲团、森林防火宣传车、电影放映队深入乡村集市进行宣传。一些地方还创新宣传形式，南阳、安阳、新乡等地都建立了森林火险手机短信预警平台，遇到高火险天气，由移动或者联通公司及时以手机短信予以发布，警醒人们对森林防火多加注意。

（四）严格管住了野外火源

切实把火源管理放在了森林防火的突出位置。历次会议，都把火源管理作为首要问题予以强调；历次检查，也都把火源管理情况作为一项重要内容。为此，突出抓了以下几个环节：一是继续严格实行野外生产用火审批制度，对林区生产施工用火单位，采取了交纳防火抵押金、落实责任人的办法进行管理。二是继续强化重点人员管理，对痴、呆、憨、傻人员和中小学生一一登记造册，落实监护人员和管理责任。三是继续对入山路口、寺院、墓地等重点地段增岗设卡，防火检查站严格控制火种入山，护林员继续加大林区监测巡查密度。四是继续在重点时期层层开展森林火灾隐患大排查行动。同时，各地还不断探索野外火源管理新路，如栾川县一些风景区为防止森林火灾而在重点时段关停景区；商城县林业局为减少当地群众上坟点灯引发森林火灾，清明节前一次性投入10万元购买了3万支电池防火灯送给林区群众等，都取得了明显效果。

（五）积极推进了基础设施和队伍建设水平

实施了伏牛山国家级森林防火物资储备项目和太行山重点火险区综合治理工程。加快了航空护林站等新项目的争取力度，与新郑国际机场管理公司反复协商，取得了飞机可在新郑机场起降的承诺；经过厅党组的努力，获得了省政府在人员编制、站场用地、资金匹配等方面的承诺。为积极配合做好厅视频会议室的建设工作，提高全厅办公自动化水平，进一步加快了省森林防火监测指挥中心建设步伐。为此，多次派出专人考察学习，反复权衡对比，以求最佳建设方案；同时，对各项硬件、软件配置，多方协调讨论，力求科学、合理、可行。为提高森林火灾扑救能力，适应新的社会和经济形势，组织完成了20支森林消防纠察中队、24支森林消防纠察支队的建设任务。同时，对2005年组建的消防队伍进行了全面的检查验收。各地不仅加强了森林消防纠察队伍的人员配备、机具装备，而且都进行了必要的扑火业务技能培训，一些地方还组织了贴近扑火实战的各种演练，并把安全防范知识纳入了队伍的日常训练，提高了队伍的防扑火实战能力。登封、新县、巩义等地的森林消防队还获得了纳入财政预算供给的事业编制。

（六）加快了规范化建设步伐

起草了《河南省森林防火基础设施建设规范》，结合实际，对全省不同地区森林防火基础设施建设从数量、质量、规格、标准等多个方面进行了明确规定。组织了对《森林防火条例》的讨论、修改，起草了《河南省森林消防条例（初稿）》，已进入立法程序。在总结“十五”全省森林防火工作的基础上，从常规基础、重点工作等方面，提出了“十一五”期间全省森林防火工作的总体目标，制定了具体措施，以全面指导“十一五”森林防火工作开展。指导全省进一步完善森林火灾扑救预案，形成省、市、县三级完备的处置突发公共事件专项森林防火预案体系。

（七）积极进行了森林火灾扑救的各项准备

首先是准确预报灾情。春季、冬季各进行一次森林火险形势会商，与气象专家一起共同分析森林防火面临的天气形势，共同研究各种对策。其次，强化火点监测。防火紧要期，各瞭望台、检查站人员及时上岗到位，确保了火情的及时发现与及时处置。省森林防火办公室与省气象部门密切配合，在防火期随时监控全省林区火情动态，及时发现了大量森林火灾热点。第三，狠抓了各类森林防火人员的业务培训。其中，举办全省森林防火扑火指挥员培训班2次，受训人员达100多人（次）；各市、县举办培训班100多期，受训人员近2 000人（次）。第四，狠抓值班调度。各单位严格24小时双岗值班，坚持领导亲自带班，确保突发火灾事件得到及时、有效处置。省森林防火办公室多次抽查各市、县森林防火值班情况，杜绝脱岗漏岗情况，确保了火情信息的畅通无阻。

二、纪实

召开河南省森林防火工作紧急电视电话会议　3月27日，在全国森林防火工作紧急电视电话会议之后，接着召开河南省森林防火工作紧急电视电话会议。会议由省政府王树山副秘书长主持，由王照平厅长分析森林防火形势，刘新民副省长安排部署森林防火工作。

下发《关于切实做好当前森林防火工作的紧急通知》　4月4日，省政府办公厅下发《关于切实做好当前森林防火工作的紧急通知》（豫政办明电〔2006〕56号），针对野外火源管理难度加大、火险隐患突出的情况，紧急安排部署森林防火工作，提出切实加强领导、搞好宣传教育、强化火源管理、做好火灾扑救等四条要求。

表彰2005年度全省森林防火工作先进集体和先进个人　5月24日，省护林防火指挥部作出《关于表彰2005年度全省森林防火工作先进集体和先进个人的决定》（豫防指〔2006〕3号），对郑州市人民政府护林防火指挥部等63个先进集体和李建功等123名先进个人予以表彰。

省政府办公厅下发《关于印发河南省森林防火抢险应急预案的通知》　8月4日，省政府办公厅下发《关于印发河南省森林防火抢险应急预案的通知》（豫政办〔2006〕67号），就预防和控制森林火灾，特别是迅速、有效处置重、特大森林火灾的组织指挥、监测预警、应急响应、后期处置、保障措施等提出明确要求。

召开全省森林防火工作现场会议　6月18~20日，在辉县市召开全省森林防火工作现场会议，各省辖市林业局主管森林防火工作的副局长、森林防火办公室主任及灵宝、卢氏等15个重点市（县、区）林业局局长参加了会议。弋振立副厅长到会讲话。

批复成立鹰宛驿护林防火联防委员会　8月23日，批复泌阳县护林防火指挥部办公室《关于申请成立伏牛山区护林防火联防委员会的请示》（泌防办〔2006〕7号），同意以泌阳、遂平、舞钢、方城、社旗为主体，成立护林联防组织，定名为“鹰宛驿护林防火联防委员会”。

下发《河南省人民政府护林防火指挥部办公室关于规范森林火灾火情报送工作的通知》 9月8日，根据《国家森林防火指挥部关于规范森林火灾火情报送工作的通知》（国森防〔2006〕6号）精神，下发《河南省人民政府护林防火指挥部办公室关于规范森林火灾火情报送工作的通知》（豫防办〔2006〕33号），就河南省森林火灾火情报送有关事宜作出明确规定。要求各省辖市森林防火办公室接到卫星热点监测报告后，在1个半小时内反馈核查结果；对已上报的正在扑救的森林火灾，在每天6时和15时报告扑救进展情况；对火灾扑救中出现的重要情况（包括人员伤亡、威胁居民区、威胁重要设施、市委市政府领导批示、市里派出工作组赴火灾现场指挥等），立即电话报告，随后补报文字材料；对国家森林防火指挥部和省护林防火指挥部专门要求报告的情况，立即组织报送。

认真开展森林防火宣传月活动 9月25日，作出《河南省人民政府护林防火指挥部办公室关于认真开展森林防火宣传月活动的通知》（豫防办〔2006〕36号），要求搞好11月份的森林防火宣传月活动。明确要求各地指定一名领导，专门负责森林防火宣传月森林防火宣传事宜，发现问题及时解决。

调整森林防火责任区 11月3日，省护林防火指挥部经研究，将省政府护林防火指挥部成员单位的森林防火责任区进行了调整，并要求各单位按照职责分工，加强对责任区森林防火工作的督促检查，发现问题及时督促整改，同时积极发挥行业优势，协助林区基层搞好森林防火基础建设，落实好各项防、扑火措施。

召开全省秋冬季植树造林和森林防火工作电视电话会议 11月6日，省政府召开全省秋冬季植树造林和森林防火工作电视电话会议，总结分析全省植树造林和森林防火的形势，安排部署秋冬季的植树造林和森林防火工作。会议由王树山副秘书长主持。王照平厅长通报全省植树造林、森林防火工作情况和秋冬季植树造林、森林防火工作安排意见。刘新民副省长作重要讲话。

王树山检查指导森林防火工作 11月17~18日，省政府副秘书长、省护林防火指挥部副指挥长王树山在省林业厅副厅长弋振立、省护林防火指挥部办公室主任汪万森等陪同下，深入洛阳嵩县、栾川和三门峡卢氏等县检查指导森林防火工作。

组织省护林防火指挥部成员单位进行森林防火工作检查 11月28日~12月20日，组织省护林防火指挥部成员单位到各自责任区进行森林防火工作检查。

启动省森林防火监测指挥中心建设项目政府采购 12月中旬开始，启动省森林防火监测指挥中心建设项目政府采购，并进行项目建设。

国家林业局批复河南省森林航空消防站建设项目可行性研究报告 12月12日，国家林业局批复河南省森林航空消防站建设项目可行性研究报告，同意在河南省建设航空消防站，要求建设航站综合楼1 100平方米、食堂200平方米等，同时建设与之相配套的供水、供电、供热等附属设备。项目总投资791万元。

开展2004~2006年度全国森林防火工作先进单位和先进个人评选工作 12月29日，按照国家森林防火指挥部、国家林业局《关于开展2004~2006年度全国森林防火工作先进单位和先进个人评选工作的通知》（国森防发明电〔2006〕46号）要求，初步评选出先进单位3个、先进个人5名，推荐全国森林防火工作纪念奖章获得者68名，并以豫防办〔2006〕47号文件上报申请材料。

林业调查规划与设计

一、概述

2006年，省林业调查规划院始终把服务全省林业中心工作这个大局摆在第一位，集中全院力量，圆满、超额完成了厅党组下达的各项工作任务。

（一）二类调查工作顺利开展

举办ERDAS等影像处理软件和地理信息软件应用技术培训班4期，培训学员300多人;完成了全省464幅1:5万纸质地形图的扫描、纠正、配准处理，将纸质地形图转换成DRG数据（栅格地形图）。完成了全省493幅DLG（数字线划地图）和DEM数据（数字高程模型）数据坐标平移等处理。建立了3D（DRG、DLG、DEM）数据库;完成了131个县（市、区）的2 000多个乡（镇、场）、42 552个行政村界线矢量化及名称标注与编号；建立省、省辖市、县（市、区）行政界线数据库。对131个县（市、区）行政界线矢量图、SPOT5卫星影像图、DLG数据、DRG数据及其有关属性库，经过全面、逐级质量检查后，分别建立了档案保存;完成了50多个县（市、区）3 025对（6 050幅）SPOT5卫星影像图、透明图（硫酸纸图）的编绘、打印、压（覆）膜、叠加、裁边整理等工作。

2006年9月28日豫北四市（安阳、濮阳、鹤壁、新乡）二类调查工作会议之后，院立即组织46名技术人员，分赴豫北33个县（市、区）开展二类调查的培训、指导工作，派出了以分管技术工作的副院长为组长的督导组，到各县（市）进行检查、督促、指导，及时解决工作中遇到的技术难题。先后举办技术培训班17期，培训市、县调查技术骨干594人（次），使参加调查的每名人员都能熟练掌握技术，顺利开展工作。经过3个多月的艰苦努力，圆满完成了外业调查工作。

（二）圆满完成对各省辖市2006年度责任目标与造林项目的核（检）查工作

配合国家林业局华东林业调查规划研究设计院完成了济源、三门峡等4个省辖市的4个县飞播造林实绩核查工作；完成了60个县（市、区）林业精品工程核查，核查面积217 830亩；完成了18个省辖市科技示范园区核查；完成了18个省辖市的32个县（市、区）当年退耕还林面积69 523亩、历年造林面积196 458亩的检查；完成了19个县（市、区）森林采伐限额执行情况检查；完成了14个县(市、区）高标准平原绿化检查验收工作，调查样地660 000亩；完成了27个县（市、区）林业工程造林核查工作，核查面积59 012亩；完成了19个县（市、区）征占用林地核查任务；完成了30个县（市、区）林权证发放情况检查工作；完成了天然林保护工程实施区5个县封山育林项目核查，核查面积27 368亩；完成了18个省辖市义务植树核查工作;完成了飞播造林核查工作。

（三）积极开展飞播造林、标准制定、工程咨询工作

在三门峡、洛阳、济源、郑州、南阳、新乡、焦作、安阳8个省辖市的16个县飞播造林面积32.7万亩，超额完成12.7万亩，为厅定年度目标任务的163%。

编制了《河南省森林资源规划设计调查技术操作细则》、《河南省林业生态县检查验收办法》、《一般造林实绩核查办法》、《工程项目营造林实绩核查办法》、《义务植树检查验收办法》、《林业科技示范园区检查办法》等6项技术规程，共计30万字，为开展二类调查、林业工程核（检）查提供了依据。

完成了157个项目可行性研究、规划、初步设计等大型材料的编制工作。编制了《河南省“十一五”期间年森林采伐限额报告》，参编了《河南省林业发展“十一五”规划》。

受有关部门委托，完成了郑州至西安客运专线、京珠高速郑州至漯河段改造工程、南水北调安阳段等几十个项目使用林地可行性报告的编制。

二、纪实

院资料室、工会获上级奖励　3月，院工会获省直机关工委先进基层工会及财务单项奖；院资料室荣获“河南省三八红旗集体”称号。

技术装备得到加强　5月，购买DEM数据（数字高程模型）和DLG数据（数字线划地图）986幅。投资数百万元，购置计算机软件5套、硬件设备12项计189台（套）。引进了世界上先进的“3S”技术和设备，使调查规划院在“3S”技术应用方面迈出了坚实的步伐。

组织河南省2006年林业持续发展项目省级验收　6月12~20日，组织专业技术人员40人分别对新郑、许昌县、襄城县、扶沟县、商水县、郾城区、源汇区、召陵区、临颍县、平桥区、息县、淮滨县、开封县、淇县、温县、社旗县、邓州市等县（市、区）20 340亩的林业持续发展项目造林任务进行了检查验收。

冯茜茜、张向阳获省林业厅“十大优秀青年”称号　6月，冯茜茜、张向阳荣获省林业厅“十大优秀青年”称号。

周喜平荣获“技术能手”称号　6月，周喜平在2006年河南省第二届机关事业单位技术工人技能竞赛中荣获三等奖，被授予“技术能手”称号。

党的建设卓有成效　7月，院党总支被省直党委评为“五好基层党组织”。田金萍、光增云、郭国杞、谢卫童、夏丰昌、王丰军、杨伟杰、肖武奇、金烈谊、王维相、王春平等11名同志被林业厅机关党委评为优秀党员，李永金、江帆、黄运明、邢铁牛等4名同志被评为“优秀党务工作者”。

完成日元贷款河南造林项目县级总体设计　8月20日~9月10日，日本政府贷款河南造林项目的县级总体设计工作开始，规划院派出35名技术人员分成13个工作组，分赴全省18个省辖市75个县(市、区、国有林场) 具体指导了项目设计工作。项目设计总营造林面积291万多亩，拟总投资8.3亿元人民币。

科学研究取得进展 9月，小浪底水库库区绿化规划被评为2006年度全国林业优秀工程咨询成果一等奖；南水北调中线工程林业生态建设规划被评为2006年度全国林业优秀工程咨询成果二等奖；中德财政合作河南省农户发展项目可行性研究报告被评为2006年度全省优秀工程咨询成果一等奖；河南黄河林业股份有限公司林纸一体化原料林基地项目可行性研究报告、河南伏牛山国家级自然保护区五马寺管理局基本建设一期工程可行性研究报告被评为2006年度全省优秀工程咨询成果二等奖。参编出版了《河南林业生态效益评价》、《河南退耕还林》2部书籍；在省级以上各类刊物发表论文30余篇。

依法开展林业司法鉴定 截至11月，依法进行林业司法鉴定30多件，为有关部门依法办案提供了科学依据。

完成2006年林业生态县检查验收 11月20日~12月10日，省林业调查规划院组织全体技术人员，对新县、柘城、临颍、郾城、义马、濮阳、延津、淇滨、舞钢9个县（市、区）的生态县建设进行了检查验收。检查了9个县（市、区）的森林覆盖率和林木覆盖率、平原区农田林网间作控制率、宜林荒山荒地绿化率、沟（河、路、渠）绿化率、平原村庄绿化率、县城建成区（镇）绿化率、单一主栽树(品）种株数或面积比例、国家和省级重点生态公益林与森林公园面积占国土面积比例、古树名木建档率和保护率等9项指标。

河南省沙化土地监测及防治技术研究项目通过科技成果鉴定 12月，由河南省林业调查规划院承担完成的河南省沙化土地监测及防治技术研究科技成果鉴定会在郑州召开。与会专家认为，“河南省沙化土地监测及防治技术研究项目”选题正确，技术路线合理，研究思路清晰，资料翔实可靠，在黄河故道沙区监测和治理技术方面有较大突破，项目总体达到国内先进水平，部分内容达到国内领先水平。建议加大该项目推广应用力度，使全省的969万亩沙化土地尽快得到有效治理。

林业科研

一、概述

2006年，河南省林业科学研究院（简称林科院）认真贯彻落实《中共中央 国务院关于加快林业发展的决定》，紧密联系河南林业发展实际，坚持以科研体制改革为动力，加强科技创新，加快科技推广，形成了有利于科技创新与成果转化的管理体制和“开放、流动、竞争、协作”的运行机制，为加快绿色中原建设、促进我省林业的快速健康发展作出了积极的贡献。

（一）科研工作有了新突破

一是承担科研项目明显增加。在过去的一年里，林科院共承担各类科研项目39项，其中国家“十五”攻关项目1项，国家农业成果转化资金项目1项，“948”项目5项，国家林业局重点项目4项，中国林业科学研究院委托项目3项，河南省重点科技攻关项目3项，河南省农业结构调整项目1项，河南省农业成果转化资金项目1项，河南省杰出青年基金项目1项，河南省普通科技攻关项目4项，河南省省属公益科研单位预研项目9项，河南省标准化项目6项。2006年是实施“十一五”计划的第一年，全院新争取项目34项，尤其在争取国家“十一五”攻关项目方面取得了重大进展，共争取项目11项，在争取国家项目数量和投资规模上取得新的突破

二是取得一批新的科技成果。一年来，共取得科研成果10项（本院第一主持单位），其中获河南省科技进步奖成果2项，分别是《北方型杂种马褂木抗逆优良无性系选育及快繁技术研究》，获河南省科技进步二等奖；《河南省退耕还林后续产业发展研究》，获河南省科技进步三等奖。鉴（认）定科研成果2项,通过审定品种2个；制定并颁布林业技术标准4个；“河南省楸树良种基地”建设顺利通过厅计财处的检查验收；全年公开发表论文38篇，出版书籍6部。特别是选育的中红杨2006年8月获得国家林业局新品种保护权，该品种是目前国内唯一融观赏性和速生丰产性于一体的杨树红叶品种，在通道绿化、城乡美化、城区绿化中具有十分广阔的应用前景，在全国引起轰动。

三是重点实验室建设步伐加快。按照实验室建设总体方案，一年来投入资金250万元，更新实验台200平方米，新购置了PCR仪、纯水系统、超净工作台、液相色谱仪、种子冷藏机、植物遗传信息工作站、紫外分光光度计、植物径流仪等先进仪器设备。成立了以中国工程院院士、北京林业

大学校长尹伟伦为主任，12名国内林业知名专家组成的重点实验室学术委员会，并召开了首届重点实验室学术委员会会议。

（二）人才培养与对外合作交流迈出新步伐

科技的竞争归根结底是人才的竞争，为不断提高林科院的竞争力，适应科技体制改革的新形式、新要求，院领导始终把人才的培养、教育作为全院的一项重点工作来抓，进一步提升了科技人员的业务水平与学历层次。一年来，有1名同志完成博士学业，取得博士学位后回院工作，2名同志获得硕士学位；另有6名同志分别在北京林业大学、中南林业科技大学、西北农林科技大学在职攻读博士学位。同时，进一步加强对外科技交流与合作。先后邀请美国缅因州立大学、日本三重大学、韩国国家林研所的相关专家来林科院讲学，并在泡泡树、香胶树、刺槐、板栗、甜柿等树种的品种交换、引种区试、栽培加工等方面开展了合作研究。

（三）林业科普工作获得新成效

2006年，林科院共承担河南省"科普及适用技术传播工程项目"8项。结合这些项目的实施，共组织专家下乡60人（次），举办各类技术培训50多（场）次，培训农村技术员和林农群众6 000余人（次），编印发放各类技术资料1.5万份（册），向项目区赠送计算机4台、林果实用技术VCD光盘200多张，赠送科技图书5 000多册。同时，在嵩县、焦作建立科普基地2处，普及推广林果优良新品种96个和先进丰产栽培技术38套，取得了显著的社会效益。

（四）科技体制改革工作取得新进展

在科技厅、林业厅的直接领导下，林科院按照省政府的总体部署与指示精神，稳步推进科技体制改革，较好完成了内设机构调整、全员竞聘上岗等改革任务，取得了显著效果。一是精减了行管机构和行管人员，提高了专业技术岗位的比例。改革后行管部门由过去的4个（办公室、人事科、科研管理科、物业管理办公室）减少到2个（办公室和科研管理科），行管人员由过去的17人精简至7人；专业技术人员比例由过去的60%提高至95%。二是对内设专业机构和专业人员进行了调整和优化重组，使现有内设专业机构和人员组成更加科学合理。在加强省级重点实验室（河南省林木种质资源与良种选育重点实验室）和河南省生态林业工程技术研究中心建设基础上，新组建了湿地与野生动植物保护研究所、城市林业与环境研究所、林产品质量与标准化研究所和林业研究所，通过调整，进一步扩展了研究领域，为使林科院科研工作更好地适应现代林业发展需要奠定了基础。三是强调岗位，淡化身份，进一步量化和明确了岗位职责，达到了促进工作的目的。在这次改革中林科院对每个岗位的岗位职责、工作量和应达到的绩效进行了科学测算和量化，并以此作为竞争上岗的依据和标准，全体职工都要参加演讲竞聘，最后由全体职工进行打分评价，能者上，劣者下。通过竞聘活动，每个人都清楚知道自己的岗位职责和应达到的目标要求，更加珍惜来之不易的岗位，增强了聘用人员的责任心和工作热情。

一年来，林科院上下团结协作、勇于创新、扎实工作，各项工作均取得可喜的成绩，受到上级有关部门的表彰与奖励。院总支被林业厅评为"五好基层党组织"；有9名同志被评为林业厅"优秀共产党员"、4名同志被评为"优秀党务工作者"；1名同志被授予河南省"红旗渠"杯首届"河南省群众喜爱的杰出农业专家"称号；4名同志分别被授予省政府"河南省第六批优秀专家"、省直

“十佳科技创新优秀党员”、省妇联“三八红旗手”、省直团工委“十大杰出青年”荣誉称号。

二、纪实

林科院举办首届青年学术论文交流会 1月9日，经过精心准备，林科院成功举办了首届青年学术论文交流会，会议共征集论文30篇，评出优秀论文10篇。本次会议达到了学习、交流、合作的预期目的，进一步扩大了林科院的对外影响力。

省林产品质检站组织开展专项监督检查活动 2月17日~3月10日，在“3•15”消费者权益日来临之际,河南省林产品质量监督检验站受郑州市工商行政管理局、郑州市消协委托，组织开展了针对郑州市场上销售的木地板类产品专项监督检查活动。此次专项监督检查,主要是对郑州市郑汴路东建材名优地板市场、新家园建材超市销售的32个品牌实木地板、实木复合地板、强化木地板进行了随机抽检，重点对其含水率、甲醛释放量、（漆板）表面耐磨指标进行检测，抽查产品生产企业分布北京、上海、广东、江苏、浙江、武汉等地区，抽检结果总合格率为63.2%。此次抽检活动受到了媒体和社会的关注，抽检情况及抽检结果分别在《大河报》、《东方今报》、《郑州晚报》等多家媒体上向社会公布，社会反响强烈。

日本三重大学访华团来林科院考察 3月28日，日本三重大学生物资源学部共生环境学院院长斋藤昌宏一行3人在河南省外事侨务办公室领导的陪同下来林科院考察。考察期间，访问团听取了林科院的基本概况、科研工作及科研优势的介绍，访问团专家对林科院在干旱地区造林技术研究，尤其是太行山石质山区造林技术研究方面所取得的成就表示赞赏。同时，日本专家松村直人也介绍了三重大学的基本情况及林业科研工作的主要成就，并同林科院相关专家就干旱地区造林技术研究进行了深入探讨。双方一致表示，2006年恰逢河南省与三重县结好20周年，应利用这次机会，在林业科研方面开展深层次的合作。

南京林业大学黄敏仁教授应邀来林科院讲学 5月16日，南京林业大学林木遗传育种与基因工程重点实验室主任、中国杨树委员会副主任、博士生导师黄敏仁教授应邀来林科院作了“杨树抗病性状基因QTLs定位及候选基因筛选”的学术报告，受到了大家的热烈欢迎。报告会结束后黄教授参观了重点实验室，对重点实验室的建设给予了高度评价，并提出了宝贵的建议，为林科院今后与南京林业大学林木遗传育种与基因工程重点实验室的交流、合作奠定了良好的基础。

国家林业局新品种办公室组织全国杨树知名专家现场审查“中红杨” 5月17日，由国家林业局新品种办公室组织的林科院“中红杨”新品种保护权现场审查会在商丘召开。国家林业局科技司巡视员、新品种办公室主任李东升，国家林业局新品种办公室处长周建仁、副处长黄发吉，河南省林业厅副厅长丁荣耀等领导参加了会议。专家组一行首先来到位于商丘虞城县的河南省林科院中红杨繁育基地，实地察看了中红杨嫁接苗、扦插苗及中红杨无性系原株的生长情况，并采集了中红杨枝条的样品；随后，专家组认真听取了中红杨的发现培育者朱延林院长有关中红杨发现、保护、培育、快繁及中红杨园林价值、市场前景等方面情况介绍。专家组一致认为：中红杨特异性突出，稳定性、一致性达到植物新品种保护审定的要求，并且具有新颖性，符合授予新品种保护权的要求，同时建议将材料相关细节完善后，尽快上报。

河南省副省长徐济超一行到林科院视察工作 6月15日，河南省副省长徐济超、省政府副秘书长张国晖和省科技厅厅长赵琛，副厅长孟少辉、李孟顺等领导一行，在省林业厅巡视员李健庭等同志陪同下视察了林科院“林木种质资源保护与良种选育重点实验室”。徐副省长一行认真听取了院长朱延林关于重点实验室建设发展情况的汇报，并饶有兴趣地参观了实验室，向正在做试验的科研人员询问了试验的一些进展情况。徐副省长对重点实验室的建设表示满意，他说：“河南省林科院选育出了不少高质量的林木品种，为河南林业发展作出了重要贡献，要继续发扬。”同时，他指出：“基础研究很重要，重点实验室要以科学研究为主体，注重人才培养，加强对自身知识产权的保护。”徐副省长强调了林业在未来社会发展中的重要作用，指出在河南建立相对集中的林木种质资源库（树木园）的必要性，并建议相关部门抓紧研究立项。

美国缅因大学终身教授张冬林博士访问林科院 7月11~12日，美国缅因大学终身教授张冬林博士应邀对林科院进行了访问。访问期间，张冬林教授赴汝阳县考察了“杜鹃良种与栽培技术引进”项目，对该项目工作给予高度评价，并就今后发展提出了宝贵意见；在河南省林木种质资源保护与良种选育重点实验室作了题为“分子生物学在物种资源收集保存上的应用”学术报告，与科研人员在植物DNA图谱与良种选育关系等方面进行了交流讨论；就科研人员提出的如何在国际权威期刊发表论文、美国植物种质资源保护现状等问题作了详细解答。

河南省林木种质资源保护与良种选育重点实验室召开2006年度会议 8月15~16日，河南省林木种质资源保护与良种选育重点实验室2006年度会议在林科院召开。实验室学术委员会委员、中国工程院院士尹伟伦，河南农业大学原校长蒋建平，河南大学副校长宋纯鹏，中国农业科学院郑州果树研究所副所长王志强，河南省农科院植物保护所研究员刘红彦，河南省林科院院长朱延林、副院长宋宏伟、研究员樊巍等国内知名专家出席了会议。省科技厅条件财务处处长李成安，林业厅厅长王照平、副厅长丁荣耀、厅科技处处长罗襄生及实验室建设依托单位领导冯慰冬、王玉魁等负责同志出席了开幕式。开幕式由林业厅副厅长丁荣耀主持，林业厅厅长王照平、科技厅条件财务处处长李成安先后致辞。

种苗、花卉和经济林建设

一、概述

2006年，在省委、省政府和林业厅党组的正确领导下，按照《绿色中原建设规划》要求，以积极推进社会主义新农村建设为己任，全面完成了年度各项工作任务。

（一）超额完成年度生产任务

2006年，全省共完成大田育苗41.3万亩（为育苗计划25万亩的165.2%），容器育苗1.1亿袋，可产各类合格苗木20.5亿株；共采收各类林木种子120万公斤；新发展经济林59万亩（为任务数50万亩的118%）；花卉与园林绿化苗木生产面积达57万亩，超额完成年终生产面积达55万亩的任务。

（二）认真做好种苗信息工作，确保全省造林种苗供应

一是在造林关键季节，省、市种苗管理机构成立种苗信息领导小组，设立、公布种苗信息调剂值班电话，明确专人负责种苗信息工作。二是建立种苗信息快报快传制度。省林木种苗站对各市报送的种苗动态信息及时进行整理、分析，在河南林业信息网、中国种苗网发布。先后调剂用材林、经济林等主要造林树种苗木2.2亿株，种子45万多公斤。

（三）进一步规范种苗执法行为，不断提高执法效能

一是梳理执法依据，明确执法岗位。在配合省政府法制办公室和厅法规处做好行政许可项目清理的基础上，种苗站对承担的行政执法职能进行了认真梳理，并对执法岗位及执法人员进行了明确。二是积极配合省人大组织的"一法一办法"（《中华人民共和国种子法》、《河南省实施〈中华人民共和国种子法〉办法》）大检查活动。林业厅3名厅领导及种苗站领导参与了本次检查，检查得到了全省各级政府及财政、工商、农业、林业部门的高度重视，对进一步改善种苗执法环境起到了很好的促进作用。三是加强种苗质量监督。配合国家林业局南、北方林木种子检验中心对河南省飞播造林用种实施质量抽检，共抽取32个种批的侧柏、油松种子检验样品，并对发现质量问题的种批及时作出处理，保证了飞播造林用种质量。同时加大省级种苗质量的监督力度，重点抽查了安阳、鹤壁、郑州、开封、商丘、周口、漯河等7个市的造林苗木质量。抽查结果在全省范围内进行了通报，增强了各地造林的种苗质量意识，提高了造林成效。四是做好林木品种审定工作。完成了中华玉梨、中红杨等12个品种的审（认）定工作，并向社会公告。积极推动优良乡土树种的审（认）定工作，制定并印发了《河南省优良乡土树种品种审定办法（试行）》。目前，第一批优良乡土树种品种调查工作已经完成。五是根据国家林业局统一部署，与厅办公室、法规处联合组织了《中华人民共和国种子法》实施5周年林木种苗知识竞赛活动。广大林木种苗生产者、经营者、管理者踊跃参加，共收回有效答题卡1 757份。由于这项活动组织得力，宣传效果好，获得国家林业局颁发的种子法知识竞赛组织奖。

（四）加强种苗工程管理，不断提高项目建设成效

一是完成了31个种苗工程项目的竣工验收工作。2006年2月16~17日，种苗站会同计财处召开了由各省辖市林业部门计财科科长、林木种苗站站长及建设单位负责人、会计等100余人参加的全省林木种苗工程项目竣工验收培训会。会后组织相关专家分4个验收组对2000年以来建成的31个种苗工程项目进行了竣工验收。二是加强对在建种苗工程项目的管理，2006年，全省新建良种基地800亩，采种基地2 000亩，种子生产能力由62.4万公斤提高到68万公斤，基地供种率由52%提高到56%，良种使用率由62%提高到65%，苗木产量和质量也有较大提高。三是组织实施了国家农业综合开发名优经济林花卉建设项目，建设扁桃、桃、大粒樱桃和花卉基地1 900亩。四是省级林木种苗示范基地引进红果冬青、日本樱花、含笑、三角枫、栀子等20多个植物新品种，并对原有的毛桃、刺槐、侧柏、桧柏、山杏等进行了新品种嫁接。基地现育苗面积达220亩，有经济林、用材林及各类绿化类苗木65种。

（五）认真做好优良种质资源收集保存工作

一是利用省财政资金，全省共营建基因库200亩、收集保存林1 000多亩、繁殖圃1 000多亩，繁殖优良苗木300多万株。二是完成国家林业局林木种质资源保护项目“河南省苦楝、臭椿、青檀、七叶树树种资源调查收集保存示范项目”年度任务。收集11个群体200多个家系，营建苦楝测定林30亩，臭椿繁殖圃5亩，七叶树混合种源繁殖圃10亩。三是完成了中国林科院种质资源子课题年度工作。建成“白皮松种质资源试验保存林”30亩、“皂荚种源/家系保存试验林”18亩、“毛白杨中试林”200亩。完成了“国家林木种质资源平台技术标准与规范研究制定及共享试点建设”存量树种的种质保护护照2 000份、建立种质资源卡片500份。

（六）积极服务社会主义新农村建设

一是根据河南农村党员干部现代远程教育工作需要，完成了中油桃4号、中油桃5号和春蜜、春美等优良桃品种的远程教育片拍摄工作。二是积极开展送科技下乡活动。先后选派5名专家下乡为农民提供技术咨询服务，并免费提供国家和省审定通过、适合河南生产的良种方面的书籍1 000本，发放《经济林优良树种丰产栽培》500册、《育苗技术规程》1 000本、《林木种苗行政执法知识问答》1 000本，印发《无公害经济林产品生产技术要点》2 000份。

二、纪实

河南省第二届林木品种审定委员会第二次会议召开 2月10日，河南省第二届林木品种审定委员会第二次会议在郑州召开。省林木品种审定委员会主任委员、林业厅党组成员、副厅长丁荣耀出席会议并讲话。会议对2005年报审的林木品种进行了审定，中华玉梨、华美苹果、中红杨等12个申报品种通过林木品种审（认）定，并以林业厅名义向社会进行了公告。

举办全省林木种苗工程项目竣工验收培训班　2月16~17日，全省林木种苗工程项目竣工验收培训班在郑州举办。各省辖市林业部门的计财科科长、林木种苗站站长及种苗工程项目建设单位负责人、主管会计等100余人参加了培训。5月份，省林木种苗站会同厅计财处组织相关专家分4个验收组对2000年来已建成的31个种苗工程项目进行了竣工验收，确保了种苗工程项目的建设成效。

召开全省林木种苗站站长会议　3月5日，全省林木种苗站站长会议在郑州紧急召开。会议对全省春季造林种苗调剂工作进行了安排部署。一是成立省、市两级种苗信息领导小组，二是建立种苗信息快报快传制度。之后，全省各级林木种苗管理机构认真分析全省种苗生产供需状况，及时发布主要造林树种种苗余缺信息，保证了全省春季造林任务的顺利完成。

对全省工程造林种苗质量进行抽检　3~4月，省林木种苗站对鹤壁、安阳、商丘、周口、开封、漯河、郑州等市的工程造林苗木质量进行了抽查；5月份，国家林业局南方、北方林木种子检验中心对全省飞播造林用种质量进行了抽检。对抽检过程中发现的问题及时作出了处理，确保了全省工程造林种子、苗木质量。12月20日，省林业厅对2006年度全省林木种苗质量抽查情况进行了通报。

组织《中华人民共和国种子法》实施5周年林木种苗知识竞赛活动　4月，根据国家林业局统一部署，省林木种苗站与林业厅办公室、法规处联合组织了《中华人民共和国种子法》实施5周年林木种苗知识竞赛活动。广大林木种苗生产、经营、管理人员踊跃参加，全省共收回有效答题卡1 757份。4月29日，林业厅组织了抽奖，共产生组织奖5名，个人奖35名。2006年6月，国家林业局授予河南省林木种苗站纪念《中华人民共和国种子法》实施5周年林木种苗知识竞赛组织奖。

河南省优良乡土树种品种审定办法出台　4月28日，《河南省优良乡土树种品种审定办法（试行）》（豫林种〔2006〕90号）出台。

河南省三家企业被国家林业局命名为“中国经济林产业化龙头企业”　7月，河南省宛西制药股份有限公司、河南省新郑奥星实业有限公司、长垣县宏力高科技农业发展有限公司被国家林业局命名为“中国经济林产业化龙头企业”。

省人大组织“一法一办法”大检查　8月，省人大组织“一法一办法”（《中华人民共和国种子法》和《河南省实施〈中华人民共和国种子法〉办法》）大检查，林业厅及省林木种苗站的领导参与了本次活动。本次检查得到了全省各级政府及财政、工商、农业、林业部门的高度重视，对进一步改善种苗执法环境起到了很好的促进作用。

组织参加中国（合肥）苗木交易大会　11月，省林木种苗站组织省辖市林木种苗站站长参加了中国（合肥）苗木交易大会，全力推介河南种苗。河南展品获2006中国·合肥苗木花卉特装展金奖。

参加第五届中国竹文化节并获奖　10月22日，第五届中国竹文化节暨第五届中国竹业博览会在福建省武夷山市隆重开幕，本届中国竹文化节的主题为“弘扬竹文化、发展竹经济、建设新农村”。为宣传、扩大河南竹产品的知名度，河南认真筛选展品积极参展，博爱县清化竹艺研究中心参展的“清化牌”竹制工艺台灯获中国竹业博览会金奖（中竹协〔2006〕08号）。

森林病虫害防治与检疫

一、概述

2006年，省森防站在林业厅党组的正确领导下，按照《绿色中原建设规划》，坚持"预防为主、科学防控、依法治理、促进健康"方针，严格实行目标管理和重点治理，加强能力建设，加大执法力度，各项工作取得了较大进步，完成了年度目标任务。

（一）林业有害生物发生防治及"四率"指标顺利完成

2006年，全省共发生各种林业有害生物面积796.5万亩,发生率为12.3%。成灾面积14.8万亩,成灾率为2.3‰，低于国家林业局下达的9‰的指标。2006年初，林业有害生物预测发生面积863.47万亩，全年实际发生面积796.5万亩，测报准确率为91.6%，高于国家林业局下达的81%的指标。全年防治各类林业有害生物面积651.5万亩（飞防90万亩），其中无公害防治面积480万亩，无公害防治率达到73.7%，高于国家林业局下达的72%的指标。全省育苗面积54.3万亩,种苗产地面积为47.7万亩，种苗产地检疫率达到87.8%，高于国家林业局下达的87%的指标。

（二）采取多种措施，重点工程任务超额完成

大小蠹、杨树病虫害两个国家级综合治理项目进展顺利，圆满完成了年度目标。全省共发生红脂大小蠹面积30.4万亩，华山松大小蠹、松纵坑切梢小蠹面积32.9万亩，运用诱捕器诱杀法，干基薰杀、伐桩处理、虫孔施药、干部喷药和人工挖除等综合措施共防治15.8万亩，遏制了小蠹虫严重危害的势头，发生范围进一步缩小，危害程度持续减轻。

杨树病虫害综合治理区以飞机防治为主要措施，结合纯林改造、地面喷雾防治等措施，综合治理面积18万亩，控制了杨树病虫灾害，没有出现大面积暴发成灾的局面。

（三）测报工作稳步前进

据统计，全省有测报站点1 401个，其中中心测报点146个（国家级中心测报点38个、省级中心测报点11个），一般测报点1 255个，有专职测报员634人，兼职测报员1 763人。各测报站点全年发布病虫情报1 427期（省森林病虫害防治检疫站发布森防信息24期，各市及国家级、省级森林病虫害中心测报点发布病虫情报1 403期）、7万余份。完成了国家林业局下达的"杨树舟蛾监测预报办法”示范科教片的摄制和制作工作。

（四）重点针对危险性林业有害生物，加强检疫工作

全省加大检疫执法力度，在全面开展产地检疫、调运检疫、复检的同时，开展了松材线虫病、加拿大一枝黄花、杨树黄化病等危险性林业有害生物专项调查，完成检疫信息化管理等工作。

（五）加强森防体系建设，提高防御重大林业有害生物的能力

目前全省省级标准站总数已达93个，国家级标准站达30个，森林病虫害防治体系进一步完善。经验收，孟州市、泌阳县、嵩县3个县级森林病虫害防治检疫站达到了省级标准站建设标准。漯河市成立了应急防控服务中心，内黄、罗山、中牟、濮阳县建立了应急防控队，配备了防治专用车及大型防治器械，在林业有害生物防控中发挥了重要作用，进一步提高了河南防控重大林业有害生物灾害的能力。

（六）大规模开展无公害飞机防治，控制突发病虫灾害

在省森林病虫害防治检疫站的精心组织下，焦作、新乡、济源、安阳、鹤壁等豫北5市利用飞机喷洒阿维灭幼脲对杨树食叶害虫、刺槐尺蠖进行了大面积无公害飞机防治，这也是全省首次开展区域性联防联治。郑州、南阳、信阳、三门峡等市也先后对杨树、刺槐、栎类食叶害虫，马尾松毛虫等实施了大规模的无公害飞机防治。全省全年共完成飞机防治面积90.6万亩。

二、纪实

下发《关于加强我省美国白蛾预防工作的通知》 4月，省政府办公厅下发了《关于加强我省美国白蛾预防工作的通知》（豫政办明电〔2006〕67号）明传电报。

发布《河南省重大林业有害生物灾害应急预案》 8月，河南省人民政府办公厅发布了《河南省重大林业有害生物灾害应急预案》（豫政办〔2006〕66号）。截至年底，全省已有商丘市、漯河市、驻马店市、洛阳市、济源市、三门峡市、南阳市、新乡市、鹤壁市等9市相继由市政府发布了重大林业有害生物灾害应急防控预案。

河南省林木害虫天敌姬蜂分类及多样性研究通过科技成果鉴定 12月，省森林病虫害防治检疫站主持完成的“河南省林木害虫天敌姬蜂分类及多样性研究”通过了省科技厅组织的科技成果鉴定，整体研究居国内先进水平，部分研究居国际先进水平（豫科鉴委字〔2006〕第960号）。

林业技术推广与乡站建设

一、概述

一年来，河南省林业技术推广站在林业厅党组的正确领导下，按照《绿色中原建设规划》，加大在林业技术推广、重点工程区林业工作站建设和林业行政案件稽查等方面工作力度，各项工作成效明显，顺利完成了年度工作任务。

（一）加快林业科技推广体系建设

按照国家林业局下达的“省辖市林业技术推广中心站建设”任务，组织协调有关部门，对2005年开封市林业技术推广中心站建设项目办公设施部分按照有关规定进行了招标购置，基建部分按照工程进度主体框架已经完工，其他基建部分正在施工中。经国家林业局批复同意的2006年度项目“洛阳市林业技术推广中心站建设”正按计划进行建设中。同时编制完成2007年镇平县等13个县级林业技术推广中心站建设方案推荐报送国家林业局，对全面推进和加强全省林业技术推广体系建设、构建充满活力的基层林业推广体系起到重要作用。为贯彻国务院（国发〔2006〕30号）文件精神，与省农业厅等部门联合，起草完成了《河南省人民政府关于深化改革加强基层农业技术推广体系建设的实施意见》，上报省政府。

（二）推进省级林业科技推广中间试验示范基地一期工程建设

为尽快改变全省林业科技推广工作相对滞后的现状，有效地开展林业科技推广的中间试验工作，采取站、院结合的办法，与河南农业大学园林系合作进行中试基地的科研试验工作，先后引进栽植文冠果、枫杨、复叶槭等6个新品种进行繁育试验。开展了GGR物化技术育苗试验及黑核桃高枝嫁接薄壳核桃试验、选育研究工作。一期工程建设的整体推进，将在市、县级林业科技推广中间试验示范基地建设工作中起到带动作用。

（三）认真抓好国家级、省级推广项目的组织实施

作为技术依托单位，按照国家林业局下达的林业生态建设科技支撑项目“河南省淮河源头退耕地优良灌木繁育栽培技术示范应用”任务，在桐柏、新县栽植苗木3 700亩，成活率达90%。承担的国家林业局“山地果园造林及水土保持技术示范”项目完成300亩栽植建设任务。承担的5个省扶贫科技项目，共建立各种类型的项目示范林7 200亩，扶持贫困户508户。组织有关林业专家送科技下乡，宣传普及林业新技术。编印《河南林业科技推广》12期，印发7 000余份，免费发放给基层林站和林农。培训林农1 893人（次）。同时完成2006年省级扶贫项目（科技依托）等7个项目方案的制订工作。

（四）加强退耕还林工程区林业站“示范县”建设

根据国家林业局的要求，组织林州市、郾城区、灵宝市、罗山县、淅川县等5县（市、区）林业站“示范县”建设项目的实施，国家林业局批复下达的20余项设备指标，大部分设备已配置到基层林业站，此项目设备配置是近几年来我省重点工程区林业站改善办公设施条件力度最大的。针对全省乡镇机构改革中把林业站合并到农业综合服务中心的实际情况，省林业技术推广站于2006年7~8月组织有关人员对重点工程区林业站建设现状开展了调研工作，撰写提交了“新形势下全省林业基层机构现状及管理机制探索”调研报告，为贯彻落实国务院（国发〔2006〕30号）和国家林业局（林科发〔2006〕221号）文件精神，采取更加积极有效的措施，着力抓好山区县、重点工程区基层林业机构的建设，发挥林业站职能作用奠定了基础。

（五）加大林政案件稽查督办力度

为认真做好对上级机关、领导批示和群众举报的森林资源行政案件的稽查和督办工作，查处重大森林资源行政案件，实行稽查和督办责任制，按照“谁接报、谁负责”的工作原则，共完成上级督办、领导批办的林政案件16起，处理群众来电、来访举报林政案件20余起，案件的办结率达95%。

二、纪实

国家林业局领导来河南调研 4月13~21日，国家林业局林业工作站管理总站站长马广仁、办公室主任邓侃到河南省三门峡、洛阳、南阳、许昌、安阳等地调查了解基层林业站在乡镇机构改革后的现状和建设情况，听取了市、县、乡三级对基层林业站的设置、管理机制及经费来源的意见和建议。在充分肯定重点工程区林业站“示范县”建设工作的同时，对河南省如何加强林业站建设提出了指导性的意见和建议。

“桃主干形树体栽培新模式及配套栽培技术研究与示范”通过科技成果鉴定 12月，省林业技术推广站主持完成的“桃主干形树体栽培新模式及配套栽培技术研究与示范”通过了省科技厅组织的科技成果鉴定（豫科鉴委字〔2006〕第962号）。

“欧美杨107、108杨新品种引种栽培技术及大面积推广”获科技进步三等奖 12月，省林业技术推广站主持完成的“欧美杨107、108杨新品种引种栽培技术及大面积推广”获河南省科技进步三等奖（证书号：2006-J-201-D01/05）。

退耕还林天然林保护及生态公益效益补偿

一、概述

截至2006年底，河南省已完成国家退耕还林工程计划任务1 306.7万亩，其中在坡耕地和沙化地上退耕还林376.7万亩，宜林荒山荒地造林和封山育林930万亩。工程覆盖全省18个省辖市、126个县（市、区）。其中退耕地还林涉及96个县（市、区）的129.1万退耕户、488.9万农民，国家政策性投资已达37.6亿元。实践证明：退耕还林，利国利民。尤其是在建设社会主义新农村的今天，退耕还林所产生的生态、经济、社会效益十分明显，退耕还林工程的实施给河南部分农村带来了可喜的变化。

（一）退耕还林逐步显现生态、社会效益

生态效益初步显现。退耕还林地严格控制征占用，通过实行年度县级自查、省级复查、国家核查的三级检查验收制度，确保了造林的成活率和保存率。实施退耕还林工程，使局部地区生态和气候状况有所改善。据省退耕中心对陕县、灵宝等12个监测点的监测结果：土壤侵蚀模数由2001年的2 990吨每平方公里减至2005年的2 882吨每平方公里，减少了108吨每平方公里。监测样县2004~2005年的年均降水量都在730mm以上，比2001~2002年的年均降水量增加80mm。同时，年均扬沙天气次数由2001年的4.8次降到2.3次。不少山区县森林面积大幅度增加，森林环境不断改善，为野生动植物的生存、繁衍提供了有利条件。多年未见的羚羊、白冠长尾雉、獾、豹、果子狸等野生动物和稀有植物重新出现；在部分平原沙区，由于林地面积大幅度增加，风沙少了，粮食增产了，野鸡、野兔和鸟类数量明显增多，生态环境得到明显改善。

社会效益比较明显。退耕还林工程是一项复杂的系统工程。在工程管理中，各级干部深入基层、深入退耕农户、深入山头地块，进行工程的规划设计，指导造林施工、开展技术服务、监督粮款兑现，密切了党群、干群关系。实施退耕还林，使广大农民认识到毁林开荒、陡坡开垦将带来严重的生态灾难，只有在不适宜种粮的地方退耕还林，才能改善生存环境、生活质量，才有利于人与自然的和谐。2006年对120户退耕户的跟踪调查显示：认为生态环境重要的占98%以上，支持退耕还林的占85%以上，说明广大农民的生态意识明显增强。通过实施退耕还林，广大农民掌握了科学种田、节约能源、科学饲养、果树修剪等科技兴农知识，增强了巩固退耕还林成果的信心，适应了社会主义新农村建设的形势要求。

（二）天然林资源保护工程稳步推进

认真贯彻河南省人民政府《关于在黄河中游地区全面停止天然林商品性采伐的通告》，在工程区继续实行天然林禁止商品性采伐，对人工商品林采伐严格按照试点工作方案和采伐管理程序执行，工程区全年木材产量99 743立方米，占工程区年度木材生产计划169 844立方米的58.73%。

为保护好工程区内的森林资源，在巩固完善已建立的以县、乡、护林员三级管护网络的同时，加强对农民兼职护林员的业务技能和各种实用致富技术的培训，强化护林员管理，制定了护林员举报案件登记制度和深山区护林员修枝抚育考核制度，取得了明显的管护效果，遏制了因禁伐时间长而出现的盗伐案件增多的势头。

二、纪实

举办天然林保护工程信息管理培训班　2月15~16日，省退耕还林和天然林保护工程管理中心在三门峡市举办了由洛阳、三门峡、济源3省辖市和有关县（市、区）林业局主管局长和天然林保护办公室主任参加的培训班。

开展2005年度天然林保护工程省级复查　2月27~3月25日，按照国家林业局的要求，在各工程县（市、区）自查的基础上，组织专业技术人员，对洛阳、三门峡、济源3市2005年度天然林保护工程实施情况进行了省级复查，对复查中发现的问题，以省退耕还林和天然林保护工程领导小组办公室名义函告有关省辖市政府，督促有关单位对问题认真整改。省林业厅、省财政厅还对存在问题较大单位的工程建设任务、资金进行了调控。

开展河南省退耕还林后续政策调研工作　4月，根据《国家林业局办公室关于组织开展退耕还林后续政策调研工作的通知》（办退字〔2006〕19号）精神，组织各地开展了退耕还林后续政策调研工作，按时完成了《全省退耕还林后续政策调研报告》。

组织开展天然林保护工程阶段性成效评估工作　5月12日，省林业厅、省发改委、省财政厅联合下发了《关于开展河南省天然林资源保护工程阶段性成效评估工作的通知》（豫林天〔2006〕103号），全面开展了河南省天然林资源保护工程阶段性成效评估工作。专家组通过对工程典型县（市）进行实地考察，认真审阅各县（市、区）自评报告，在汇总各县（市、区）工程阶段性成果的基础上，编写了《河南省天然林资源保护工程阶段评估报告》，对河南省天然林保护工程建设进行了恰当的总结和评价。

国家审计署对河南省天然林保护工程资金进行审计　6月16日~10月31日，审计署驻郑州特派员办事处根据《审计署关于审计河南省天然林资源保护工程资金的通知》（审农通〔2006〕205号）的要求，对河南省2004年至2006年6月天然林资源保护工程资金的管理、使用和工程实施以来的效果情况进行了审计。

编写《河南省2006年度退耕还林工程实施方案》　7月，国家发展和改革委员会、西部开发办公室、财政部、林业局、粮食局下发了《关于下达2006年退耕还林计划的通知》（发改农经

〔2006〕1398号)，下达河南省年度退耕还林计划任务荒山荒地造林70万亩。根据《国家林业局办公室关于做好2006年省级退耕还林实施方案编制和审核工作的通知》(办退字〔2006〕56号)要求，省退耕还林和天然林保护工程管理中心迅速组织有关技术人员按时完成年度实施方案编写工作。省发展和改革委员会、财政厅、林业厅、粮食局联合下发了《关于下达2006年退耕还林任务计划的通知》(豫发改农经〔2006〕1217号)，年度计划任务为70万亩荒山造林，安排在全省17个省辖市86个县(市、区)实施。

召开全省退耕还林信访工作会议 8月29日，根据农村政策调整后的新形势，为进一步搞好退耕还林信访工作，推进退耕还林工程健康发展，省林业厅在郑州召开了由各省辖市林业局主管局长、退耕办公室主任及退耕还林重点县林业局长140余人参加的全省退耕还林信访工作会议。会上，张胜炎副厅长分析了当前退耕还林信访工作的形势，总结了几年来各地信访工作的经验，并对今后的信访工作提出了具体的要求。

配合国家林业局完成天然林保护工程“四到省”核查 8月13~20日，国家林业局天然林保护工程“四到省”核查组对河南省2005年度天然林保护工程实施情况和工程管理及资金管理情况进行核查，核查工作顺利完成。

全国退耕还林工程档案管理培训班在信阳市平桥区举办 9月11~15日，全国退耕还林工程档案管理培训班在信阳市平桥区举办。参加培训班的有全国20多个省(市、自治区)退耕办主任、技术人员，以及河南各省辖市退耕办主任，共计120余人。

配合省财政厅下达年度退耕还林粮食补助资金 9月，根据省退耕还林工程管理中心提供的有关数据，省财政厅印发了《河南省财政厅关于拨付2006年退耕还林粮食补助资金的通知》(豫财办金〔2006〕60号)，下达2006年退耕还林粮食补助资金66 108.55万元。

省财政厅、林业厅下达年度退耕还林工程现金补助 10月，省财政厅、林业厅联合印发了《关于下达2006年退耕还林工程现金补助的通知》(豫财办农〔2006〕248号)，下达2006年退耕还林工程现金补助7 461.578万元。

完成天然林保护工程区森工企业金融机构债务免除申请工作 10月15~25日，按照国家林业局要求，省退耕还林和天然林保护工程管理中心及时组织调查、编写上报了河南省天然林保护工程区森工企业金融机构债务免除申请报告和木材加工企业关闭破产申请报告，并已经国家林业局推荐到国家银监会。

省林业厅转发下达年度退耕还林工程中央预算内专项资金投资计划 10月23日，省林业厅印发了《河南省林业厅关于转发2006年退耕还林工程中央预算内专项资金投资计划的通知》(豫林计〔2006〕221号)，下达2006年度退耕还林工程中央预算内专项资金投资计划3 500万元，用于年度70万亩荒山荒地造林。

印发《河南省林业厅关于加强退耕还林林地管理工作的通知》 10月8日，省林业厅印发了《河南省林业厅关于加强退耕还林林地管理工作的通知》(豫林退〔2006〕213号)。通知要求，各地一要加强退耕还林林地管理，切实巩固退耕还林成果；二要加快退耕还林地林权证发放进度，维护退耕农户切身利益；三要严格控制退耕地征占用，坚决打击毁林复耕行为。

国家林业局退耕还林办公室对河南省退耕还林管理实绩工作进行核查　11月8~13日，国家林业局退耕还林办公室常务副主任张秀斌一行3人，先后到登封市和洛宁县开展退耕还林工程管理实绩核查工作。核查组认为：一是工程实施县党政领导对退耕还林工作高度重视，宣传工作到位，落实政策到位，群众退耕还林积极性高，退耕还林工作成效显著；二是河南省研发的信息管理系统实用，档案管理工作规范；三是重视退耕后的管理，林权证发证率较高。

开展河南省退耕还林工程有关情况调查工作　10~12月，根据《关于报送退耕还林（草）有关情况的通知》（发改办农经〔2006〕2016号）要求，河南省发展和改革委员会、林业厅、监察厅、财政厅、农业厅、国土资源厅、环境保护局、统计局、粮食局联合组织对退耕还林工程区的耕地情况、退耕还林任务完成情况、退耕农民生活情况和退耕地造林树种经营效益情况等进行了调查，并完成了调查报告。

开展退耕还林造林实绩省级复查工作　11~12月，省退耕还林和天然林保护工程管理中心和林业调查规划院组织有关技术人员，开展了省级复查工作，共抽查面积26.58万亩。

配合国家统计局河南调查总队开展退耕还林核查工作　12月，配合国家统计局河南调查总队对29个县的150个村的1 500个农户开展退耕还林核查工作。

举办天然林资源保护工程财务管理培训班　12月10~11日，省退耕还林和天然林保护工程管理中心在郑州市邀请国家审计署驻郑州特派办的专家，对工程实施各市、县（市、区）工程管理人员和财务人员就工程资金管理和使用等方面内容进行了培训。

林业产业及林业外资项目管理

一、概述

一年来，河南省林业产业发展中心在林业厅党组的领导下，以科学发展观和现代林业建设为指导，继续深入贯彻落实《中共中央　国务院关于加快林业发展的决定》和河南省委、省政府贯彻中央决定的意见，紧紧围绕《绿色中原建设规划》，树立和谐发展的理念，圆满完成了年度目标任务，取得了明显成效。

（一）积极推进林业产业发展

开展了“林业新兴产业发展现状与对策”调研；配合国家林业局开展了林业产业发展情况调研；加强了森林旅游工作，出台了促进伏牛山区森林生态旅游开发与资源保护的实施意见，开展了多种形式的森林旅游推介活动；开展了林业经济合作组织调研与经验交流，为16个重点林业龙头企业免费订阅全年《中国林业产业》杂志；组织开展了林业产业季度报表的编报、产业项目库建设工作；配合省商务厅开展了“新农村商网秋季农副产品网上购销对接会”中林产品征集筛选工作；组织开展了林业企业申报省级农业产业化龙头企业、上市企业的相关工作；向省农发行推荐了一批林业产业重点企业；组织企业参加了第二届中国国际林业产业博览会；制定了《平安河南》中林业安全生产的标准及考核意见；组织开展了林业系统安全生产、食品安全的组织协调工作，2006年全省林业系统未发生安全生产事故。2006年全省完成林业总产值345亿元，较2005年增长19.7%，为年度计划的111.3%。

（二）认真组织实施外资营造林项目

完成了中德财政合作河南小农户造林项目的转赠协议的签订工作，落实了省、市、县三级配套资金，按照要求办理了相关承诺、提款报账授权签字人等全部手续，完成了项目执行计划的制定、采购咨询公司的招标采购、项目设计等工作；完成了日本政府贷款河南省造林项目的正式评估与谈判及各项阶段性工作；完成了世界银行贷款林业持续发展项目2006年度物资采购计划的上报、确认工作；完成了世界银行贷款“贫困地区林业发展项目”竣工总结、接受了世界银行竣工验收组对河南省项目的竣工验收检查；积极争取全球环境基金（GEF）赠款项目；申报了世界银行贷款林业5期项目；举办了全省世界银行项目财务决算培训班；完成了河南省世界银行项目林划入生态公益林情况摸底调查。全年完成外资造林30.7万亩，完成幼林抚育48.8万亩，完成年度检查验收和报账工作。

（三）积极推进速生丰产林基地建设

开展了“林纸、林板一体化发展问题与对策”调研；开展了全省六大林纸企业原料林基地建设情况专题调研；争取并实施了邓州市速生杨树良种基地项目；组织召开了南阳、信阳金太阳科技林业有限公司杨树速生丰产工业原料林基地可行性研究报告评审会。指导全省新造以工业原料林为主的速生丰产林28.4万亩，为计划任务的105%。

二、纪实

日本政府贷款河南省造林项目正式评估与谈判工作完成 1月9~20日，张胜炎副厅长带队赴北京与日本国际协力银行代表进行日本政府贷款河南省造林项目正式评估与谈判工作，并于20日与日方达成协议，签署了《日本政府贷款河南省造林项目评估备忘录》。

财政部批准实施中德财政合作河南省农户林业发展项目 1月，财政部发出《关于中德财政合作河南省农户林业发展项目有关事项的函》（财金便函〔2006〕12号），批准实施该项目。项目总投资1.31亿元，其中德国政府赠款600万欧元（约合6 000万元人民币），建设内容包括营造用材林、防护林、经济林，开展封山育林、间伐与经营示范、修建谷坊坝等，项目区包括嵩县、卢氏、鲁山、南召等4个县。

中日绿化基金洛阳冈山友谊林建设项目确定 1月20日，国家林业局对外合作项目中心通知，关于中日绿化基金洛阳冈山友谊林建设项目列入2005年度小渊基金资助项目，日方年度资助530万日元，建设期为3年。

组织召开南阳、信阳金太阳科技林业有限公司杨树速生丰产工业原料林基地可行性研究报告评审会 2月28日，组织召开了南阳、信阳金太阳科技林业有限公司杨树速生丰产工业原料林基地可行性研究报告评审会，邀请省政府参事室、省发改委、省财政厅和省造纸协会专家对项目进行了评审。

中德财政合作河南省农户林业发展项目转赠协议签订 3月13日，省林业厅副厅长张胜炎、省财政厅副厅长鲁轶签署《中德财政合作河南省农户林业发展项目转赠协议》。

向省政府提交“积极发展特色产业，支持宜林地区发展速生丰产林和名特优经济林”专题汇报材料 3月、6月、9月和12月，分别向省政府提交“省政府工作报告提出的2006年重点工作”中有关“积极发展特色产业，支持宜林地区发展速生丰产林和名特优经济林”的专题汇报材料。

日本政府贷款河南省造林项目可行性研究报告通过审批 3月17日，河南省林业厅向省发展和改革委员会呈报《日本政府贷款河南黄河中游造林项目可行性研究报告》。4月24日，省发展和改革委员会印发了《关于利用日元贷款河南黄河中游造林项目可行性研究报告的批复》（豫发改外经〔2006〕454号），批准营造林建设规模为291.3万亩。7月20日，国家发展和改革委员会批准《关于河南黄河中游造林工程利用日元贷款项目资金申请报告的批复》，批准利用日元贷款74.34亿日元。

积极争取全球环境基金（GEF）赠款项目 3月，财政部、中国GEF秘书处和中科院等对河南黄河湿地项目进行了初步考察。按照财政部的意见，中心组织相关专家和学者对该项目的立项依据进行了认真研究和分析，委托省林业调查规划院编制了项目建议书，上报财政部和中国GEF秘书处，并按要求开展前期调研、勘察、材料收集工作。

世界银行贷款贫困地区林业发展项目检查验收通过 4月13~17日，以刘瑾女士为组长的世界银行贷款贫困地区林业发展项目竣工检查验收组，赴新县、鲁山对贫困地区林业发展项目工程进行了检查验收。

开展全省工业原料林基地建设及林纸林板一体化进展情况调研 4月25日~5月14日，对全省工业原料林基地建设及林纸林板一体化进展情况进行了调研。

部分林纸一体化项目投产 4月，焦作瑞丰林纸一体化项目制浆工程正式投产运行。8月，信阳金太阳科技林业有限公司林纸林板一体化项目一期工程年产6万立方米胶合板项目试车投产。

完成世界银行贷款林业持续发展项目年度检查验收 6月13~30日，省林业厅项目管理办公室委托省林业调查规划院对世界银行贷款林业持续发展项目2006年度的17个项目造林单位进行了年度检查验收，共完成项目造林面积17.5万亩。

日本政府贷款河南省造林项目签约 6月23日，财政部代表中国政府与日本国际协力银行签订了2005年度利用日元贷款项目贷款协议，河南省造林项目名列其中，该项目计划总投资8.35亿元,其中利用日本政府贷款74.34亿日元，合人民币5.4亿元。

全省世界银行项目财务接受世界银行检查组检查 8月28~31日接受了世界银行检查组对河南省林业项目的财务检查，工作成效受到了世界银行检查组的好评。

日中绿化交流基金合作项目技术指导团来豫检查 9月16~18日，由日中绿化交流基金事务局派出的以樋口正义先生为团长的日中绿化交流基金合作项目技术指导团一行3人来豫检查指导工作。

濮阳龙丰林纸一体化项目进入全国首批启动项目名录 9月，濮阳龙丰林纸一体化项目获国家发改委核准，进入全国首批启动的13个项目名录。

国家林业局批准河南省邓州市速生林林木良种基地建设项目 9月，国家林业局林计批字〔2006〕401号文件批准河南省邓州市速生林林木良种基地建设项目。项目总投资182万元，其中中央预算内林业基本建设投资109万元。

组织开展“新农村商网秋季农副产品网上购销对接会”中林产品征集筛选工作 9月，转发了《河南省商务厅关于“新农村商网秋季农副产品网上购销对接会”的函》，组织各省辖市林业局开展了“具有河南特色的农副产品”推荐工作等。

张胜炎副厅长在全国世界银行贷款贫困地区林业发展项目竣工验收总结会上作典型发言 10月21日，张胜炎副厅长出席由国家林业局在湖北咸宁召开的世界银行贷款贫困地区林业发展项目竣工验收总结工作会议，并作了典型发言。

中德财政合作河南省农户林业发展项目咨询公司确定 10月12~21日，中德财政合作河南省农户林业发展项目咨询公司评标工作在郑州开展，德国复兴信贷银行派出的评标顾问Mr.Klaus Bohlander（克劳斯•博兰德）先生对评标过程给予了指导和监督，GITEC/DFS/CIDA/CFA联合体公司中标，并将评标结果上报德国复兴信贷银行。10月27日，德国复兴信贷银行批准将中德财政合作河南省农户林业发展项目咨询工作合同授予GITEC/DFS/CIDA/CFA联合体公司。

组织推荐林业企业申报省级“农业产业化龙头企业”工作　10月，按照河南省农业产业化经营工作办公室《关于对农业产业化重点龙头企业进行运行监测的通知》（豫农产经办〔2006〕4号）要求，下发了《关于推荐“农业产业化龙头企业”的通知》，组织全省林业企业开展了申报省级“农业产业化龙头企业”工作，并向河南省农业产业化经营工作办公室推荐了10家重点林业企业为“农业产业化龙头企业”。

德援项目管理办公室成立　10月，下发了《河南省林业厅关于成立河南省林业厅德援项目管理办公室的通知》（豫林人〔2006〕220号），成立了河南省林业厅德援项目管理办公室，全面负责中德财政合作河南省农户林业发展项目的实施工作。

举办日本政府贷款河南造林项目年度施工设计培训班　10月22~27日，林业厅项目管理办公室在郑州举办了日本政府贷款河南造林项目年度施工设计培训班。

组织全省林业企业参加第二届中国国际林业产业博览会　11月9~11日，根据中国国际林业产业博览会组委会《关于组织参加“2006（第二届）中国国际林业产业博览会”的通知》（中林展字〔2006〕01号）精神，组织3家重点林业企业到会参展，展示了河南企业的良好形象。

召开亚洲开发银行贷款豫西农业综合开发项目科研课题总结座谈会　11月，亚洲开发银行贷款豫西农业综合开发项目科研课题总结座谈会在郑州召开，林果业项目承担的5个课题顺利通过评审。

全省林业产业工作会议召开　12月，在郑州召开了全省林业产业工作会议。会议对2006年度林业产业工作进行了总结，对2007年全省林业产业工作进行安排部署。

日本政府贷款河南造林项目2007年度生产投资计划下达　12月31日，日本政府贷款河南造林项目2007年度生产投资计划下达，计划营造林面积为142万亩，计划投资2.89亿元。

计划财务

一、概述

林业计划财务工作紧紧围绕学习和贯彻党的十六届六中全会、省八次党代会和全国林业厅局长会议精神等内容，认真践行“八荣八耻”，转变工作作风，加强党风廉政建设，严格按照年度工作责任目标，服从和服务于河南林业协调、快速发展的大局，廉洁从政，依法行政，高效务实，充分发挥了计财工作的组织、协调、服务、监督四大职能，争取政策，落实投入，加强监管，保证各项资金安全高效运行，取得了较为显著的成绩。

（一）主要成绩

科学编制规划。印发了《河南省林业发展第十一个五年计划》、《河南省建设社会主义新农村林业实施方案》和《中原城市群生态体系建设规划》；报送了河南省林业厅《关于河南省农村扶贫开发“十一五”规划纲要》和《中共河南省委河南省人民政府关于贯彻落实中共中央国务院关于促进中部地区崛起的若干意见》的修改意见。

严格计划执行。全年共完成造林面积251万亩，完成国家下达计划的179%，其中：人工造林面积231万亩，飞播造林面积20万亩，本年新封山育林面积24万亩。各项重点林业工程建设进展顺利。全年新完成退耕还林任务70万亩；天然林保护、世界银行贷款项目、长江防护林、太行山绿化等重点林业工程都按规划完成了预定的任务；种苗生产向基地化、产业化、市场化方向发展，实现了种苗数量和质量的较好结合。分解下达了2005年结转的森林病虫害防治项目和太行山重点火险区综合治理项目中央预算内专项资金投资计划763万元、2006年中央预算内林业基本建设投资计划1 097万元。

加大政策落实力度。稳定了生态效益补偿资金政策，继续做好森林公安经费保障政策的落实。出台了新的收费基金项目管理政策，联合省财政厅出台了《河南省森林植被恢复费征收使用管理实施办法》；根据实际需要，出台了育林基金征缴责任目标考核办法，并及时下发执行。

资金争取总量增加。全年争取各类林业建设资金总计为169 811万元，较2005年增加4 797万元，增长3%。省级财政林业预算内资金共安排林业支出为1.2亿元，资金总量比2005年增长24%；

国家预算内投资计划110 957万元，利用外资3 560万元。实现各类配套资金1 959万元。全省预算外收入达到8 990万元，比上年增加2 884万元，增长47%。

严格项目资金管理。组织进行了董寨国家级自然保护区基础设施建设项目竣工验收，完成了省野生动物疫源疫病监测中心及省野生动物救护中心续建项目可行性研究报告的审查和上报工作。完成了31项国债种苗工程竣工验收和实地验收工作，并及时上报了验收报告。部署完成了专项商业贿赂的治理工作，先后成立领导小组，下文明确要求，检查治理情况，强化治理效果，巩固治理成绩。

计财基础工作得到加强。加强调研工作，召开了全省林业计划财务会议。强化了业务培训，举办了两期全省国债林木种苗项目和省森林病虫害防治建设项目竣工验收培训班，一期林业综合统计业务培训班，一期会计人员继续教育培训班，培训人数达300多人（次）。

（二）工作创新及重点突破

一是在厅机关和厅直单位资金监管上实现突破。加强了政府采购和国库集中支付，严格银行账户管理，按时完成厅直单位银行账户的年检工作。继续做好政府性基金和行政事业性收费项目的征收管理及财政对账工作、票据管理工作。根据省有关部门要求及时部署完成林业厅党政领导干部拖欠公款清缴工作，维护了财经纪律的严肃性，解决了清理补贴、津贴问题。

二是在政府采购方面实现突破。结合省财政厅关于大力推行政府采购制度的有关规定，严格按章办事，指派人员专门负责此项工作，率先在办公设备购置和大型报表印刷中实行政府采购。一年来，全厅各项物资采购、大型会议、设备购置等全部实现了定点或招标采购。同时，按照省财政厅、监察厅等4部门的要求，布置了厅机关及厅直单位2003~2004年的政府采购专项检查工作。

三是在贯彻落实规章制度上实现突破。配合于2006年2月1日起正式实施的《财政违法行为处罚处分条例》（国务院第427号令，以下简称《条例》）的宣传、贯彻，就全省林业部门要深入学习《条例》，认真抓好《条例》的贯彻落实，确保林业资金的安全有效运行等内容致信全省林业系统单位领导，同时将相关财经法规制度整理后统一汇编印发执行。

四是在政务公开方面实现了创新。为确保林业厅计财工作政务公开落到实处，严格将林业规划、年度发展计划、行政事业性收费、政府采购和财经管理制度等五大项内容落实到具体人员。另外，在政务公开形式上本着“规范、明了、方便、实用”的原则，充分利用厅公共信息网络、会议、简报和机关电子公示栏等多种形式，将年度所需公开事宜进行及时的公开、公示，全年重点公示了以下内容：七项林业年度发展规划和重点林业工程项目规划；八项行政事业性收费项目、依据、标准；五宗大额资金的政府采购，涉及资金约800万元；六项新出台的财经管理工作制度。

二、纪实

印发《河南省林业发展第十一个五年计划》 2月，《河南省林业发展第十一个五年计划》充分征求了各方面意见，历经多次修改和完善，最后报经厅党组定稿后印发执行。

编制河南省建设社会主义新农村林业实施方案 2月，先后4次组织会议讨论，3次上报修改意见，起草完成了《河南省林业厅关于推进社会主义新农村建设的实施意见》，同时完成了《河南省2006~2020年建设社会主义新农村规划纲要（征求意见稿）》的修改工作。

对河南省重点林业规划项目提出了修改意见 3月，根据省政府有关部门要求，报送了河南省林业厅《关于河南省农村扶贫开发“十一五”规划纲要》和《中共河南省委 河南省人民政府关于贯彻落实中共中央 国务院关于促进中部地区崛起的若干意见》的修改意见。

编制出台《中原城市群生态体系建设规划》 3月，根据省委、省政府的要求，组织编制了《中原城市群生态体系建设规划》，充分征求了有关省辖市的意见，并按照省城镇化工作领导小组的要求印发执行。

提报2007年度林业生产计划 4月，根据2006年度河南林业生产计划执行情况提报了2007年度林业生产计划。

召开全省林业计划财务会议 4月，在郑州召开了全省林业计划财务工作会议，传达了全国林业厅局长会议精神和全国计财会议精神，回顾总结了“十五”期间计财工作，对本年度计财工作作了全面部署。

申报各类基建项目 5月，组织申报了各类项目投资20余项，涉及救护中心、森林病虫害防治、种苗工程等，投资规模3亿元。

完成专项商业贿赂的治理 5月，先后成立领导小组，下文明确要求，检查治理情况，强化治理效果，巩固治理成绩。

出台新的收费基金项目管理政策 6月，林业行政事业性收费与政府性基金收缴均纳入了财政预算，其管理更加规范。森林植被恢复费自2003年起实现了省级预收，联合省财政厅出台了《河南省森林植被恢复费征收使用管理实施办法》，使森林植被恢复费的征收使用管理更加规范，全省森林植被恢复费的征收额也有较大幅度增加。

下达国债投资计划 7月，分解下达了2005年结转的森林病虫害防治项目和太行山重点火险区综合治理项目中央预算内专项资金投资计划763万元、2006年中央预算内林业基本建设投资计划1 097万元。

继续做好森林公安经费保障政策的落实 7月，继续贯彻落实了与省财政厅联合印发的《河南省森林公安经费保障标准实施意见》的通知，对森林公安经费纳入同级财政提出了明确要求，制定了森林公安经费的支出制度，提出了经费保障标准落实的主要措施。各地按照文件要求，提高思想认识，落实保障责任，严格执行标准，建立激励约束机制，加快了文件落实的进度。

加强调研工作 7月，根据林业厅统一安排，组织专门人员赴辽宁、河北、山东等省学习林权制度改革的先进经验，同时对省内的南阳、信阳、驻马店、平顶山等市的林权制度改革情况进行了专题调研。8月，会同省财政厅完成了河南省木本油料生物质能源替代石油专项调研报告。

开展资金自查自纠 8月，组织开展对1998年以来林业重点工程资金的自查自纠工作，向国家林业局上报了河南省林业重点工程资金自查自纠情况的报告。

稳定生态效益补偿资金政策 8月，经与财政部门大力协调，初步稳定了河南省省级森林生态效益补偿资金政策，把2006年600万元的省级补偿资金列入预算并及时下拨。

组织进行基建项目竣工验收 9月，组织了董寨国家级自然保护区基础设施建设项目竣工验收，并对其进行了批复。完成了31项国债种苗工程竣工验收和实地验收工作，并及时上报了验收报告。

协调督促伏牛山国家级自然保护区黄石庵管理局、太行山猕猴国家级自然保护区、2003年重点工程科技支撑项目的竣工验收准备工作。

开展业务培训 9月，举办林业综合统计业务培训班和会计人员继续教育培训班，培训人数达300多人（次）。10月，举办了两期全省国债林木种苗项目和省森林病虫害防治建设项目竣工验收培训班。

完成财政专项资金检查 10月，陪同财政部监察局、省财政厅的领导到洛阳检查小型公益林建设、森林病虫害防治资金使用管理情况。协调有关部门配合审计署对河南省天然林保护工程的审计工作。

审查上报基建项目 10月，完成了省野生动物疫源疫病监测中心及省野生动物救护中心续建项目可行性研究报告的审查和上报工作，完成了10项自然保护区和湿地保护恢复项目的可研审查和上报工作。

筹建省护林航空消防站 11月，完成了省护林航空消防站可行性研究的编制和上报，以及省政府的人员编制及资金承诺工作。

完成各类检查审计 12月，配合省审计厅完成了对森林植被恢复费的延伸审计工作。完成省重点公益林森林生态效益补偿基金使用管理情况检查工作，会同省财政厅到信阳、驻马店市进行重点检查。

人事教育与外事管理

一、概述

2006年，人事教育与外事管理工作始终坚持以人为本，坚持科学发展观和科学人才观，按照“把握重点，突破薄弱点，紧扣敏感点，攻克难点，抓住关键点，统筹兼顾，全面建设，整体提高”的工作思路，认真落实林业厅党组的决定，紧密围绕服务于全省林业建设这一主题，进一步加强干部队伍教育培训及管理，努力搞好对外交流与合作，继续深化干部人事制度改革，强化了人事干部队伍自身建设，不断提高工作效率和服务质量，促进了各项工作任务的顺利完成，为实现绿色中原建设规划提供了强有力的组织保证和智力支持。

二、纪实

成立省野生动物疫源疫病监测中心　2月，经省编制办公室批复，同意河南省野生动物救护中心加挂河南省野生动物疫源疫病监测中心的牌子。

宋全胜被任命为副厅级侦察员　2月，省委同意宋全胜同志任侦察员（副厅级）（豫组干〔2006〕93号）。同年3月，省政府决定任命宋全胜为侦察员（副厅级）（豫政任〔2006〕43号）。

组织开展《中华人民共和国公务员法》普法考试　3月，组织全厅机关公务员参加了《中华人民共和国公务员法》普法考试。

完成林业教育培训“十一五”规划　4月，编制完成了《河南省林业教育培训工作“十一五”规划》。

完成机构编制数据库建设　4月，完成了全厅机构编制信息系统数据库建设和事业单位分类调查工作。

完成省林业产业发展中心的组建工作　5月，按照河南省机构编制委员会《关于撤销省林业干部学校成立省林业产业发展中心的批复》（豫编〔2005〕21号）文件精神，正式完成省林业产业发展中心的组建工作。省林业产业发展中心主要任务是负责全省林业产品结构调整，承担林业产业统计和林业产品的质量监督，指导全省林业产业的安全生产等。机构规格相当于处级，核定事业编制11

名，其中领导职数1正2副，经费实行全额预算管理。

组织开展“河南省中等林业学校优质课评选暨篮球友谊赛”活动 5月15~17日，林业厅人事教育外事处在洛阳河南省林业学校组织了“河南省中等林业学校优质课评选暨篮球友谊赛”，优质课评选按基础课和专业课两大门类分别评选，有2名教师获一等奖，4名教师获二等奖，6名教师获三等奖，获奖者由省林业厅颁发了优质课评选获奖证书并给予了一定物质奖励。

完成2006年享受政府特殊津贴人员选拔推荐工作 6月，在个人申报、单位推荐、专家评审的基础上，经研究，决定推荐裴海潮、赵义民同志为林业厅2006年享受政府特殊津贴人员候选人。

雷跃平、刘占朝被命名为第六批河南省优秀专家 7月，雷跃平、刘占朝两位同志被中共河南省委、河南省人民政府命名为第六批河南省优秀专家（豫文〔2006〕147号），并分别给予了1万元奖励。截至目前，林业厅已有14人被省委、省政府命名为河南省优秀专家。

举办全省国有林场场长培训班 8月，省林业厅人事教育外事处在洛阳河南省林业学校举办了第二期全省国有林场场长分类经营培训班，为期10天。

举办县（市、区）级林业局局长培训班 9月，省林业厅人事教育外事处在洛阳河南省林业学校举办了第六期县（市、区）级林业局局长现代林业技术培训班，为期10天。

组织开展了教师节慰问活动 9月9~10日，组织有关人员分别到省内3所中等林业学校进行慰问，并给教师们分发了慰问金，同时，对12名全省中等林业学校优秀教师进行了表彰。

组织赴南非野生动植物保护考察团 9月，由各省辖市林业（农林）局负责同志及野生动物保护科（站）科（站）长、已建国家或省级自然保护区管理机构负责人、拟建自然保护区的国有林场场长和省林业厅有关人员共15人赴南非执行野生动植物保护考察任务，重点考察南非、肯尼亚野生动植物保护和自然保护区建设情况，学习自然保护区建设与管理、野生动物保护机制建设和先进技术、野生动植物资源合理开发利用、林场管理经验，在动植物保护项目管理、实施、筹募资金方面的经验等。

开展职称评审工作 9月~2007年1月，组织了2006年度全省林业工程系列高、中级专业技术职务任职资格评审工作和中专教师中级专业技术职务任职资格评审工作，全省有63名专业技术人员获批高级工程师任职资格。

完成“555人才工程”省级人选推荐工作 11月，在厅直有关事业单位推荐的基础上，林业厅人事教育外事处组织有关专家召开了省级学术技术带头人推荐评审会议，经研究，决定推荐夏丰昌、段绍光两位同志为林业厅的“555人才工程”省级人选。

完成省林科院改革工作 11月，按照《河南省人民政府关于深化省属社会公益及农业类科研机构管理体制改革的意见》（豫政〔2005〕29号）和《关于省属社会公益及农业类科研机构改革的实施方案》（豫科〔2005〕112号）的要求，根据《关于河南省林业科学研究院机构编制方案的通知》（豫编〔2005〕52号）精神，完成了河南省林业科学研究院科技体制改革工作，改革后河南省林业科学研究院确定为河南省林业厅直属非营利性科研事业单位，主要任务是从事林业基础研究、应用基础研究、社会公益事业发展研究和社会公共服务活动等。机构规格相当于处级，核定事业编制60名，其中领导职数4名，经费实行全额预算管理。

组织赴南美林业科技考察团 11月，由各省辖市和县林业（农林）局、林业科研机构及省林业厅有关单位的负责同志或专业技术人员组成的考察团共14人赴南美执行林业科技考察任务，重点考察巴西、阿根廷部分城市的林业发展状况和林业科研基地、林业企业生产基地，了解巴西、阿根廷有关林业管理体制、自然资源利用和保护政策等。

完成处级干部轮岗和干部调整工作 11~12月，完成了全厅机关事业单位处级干部轮岗和干部调整工作，有21名处级干部轮岗，有24名干部获得提拔，其中有15名科级干部提升处级。

完成全厅工资制度改革 12月，完成了全厅机关事业单位在职及离退休人员的工资制度改革工作。改革后，机关公务员人均增资497元，事业单位专业技术人员人均增资434元，行政管理人员人均增资369元，工人人均增资248元。

林业党风廉政建设

2006年，全省林业系统以邓小平理论和“三个代表”重要思想为指导，切实加强思想教育，认真抓好反腐败三项工作，努力从源头上预防和治理腐败，圆满完成了廉政建设责任目标。

一、党风廉政建设责任制进一步得到落实

厅党组始终把党风廉政建设放在突出位置来抓，与重点业务工作一起布置、一起检查、一起考核。认真研究制定了《河南省林业厅2006年党风廉政建设和反腐败工作意见》，召开廉政建设工作会议，对全厅党风廉政建设工作进行了专门安排和部署。及时研究制定了贯彻落实实施纲要的意见，成立了领导小组和办公室，按照省委廉政建设责任制工作任务的分工，积极完成了分配给林业厅的任务。制定了《河南省林业厅2006年党风廉政建设责任目标》，把廉政建设任务分解落实到厅党组成员和各处室局、单位负责人，并对各处室局和单位廉政建设目标完成情况进行认真考核。

2006年厅党组和行政领导班子6次召开专题会议，听取纪检监察工作汇报、研究安排党风廉政建设。厅党组书记、厅长王照平同志经常在会议上强调廉政建设，作出廉政承诺，接受大家监督，同时也对全厅党员领导干部提出廉洁自律的严格要求。厅机关各处室局、厅直各单位的负责同志认真落实了“一岗双责”制度，安排业务工作时不断强化廉政建设责任意识，推动全厅党风廉政建设工作的深入开展。厅党组积极支持驻厅纪检组监察室开展工作，履行职责。干部选拔考核任用、政务公开、职称评定、科技成果鉴定、造林质量检查、项目资金使用、工程项目招标等重要工作，都要求纪检监察部门参与，并把监督检查工作形成制度，全方位实施监督，使各项工作做到了规范、公正。在林业厅开展的清理借用人员、清理多占办公用房、清理违规购买小轿车的“三清”工作中，按照厅党组关于驻厅监察室发挥效能监察作用的要求，牵头协调清理工作，使清理工作进行得非常彻底。

二、领导干部廉洁自律工作取得较好成效

2006年，厅党组把领导干部廉洁自律工作作为党风廉政建设的重点，加强教育，强化监督，认真解决党员干部从政方面存在的问题。厅党组中心组系统学习了中央纪委六次、省纪委六次全会精

神，学习了胡锦涛、吴官正、徐光春、李清林同志的重要讲话，学习了中共十六届六中全会精神和省委八届一次全会精神。积极开展了“八荣八耻”学习教育活动，进一步增强了党员干部的公仆意识、廉政意识和拒腐防变的能力。

在全省林业系统组织开展了“做党的忠诚卫士、当群众的贴心人”学习教育活动，进一步加强林业系统纪检监察队伍的自身建设。组织全厅人员开展了学习《中国共产党章程》知识活动，制订了周密的学习方案，认真实施了知识测试，获得了省直组织奖。组织全省林业系统党员参加了《建立健全惩治、教育、监督并重的惩防体系实施纲要》学习教育和知识竞答活动。开展了以防止侵权渎职犯罪为主要内容的警示教育活动，邀请省检察院的有关同志为全厅党员干部上了一堂法制教育课，并播放了警示教育片，起到了较好的警示作用。11月16日，王照平厅长在全厅干部大会上，专门就加强干部队伍思想作风建设问题为机关干部和直属单位处级干部上廉政党课。

组织开展了关于领导干部不准收受与其行使职权有关单位和个人的现金、有价证券、支付凭证规定执行情况的清理工作，对领导干部企业兼职情况、领导干部超标准配备公务用车情况进行了有效清理。严格禁止了乱发奖金、福利等行为。严格执行了党风廉政建设的有关规定，并对执行廉洁自律规定、遵守四大纪律八项要求情况进行了严格的监督检查。全厅没有发生违纪案件，各级领导班子及成员没有违反廉洁自律规定的行为，没有人受到省委批评。

组织开展治理商业贿赂工作。成立了以厅党组书记、厅长王照平同志为组长的林业厅治理商业贿赂领导小组，设立办公室，配备办公设备，抽调专人承担治理商业贿赂日常工作。及时召开了全厅处级干部会议和全省林业系统治理商业贿赂工作会议，对治理工作进行了动员和部署。印发了《河南省林业厅治理商业贿赂专项工作的实施意见》、《河南省林业厅关于认真做好林业贴息贷款管理治理商业贿赂专项工作的通知》，转发了《国家林业局森林资源管理司关于在全国森林资源管理系统开展治理商业贿赂专项工作的通知》，公布了两部举报电话，并在全省林业系统开展了治理商业贿赂调研活动，摸清了商业贿赂在林业系统的主要表现形式、规律特点以及发生的主要环节和岗位，增强了专项治理工作的针对性和可操作性。制定了《河南省林业厅关于认真开展森林植被恢复费使用管理情况自查的通知》、《关于在全省林业系统组织开展不正当交易行为自查自纠的实施办法》和《关于在全省森林公安机关组织开展不正当交易行为自查自纠的通知》，认真开展了不正当交易行为的自查自纠。依据治理商业贿赂专项工作的重点，除抓好对工程建设、土地出让、产权交易、政府采购等治理工作外，林业厅注重抓了林业资源开发权出让、征占用林地审核审批、森林和林木流转、木材采伐证和运输证及林权证印制管理、临时增加森林采伐限额的办理和审批、木材加工企业审核、野生动植物及国家级自然保护区的开发利用、种苗购销、林业建设项目规划和审批、育林基金征收、林业贴息贷款管理以及直属企事业单位经营活动等治理工作重点。围绕这些重点，厅机关、直属单位和各省辖市林业局认真开展了自查自纠。纠正处理林木采伐许可问题14项，批评教育9人；纠正处理木材运输检查问题9项，党纪政纪处分1人，批评教育7人。

三、林业政风建设取得了明显效果

首先，改进了机关作风。厅党组把求真务实、真抓实干作为改进机关工作作风的切入点，大力弘扬“艰苦奋斗，开拓创新，真抓实干，争创一流”的行业精神。制定了厅机关和厅直单位年度文明单位创建工作计划，组织开展了机关文明单位、文明职工、文明家庭评选等活动。通过抓机关作风建设，达到了转变机关作风，带动行业风气好转的目的。

其次，加强了林业系统执法队伍建设。全省上下狠抓森林公安、林政管理、森林动植物检疫、野生动植物保护、种苗种子检验等执法人员的培训和教育。林政部门举办了2期林木采伐管理培训班，培训人员300多人（次），进一步提高了执法人员的业务素质和法制意识。在全省推行林木采伐电子政务管理，增加了采伐限额审批的透明度。全省森林公安机关分别举办了2期森林公安法制人员培训班和2期侦查人员培训班，组织林业派出所所长以上的领导干部参加集中培训，进一步增强了广大森林公安民警学法守法的意识。森林公安机关还组织开展了“从严治警、执法为民”整顿活动和“三项排查”、“三个专项治理”活动，围绕防止职务犯罪、打击庇护或参与涉林犯罪、涉黑涉恶等方面，深入开展了排查和整改。同时，在全省聘任了1 596名特邀监督员，对森林公安执法进行监督，构建了社会监督网络。

其三，强化了公路“三乱”治理工作。厅党组高度重视治理公路“三乱”工作，党组成员多次深入木材检查站明察暗访，监督检查工作。在全省组织开展了“创建文明执法热情服务十佳站和十佳标兵”评选活动，有力地促进了木材检查站规范化建设，进一步提升了林业执法人员的执法水平。

其四，认真开展了行风评议活动。厅党组高度重视民主评议政风行风工作，印发了《河南省林业厅2006年民主评议政风行风工作实施意见》，明确了评议对象、评议方法和步骤，提出了具体要求，并向省直各单位、厅直机关和直属单位、各省辖市林业部门发放征求意见建议书350份。征求意见后，林业厅迅速对省纠风办反馈的215条意见建议和征集到的意见建议进行了认真研究，制定了《关于进一步做好政风行风评议意见建议整改工作的通知》，明确了整改目标，分解了整改任务，提出了完成工作的时限和要求，并组织人员深入基层，督促落实每一条意见建议。在整改工作中，全省林业系统制定整改措施100余项，组织人员下基层调查解决问题600人（次），举办各类人员培训班40余期、培训8 000多人（次），发放各类林业资料11万份，出动宣传车辆40台（次），制作宣传标语1 300余条；共查处各类林业案件233起，逮捕14人，刑事拘留39人，治安拘留24人，行政拘留34人，治安罚款和教育86人，依法取缔木材加工点16个。

四、查处违纪案件力度进一步加大

进一步建立完善了信访工作制度，及时受理和处理来信来访，对群众举报的案件及时批办，对上级纪委、国家林业局批办的案件及时进行查处，结案率达到了95%。

五、从源头上预防和治理腐败工作有了新的进展

一是干部人事制度改革进一步深入。厅党组按照《党政领导干部选拔任用条例》的要求，对全厅干部进行了大幅度调整，交流和提拔处级干部近50名，用民主的方法、严密的程序、严格的纪律选人用人，形成了良好的干部管理机制。

二是行政审批方式进一步改进。按照省政府的统一部署，厅党组认真贯彻《中华人民共和国行政许可法》，组织对行政审批事项进行了认真清理，对不适应市场经济发展要求的行政审批事项予以取消，全厅行政审批事项由原来的36项核减为目前的21项，且保留的审批事项更加简捷、高效。完善了政务公开方式，让来访和办理审批事项的人员更加清晰明了。同时，严格实行了首问负责制、服务承诺制和公示制度，大大方便了基层和群众。

三是资金管理进一步加强。2006年，进一步加大下拨资金的稽查与审计力度，切实提高了林业资金的使用效果。组织完成了天保工程资金专项稽查，完成了1996年以来国家林业局“948”项目的省级自查，组织对全省1998年以来中央及贫困林场扶贫资金、森林病虫害工程治理资金以及农村小型公益林设施建设资金的检查。加强林业资金管理制度建设，制定了《河南省森林生态效益补偿基金管理办法》等制度。积极开展了清理党政领导干部拖欠公款工作。对全厅行政事业性收费和“收支两条线”规定执行情况进行了检查。对收费项目进行了公示，全部实行了国库集中支付和政府采购，确保了资金的安全运行和合理使用。

四是全面实行经济责任审计制度。2006年，全面实行了经济责任审计制度，对一个单位进行了主要领导离任审计，对所有直属单位进行了在任审计。

五是行政事务进一步公开。厅党组始终坚持把政务公开和民主决策作为党风廉政建设的一项重要措施，坚持重大事项集体研究。林业厅专门印发了《关于进一步推行政务公开的实施意见》，明确了政务公开的指导思想、基本原则和工作目标，规定了政务公开的内容、形式和载体，不断推进政务公开的规范化、制度化建设。各处室局、单位都把实行政务公开列入了年度廉政建设责任目标。在干部任用、项目安排和大额度资金的使用上，严格按照规定和程序，坚持民主集中制原则，集体研究，民主决策。对拟入党人员、新提拔或转任处级干部、评选优秀和先进、职称评定材料等都进行了公示。在项目资金安排上，除了坚持业务处室提意见、分管厅长审核把关、厅长办公会议集体研究的程序外，将宜林荒山荒地面积和有林地面积作为安排造林项目和分配资源保护资金的重要依据。目前，全厅政务公开的内容，已由过去的物品设备采购招标扩大到单位的内部事物管理；政务公开的范围，已由在处室公开扩大到在全厅公开、对社会公开。实行政务公开，增加了工作的透明度，加大了对权力的监督力度，不仅从源头上预防了腐败现象的发生，防止了不廉洁行为，而且维护了群众的知情权、参与权，减少了工作中的矛盾，调动了干部职工的积极性。

机关党的建设

一、概述

中共河南省林业厅直属单位委员会坚持以邓小平理论和“三个代表”重要思想为指导，以建设高标准的基层党组织为目标，以争创“五好”基层党组织活动为载体，全面加强厅机关和直属单位党的思想、组织、作风、制度和党风廉政建设，切实加强机关党的先进性建设，充分发挥党组织的战斗堡垒作用，努力开创全厅党建工作新局面，为完成林业建设各项目标任务、建绿色中原、创高效林业提供了强有力的政治保证。

（一）推进党员干部的政治理论学习

厅直党委把强化党员干部的政治理论学习作为经常性的工作，坚持常抓不懈。深入系统地学习了“三个代表”重要思想、中共中央十六届六中全会精神、全国和省“两会”精神、中纪委和省纪委会议精神、中央和省领导同志重要讲话以及省委全会、省八次党代会精神；选派20名处、科级干部进省直党校参加省直工委统一组织的理论培训班，接受系统的理论培训，提高理论素质。

厅中心组成员采取自学、看光盘辅导讲座、专题报告、专题研讨、典型发言等形式，深入开展学习活动。先后学习了《胡锦涛总书记在庆祝中国共产党成立八十五周年暨总结保持共产党员先进性教育活动大会上的讲话》、《中国共产党章程》、《关于加强党员经常性教育的意见》等。各党组中心组成员在自学的基础上，按时参加集中学习，认真做好读书笔记，按要求参加专题研讨，做到人员、时间、内容三落实，学习效果明显。

（二）加强党的基层组织建设

指导部分党支部进行了换届选举，促进了党支部班子健全，增强了党支部工作的活力；结合开展“五好”基层党组织争创活动，深入开展了争创“五型”机关党组织、争当“五好”党员活动，评选表彰了15个“五型”党组织、62名“五好”党员和32名优秀党务工作者。

二、纪实

举办春节联欢会　1月23日，厅直党委举办了2006年迎新春联欢会。联欢会用艺术的手法，采取多种形式歌颂了林业建设取得的辉煌成绩，展望了绿色中原建设的美好前景，激励全厅干部职工认真贯彻和落实科学发展观，求真务实，锐意进取，开拓创新，为建设绿色中原、实现中原崛起作出新的更大的贡献。

完成省直机关党组织联络组联席会议筹备和组织工作 4~6月，厅直党委承办了省直机关党组织联络组联席会议。经精心筹备和组织，联席会议取得圆满成功，受到了省委省直工委领导和与会人员的高度评价。

参加“迎奥运、讲文明、树新风”系列文体活动 5~9月，参加了省直机关登山比赛、乒乓球比赛、游泳比赛、演讲比赛等活动。获得厅级干部乒乓球比赛团体冠军、个人第二名和45岁以上男子组乒乓球比赛第六名，演讲比赛获得优秀奖。

举办《中华人民共和国公务员法》讲座 6月，为加强公务员队伍管理，提高公务员队伍素质，厅直党委邀请省委党校李民昌教授，为全体公务员举行了一场《中华人民共和国公务员法》讲座，厅机关全体人员、厅直各单位处以上干部参加了报告会。

举行警示教育报告会 10月，厅直党委邀请李金章同志为机关全体人员及厅直科以上干部作了一场警示教育报告。对全厅党员干部加强自警自律，保持党的先进性，树立良好的作风，筑牢思想道德防线起到了良好的促进作用。

老干部工作

一、概述

2006年，林业厅老干部工作坚持以邓小平理论和“三个代表”重要思想为指导，认真落实科学发展观和构建社会主义和谐社会的重大部署，围绕中心，服务大局，突出重点，提高水平，全面落实老干部政治、生活待遇，加强老干部党支部建设和思想政治工作，积极引导老干部在“两个文明”建设中发挥余热，注重老干部工作队伍能力、素质建设，努力开创老干部工作和谐发展的新局面。

（一）把老干部思想政治建设摆在突出位置

按照厅直党委的统一部署，组织厅机关老干部党员认真学习领会党的十六届四中、五中、六中全会精神，学习中央和省委关于落实科学发展观和构建社会主义和谐社会的重要理论和方针政策，学习胡锦涛总书记“七一”重要讲话和国家“十一五”发展规划。通过组织老干部集中学习、座谈讨论、参加重要会议和重大活动，使广大老干部能够及时了解全局、紧跟形势；结合庆祝建党85周年和纪念红军长征胜利70周年，在老干部党员中开展“永葆先进性、永远跟党走”主题教育活动，不断用马克思主义中国化的最新理论成果武装老干部的头脑，使之自觉做到政治坚定、思想常新、理想永存。

（二）全面落实老干部的政治待遇和生活待遇

认真贯彻落实胡锦涛总书记关于“政治上尊重老干部、思想上关心老干部、生活上照顾老干部”的指示精神，坚持在职干部联系老干部制度、通报工作制度、重大节日走访慰问老干部制度，让老干部及时了解国内外政治经济形势和林业建设的新成就,分享我国改革开放和现代化建设的新成果。按照老干部“生活待遇略为从优”的原则，认真落实老干部生活待遇和医疗保障政策，主动做好困难家庭帮扶工作，协力做好老干部疑难病症申报和日常保健，使老干部感受到党组织的温暖，为老干部老有所养、老有所医、安享晚年创造舒心的环境。

（三）积极引导老干部为“两个文明”建设发挥余热

本着自觉自愿、量力而为、社会需要与个人志趣相结合的原则，积极引导老干部在建设现代林业、实现中原崛起和构建和谐社会中发挥推动和促进作用。厅老干部科普组织通过实施“五个一工程”，积极参加送科技下乡活动，大力普及推广林业科学知识,受到当地群众欢迎。老干部调研组先后到信阳、南阳、洛阳、三门峡、开封5市就建设社会主义新农村林业发展方向开展专题调研活动；厅机关离退休老干部先后到平顶山、许昌、漯河考察林业工作，与当地干部群众共同探讨发展高效林业的新路子。

（四）加强老干部活动阵地建设

一是充分发挥林业厅老年体协的组织协调作用，制定老干部年度文体活动计划，丰富活动内容，做到天天有活动，月月有比赛，成功举办了第十一届老年门球赛；二是加强老干部活动室及运动场地建设，增添活动器材，不断改善老干部活动条件；三是深入开展"关爱老干部健康"活动，组织开展"健康杯"征文和"健康家庭"评选，举办老年保健知识讲座，交流科学养生经验，促进了老干部身心健康。

（五）注重老干部工作队伍能力、素质建设

及时传达贯彻全国老干部"双先"表彰会精神，组织全厅老干部工作者学习座谈曾庆红副主席的重要讲话，增强全体工作人员的宗旨意识和创新意识。持续开展"争先创优"活动，进一步明确人员分工，落实岗位职责，制定和完善老干部工作制度，促进全厅老干部工作制度化、经常化、全员化、具体化。

二、纪实

开展为老干部"献爱心、送温暖"活动　结合元旦、春节和3月5日毛泽东主席为雷锋同志题词纪念日，全厅深入开展为老干部"献爱心、送温暖"活动。厅领导和直属单位负责同志分头走访慰问老干部，各单位党、团员和青年以丰富多彩的形式为老干部办实事、解疑难，在全厅弘扬尊老敬贤、助人为乐的道德风尚，增进了新、老干部之间的情感交流，促进了和谐机关建设。

老干部工作会议　3月15日，林业厅召开老干部工作会议，厅党组成员、纪检组长乔大伟总结和部署老干部工作。

开展"关爱老干部健康"活动　6月1日~7月15日，林业厅机关和厅直属单位开展关爱老干部健康活动，各单位通过组织老干部体检、举办健康知识讲座、印发防病知识手册、增添文娱器材、开展"健康杯"征文和健康家庭评选活动，大力倡导卫生保健习惯，促进了老干部身心健康。

离退休老干部考察林业工作　9月25~30日，林业厅离退休老干部前往平顶山、漯河、许昌等市考察林业工作。

林业厅原厅长马新高带领老干部调研组开展专题调研　10月16~22日，林业厅原厅长马新高带领老干部调研组赴信阳、南阳、洛阳、三门峡、开封等市开展调研活动，并就充分发挥林业在建设社会主义新农村中的作用提出专题调研报告。

老干部举行系列庆祝活动　"七一"前夕，林业厅老干部举行庆祝建党85周年和纪念红军长征70周年系列活动。老干部党支部通过组织老干部党员学习党章、重温党史，使全体党员进一步加深对党的先进性的认识；通过召开新、老干部座谈会，共同回顾中国共产党走过的85年光辉历程和红军二万五千里长征的伟大壮举，热情讴歌中国共产党及其领导下的人民军队的丰功伟绩；广大老干部还以诗歌、散文、绘画、回忆录等形式抒发情感，从而更加坚定了永远跟党走、永做党的人的决心和信念，并使之成为激励大家投身全面建设小康社会、实现中原崛起的强大动力。

综合文秘

一、概述

在厅党组的高度重视和各处室局、单位的大力支持下，厅办公室承担的18项年度责任目标和上级交办的工作都已圆满完成。

（一）综合协调工作

组织完成了48次厅内会议（厅党组、厅务、厅长办公会议等）议题的收集、筹备和召开。筹备或和有关处室共同筹备召开了全省林业生态建设现场会议、全省春季植树造林与森林防火电视电话会议、全省省辖市林业局长会议等5次全省性林业会议；组织制定了《贯彻落实国家林业局关于2006年建设社会主义新农村林业工作15件实事的实施方案》，并将15件实事分解落实到处室、单位。组织编写了《河南省林业厅关于贯彻落实平安河南建设纲要的实施意见》和《河南省林业厅关于进一步推进政务公开的实施意见》，并将300多项林业法规、21项行政许可事项和15项行政收费标准在政务受理大厅或河南林业信息网上公布。组织完成了对各省辖市2006年度造林绿化责任目标和省辖市林业局林业工作目标的考核。完成了省政府领导赴国家林业局衔接工作的联络和上级领导来豫考察、全国性林业会议等重大活动的车辆调遣及接待任务。组织完成了全厅值班工作。

（二）文秘调研工作

全年共审核厅发文件702件，通过省政府和国家林业局专网编报电子公文38件，收专网电子公文400余件，收取公文3 230件；共阅批上下级来文2 840多件、值班报告10多件。共起草各类文稿103个，其中领导讲话类24个，工作总结类21个，汇报材料类26个，其他材料32个。完成了省委、省政府、省政协和国家林业局各类相关调研任务，组织起草各类调研报告材料100多篇，组织审定调研报告23篇。督促并组织完成了13件全国、省人大代表建议和政协委员提案的办理工作，并以正式文件反馈给了人大代表和政协委员。

（三）催办查办工作

加强了省委、省政府、国家林业局和厅党组安排的重点工作的督促检查，确保了政令畅通。共发出督办通知21期计40件（次），到期的督办件全部按时办结。

（四）林业信息工作

组织编制了《河南省林业系统电子政务建设十一五规划》并经厅长办公会议审定通过。加强了厅办公楼局域网和省政府专网、国家林业局专网与林业厅节点的维护工作，保障了网络系统和视频会议系统的稳定运行，全年共召开视频会议11次。完成了《河南林业信息网》改版工作，全年网站共更新信息2 386条。加强了政务信息工作，全年共编发《河南林业信息》102期、《内部情况通报》19期；国家林业局采用信息756条，省政府采用50条，省委采用20条。向省政府编报《全省冬春季植树造林和森林防火情况周报》6期。向省委、省政府编报《河南林业信息专刊》17期，其中被徐光春、李成玉、陈全国、刘新民等省委、省政府领导批示3期。

（五）文电传递、档案管理和机要保密工作

重点做好了机要文件传前登记和传后清点核对工作，及时、准确、安全传递党中央、国务院和省委、省政府及国家林业局的文件，做到了急事急办，全年机要文电传递无差错。全年共接收运转上级党委、政府和各部委局文件2 830份、资料2 600份，比上年增加34%；办理会议通知事项130多件。对2005年机要文件逐份进行了清理、核对和归档，完成了2005年度会议材料的汇编、2005年林业大事记编写和档案全卷宗编写工作，收缴2004年度会计档案。新增加和完成了对林业声像资料的归档工作。开展了密码使用及安全技术措施落实情况自查工作，制定和完善了密码管理制度；强化了对涉密计算机的管理，从源头上消除泄密隐患；全年向省委机要局清退密电21份；向省委机要文件交换站清退涉密文件49份；与厅人事处共同组织对林业系统涉外工作人员进行出国前保密知识的培训两批30人（次）。

（六）行政受理与信访工作

全年共接收和处理群众来信145件（比2005年的231件下降了86件），接待群众来访150起（比2005年的180起下降了30起，非正常集体上访未发生）。直接参与办理了国家林业局、省信访局转（交）办和林业厅受理的信访事项共7件（起），发信访督办函12件，编发信访情况通报4期；完成了2005年度信访资料的归类和建档工作。参加了济源市五龙口镇西逯寨村信访事件的复查工作，完成了泌阳县重要信访事项分析;联络组织并参与完成了由省纠风办公室与河南人民广播电台联合开办的《政府在线》政风行风评议节目相关资料的录制，归纳整理了全省听众提出的涉林问题，及时分发到了相关省辖市林业局调查落实。共完成政务受理事项71件，每件都做到了服务周到、办理及时、群众满意，受到了省优化办公室的肯定。

（七）林业宣传工作

突出抓好重要活动的宣传。植树节前，及时下发了关于加强植树节前后林业宣传工作的通知，全省掀起了以全民义务植树、春季造林育苗为主题的春季林业宣传高潮；组织省会新闻单位，对省委书记徐光春、省长李成玉带领省四大班子领导和省军区领导到邙山生态园义务植树情况进行了集中宣传报道，《人民日报》分别刊发了反映河南造林绿化的图片和文字稿件。以宣传林业生态县建设为重点，组织中央驻豫新闻单位和省会主要新闻媒体，选取濮阳市作为林业生态县建设的典型进行采访，《中国绿色时报》整版作了报道。世界防治荒漠化和干旱日到来之际，组织省会多家新闻媒体进行专题采访，稿件和节目均在6月17日前后刊（播）出。全年在国家及省级新闻媒体发表反映河南省林业建设情况的各类新闻稿件2 000余篇（条），《中国绿色时报》刊发稿件120多篇；《河南日报》刊发近100篇，其中2个头版头条。20多万字的《绿色中原建设纪实（2005）》已全部编辑完毕交付出版社。按照省史志办公室的要求，完成了林业志稿的内审和外评工作。河南省《中国绿色时报》的发行量达到2 000份，受到了报社领导的表扬。

（八）目标管理工作

完成了2005年各省辖市林业局年度目标的考核和评奖工作，并将林业厅2005年度责任目标完成情况及时上报了省委、省政府。为搞好2006年目标管理工作，先后拟定并印发了《河南省林业厅2006年工作要点》、《各处室局和厅直单位2006年度工作责任目标》、《各省辖市林业（农林）局2006年度工作责任目标》、《2006年各省辖市林业（农林）局林业工作补充责任目标》、《省辖市林业（农林）局年度林业工作目标考核办法》和《省辖市林业（农林）局年度林业工作责任目标核查办法》、《河南省林业系统贯彻实施平安河南建设纲要（2006~2010）责任目标》考核标准及考核办法。经认真调查研究，将舞钢市等9个县（市、区）列入了2006年度林业生态县创建计划，纳入了省林业厅与各市林业局的年度责任目标；拟定、重新修订并印发了有关省辖市林业局关于森林资源培育、保护管理、产业发展、科技兴林、育林基金征缴、林业宣传和集体上访等年度责任目标的核查办法14项。

为确保全年目标任务的完成，重点采取了五项措施：一是实行目标管理。制定并印发《林业厅办公室内部工作规范》，明确了每位处级干部的工作责任和办公室每项工作的质量要求和奖惩措施。把办公室各项工作目标分解落实到分管处级干部和工作人员，使全室人员各司其职，各负其责，积极主动地完成各项工作任务。二是突出工作重点。突出抓好林业生态县建设和电子政务建设。在广泛调研和征求意见的基础上，拟定了《河南省创建林业生态县实施方案》并经省政府批转实施，印发了《河南省林业生态县检查验收办法》，并初步拟定了全省林业生态县创建规划时间表，组织完成了林业生态县验收，首批建成9个林业生态县。加快林业系统办公自动化系统建设步伐，通过改版林业信息网页，出台了电子政务建设规划，拟定林业主网、电视电话系统和办公自动化系统建设方案，为全面推进林业系统电子政务建设奠定了基础。三是坚持定期通报制度。办公室对全厅信息、信访、文件归档等工作实行定期通报制度，鼓励先进，鞭策后进，既通报情况，分析原因，又提出下一步工作要求，促进了全厅信息、信访和文件归档工作的顺利开展。全厅机要文件清退率达100%，受到省委办公厅的通报表彰。林业政务信息采用量居全国前列。信访工作实现“三降一好转”，全年信访件比上年减少37%，群众来访事件减少17%，未发生非正常集体上访事件，信访秩序明显好转。四是加强催办查办。凡是上级催办、厅会议决定和厅领导交办的事项，都及时下发督办通知，加强组织协调，明确办结时间，并跟踪催办查办，确保了省委、省政府安排的重点工作和厅会议确定的重要事项的及时、圆满完成。特别是省委徐光春书记关于《河南日报》报道的砍伐雪松的批示，3日内办结。五是注重工作创新。创新了各省辖市林业局年度责任目标考核机制，出台了14项相关目标核查办法。创刊了《河南林业信息专报》和《全省植树造林和森林防火情况周报》，使林业厅重要工作得到了省领导的充分肯定。组织制定和修订了26项机关工作制度，组织编写并报省政府印发了林业有害生物防治和森林防火预案，省林业厅印发了林业生态案件查处和野生动物疫源疫病预防预案，增强应对突发事件的能力。新增了档案室存档种类，第一次接收了图片资料的存档，丰富了档案内容，为声像档案管理开了好局。

二、纪实

林业生态县建设 2月17日，省政府印发了《关于批转河南省创建林业生态县设施方案的通知》（豫政〔2006〕12号）。6月27日，省林业厅印发了《河南省林业生态县检查验收办法》。经省林业厅组织检查验收，舞钢市、延津县、鹤壁市淇滨区、濮阳县、临颍县、漯河市郾城区、义马市、柘城县、新县达到林业生态县建设标准。

河南林业信息网荣获年度省政府系统门户网站评估第二名 10月25日，《河南省人民政府办公厅关于2006年度河南省政府系统门户网站评估情况的通报》（豫政办文〔2006〕39号）公布了47个省政府部门网站绩效评估结果，省林业厅网站总分77.5分，列第二名，并评价省林业厅网站在本次评估中位居省政府部门第二名，其栏目设置清晰、细致，内容丰富，查找方便。特别是针对本部门业务方面的内容如造林绿化、森林保护、林业科技等栏目不仅提供了详细的林业知识、相关法规，同时还对相关内容资源进行了整合，较有特色。

河南林业信息网入选2006中国农业网站100强 12月21日，由农业部信息中心、中国互联网协会、中国电子商务协会共同主办的“2006中国农业网站100强评选”颁奖典礼在北京举行。河南林业信息网作为全国唯一一家林业网站入选中国农业网站100强。截至目前，网站共编发各类林业信息9万余条，发布供求信息6万余条，工作日平均点击率2 000人（次），用户满意率达75%以上。2005年、2006年在河南省省直机关门户网站评比中综合评分列第三名和第二名。

机要交换工作获奖 2007年1月30日，中共河南省委办公厅印发《关于表彰2006年度机要交换工作先进单位、优秀交换员和先进个人的决定》（厅秘〔2007〕2号），授予林业厅办公室“机要交换先进单位”称号，授予袁黎明“优秀交换员”称号。

郑州市

一、概述

2006年是郑州市创建全国绿化模范城市的启动之年，也是生态建设实施跨越式发展的第一年。一年来，郑州市紧紧围绕森林生态城“一屏、二轴、三圈、四带、五组团”的总体布局，以创建全国绿化模范城市为载体，大力抓好森林资源培育和森林资源保护工作，全市林业各项工作取得了显著成绩。完成国家和省下达的造林任务9万亩，是年度目标任务的100%。完成森林生态城等市级造林16.94万亩，是年度目标任务15.71万亩的108%。完善、提高贾鲁河林带2.2公里，中幼林抚育17.7万亩，补植补造20.8万亩，新建苗木基地0.97万亩，封山育林7万亩，县乡通道绿化801公里，新建、完善农田林网33.1万亩。全年完成林业产值10.9亿元，较2005年增长17.6%。

（一）创建全国绿化模范城市工作全面启动

创建全国绿化模范城市，是市委、市政府为加快全市国土绿化步伐、实现城乡绿化跨越式发展而作出的重要举措，是加快森林生态城建设的重要载体。2月份，市委、市政府作出了《关于创建全国绿化模范城市的决定》，印发了《关于创建全国绿化模范城市的实施意见》，对各有关部门和单位在创建工作的职责分工进行了明确。6月1日，市政府、市绿化委员会在绿城广场举办了“郑州市创建全国绿化模范城市全民参与建绿城、万名儿童画绿城活动”启动仪式。期间还通过广播、电视、报纸、网络等各种新闻媒体进行广泛宣传。11月16日，郑州市召开了创建全国绿化模范城市暨2007年度造林绿化工作会议，对创建全国绿化模范城市工作进行了再动员、再部署。

（二）造林绿化工作成绩显著

1.突出重点,全力建设森林生态城

2006年郑州市造林绿化工作突出森林生态城建设这一重点，在抓好国家及省重点工程建设的同时，集中资金建设森林生态城。在森林生态城建设范围内，重点实施了邙山绿化、尖岗常庄水库水源涵养林等工程，造林面积12.75万亩；在森林生态城建设范围外，各县（市）、区自行投资完成一般造林面积4.19万亩。

2.多措并举，切实提高了造林质量

一是科学规划，大力营造近自然可进入式森林。在邙山绿化、尖岗常庄水库水源涵养林等工程建设中，改变了以往营造单一纯林的做法，采用多树种混交、近自然式栽植的造林模式，大力营造近自然可进入式森林。

二是普遍实施招投标造林、工程造林和工程监理制。在尖岗常庄水库水源涵养林、少洛高速林带和荒山造林等工程中全面推行招投标造林、工程造林和工程监理，有效提高了造林成活率。

三是集中连片，规模建设。一年来，全市各级林业部门组织在邙山集中连片营造水土保持林面积1万多亩，在尖岗常庄水库周边营造水源涵养林面积3万亩。新造1 000亩以上的片林10多处，其中中牟县黄店镇生态片林面积达8 000余亩。

四是完善水利配套设施，提高造林成活率。按照“植树造林，水利先行”的要求，在邙山绿化、尖岗常庄水库水源涵养林等重点工程建设中，加强了水利配套建设，打井30多眼，基本做到了林造到哪里，配套水利设施就建设到哪里。

五是建章立制，严格奖惩。市政府制定印发了《郑州市造林绿化目标责任考核奖惩办法》。市发改委、财政局、林业局联合制定了《郑州市市级造林工程检查验收办法》和《郑州森林生态城建设资金管理办法》，经验收达不到造林标准的，取消土地、苗木等补偿资金；违反资金管理办法的，追究有关人员责任。

3.强化监督，加快造林进度

在2006年的植树造林中，在市政府成立三个督察组、巡回各地督察造林绿化工作的基础上，市林业局实行了局领导包县（市、区）的造林绿化督察责任制，局党组成员分别带队组成8个督察组对各地造林情况进行督促检查，同时充分发挥新闻舆论监督作用，春季造林期间，先后4次在《郑州日报》公布各县（市、区）造林进度，并组织省、市新闻媒体记者到各地巡回报道监督。

4.全民动员，深入开展全民义务植树活动

一是各级领导率先垂范，带动全民参与造林绿化。二是创新机制，坚持依法推进。三是建立义务植树基地，提高造林质量。全市以各种形式履行义务植树任务的公民达353万人，义务植树1 208.9万株，共建立义务植树基地115个，全面完成了年度义务植树任务。刘新民副省长对郑州市义务植树工作作出了“郑州市义务植树工作抓得实，抓得紧，率先完成任务，应予表扬”的批示。

（三）森林资源保护管理工作

1.严格管理，规范森林资源经营利用活动

一是进一步规范和加强林木采伐、运输、经营管理工作。全市共发放林木采伐许可证1 077份，采伐蓄积量46 520立方米，没有突破采伐限额；发放省内木材运输证19 329份，出省运输证1 959份，发放采伐证和运输证的合格率均达90%以上；发放木材经营加工许可证103份；发放林权证16 658份。二是对木材经营加工市场进行清理整顿。郑州市依法取缔无证经营加工木材单位27家，有效规范了木材经营市场。三是加强野生动物驯养繁殖及经营利用管理。建立健全了野生动物驯养和经营利用档案，对经营野生动物及其产品单位（个人）的审验、发证严格把关，办证率达到了90%以上。鼓励公民合法经营利用国家允许的驯养成熟的54种野生动物及其产品，全市新增野生动物经营单位7家。

2.依法行政，严厉打击破坏森林资源违法犯罪行为

林业行政执法队伍与森林公安机关密切配合，通过专项打击行动与日常执法相结合，对全市乱砍滥伐林木、乱侵滥占林地、乱捕滥猎野生动物等违法犯罪行为进行了严厉打击，先后查处各类案件918起，查结849起，查结率为92.5%。查获野生动物22 684只（头），打击处理违法犯罪分子460人，为国家挽回经济损失近1 000万元。

3.注重预防，巩固建设成果

一是森林防火工作扎实有效。通过在林区广泛开展防火宣传教育、加强日常值班、添置消防器材、严格火源管理等措施，有效预防了森林火灾的发生，提高了扑救能力。2006年共发生森林火情47起，其中火警45起，一般火灾2起，过火面积1 424亩，受害森林面积501亩，共出动扑火人员1 032人（次），出动扑火车辆149台（次），无人员伤亡。森林火灾受害率控制在0.5‰，远远低于省定目标1‰。二是及时防治森林病虫害。全市各地及时添置了喷药设备、防治药品等，通过飞机等机械防治、人工注干防治等方式全面开展了病虫害防治工作。对重点地段林木进行飞机防治40架（次），防治面积12万亩。同时组织人工机械防治5.5万亩，有效避免了“夏树冬景”现象的发生。三是严格检疫，防止有害生物入侵、蔓延。继续加强了外调苗木和重点林业工程用苗的检疫力度，复检苗木1 000万株左右，有效保证了造林质量。继续严查加拿大一枝黄花。

4.积极筹建郑州黄河湿地省级自然保护区，切实保护湿地资源

省政府批准郑州市建立郑州黄河湿地自然保护区后，郑州市积极推进保护区筹建工作。市编委已批准建立郑州黄河湿地自然保护区管理中心，完成了郑州黄河湿地省级自然保护区总体规划和工作人员招募工作，以市政府名义向有关县（市、区）政府下发了《关于加强郑州黄河湿地自然保护区保护管理的通知》，保护区确标定界外业勘查工作已经展开。

（四）林业产业稳步发展

全年实现林业产值10.9亿元，同期增长17.6%。2006年全市培育苗木1.86万亩，新建名特优经济林基地4 290亩，新建无公害森林食品生产示范基地7万亩。森林旅游业快速发展，新建荥阳环翠峪、登封香山省级森林公园及尖岗市级森林公园，使郑州市森林公园达到16处，其中国家级3处、省级9处、市级4处。积极调研，开展了林下种养殖现状调查，组织尖岗常庄水源涵养林区有关乡村干部到先进地区进行了考察，帮助农民增收致富。

（五）信访和稳定工作

严格落实党风廉政建设责任制，强化廉政监察，依法办信办访，严格遵守“两个务必”、“八个坚持、八个反对”和省委作出的十二条规定等廉洁从政的各项规定，抵制在行使职权中的各种不正之风。狠抓了每周三领导信访接待日、领导阅批来信等信访制度的落实。全年共处理林业信访案件26起，按期查报率98%。在市政府纠风办组织的社会各界年度民主评议政风行风工作中，因郑州市林业局综合满意率连续3年位居市直机关与单位的前五名，2006年被市政府列为“免评单位”。

（六）扩大宣传，获取广泛支持

进一步加大了宣传力度，专门成立了宣传办，聘请了两位已退休资深新闻工作者指导林业宣传

工作，添置了摄像机、照相机等宣传设备，举办了“郑州市创建全国绿化模范城市全民参与建绿城万名儿童画绿城”、“绿色郑州”摄像、书法、美术大赛、征文活动、“爱鸟周”等大型宣传活动，在“郑州林业”网站、各种新闻媒体上及时报道林业新闻，并及时编发《郑州林业动态》。

二、纪实

召开全市森防站长会议 1月16日，郑州市林业工作总站组织召开了全市森林病虫害防治检疫站长会议。会议传达了全省森林病虫害防治检疫站会议精神，总结了2005年工作，安排部署了2006年全市林业有害生物防治工作。

市森林公安分局荣获区域性专项整治涉林违法犯罪行动先进单位 1月24日，在河南省林业厅、河南省公安厅“区域性专项整治涉林违法犯罪”行动总结表彰电视电话会上，郑州市森林公安分局被表彰为优秀组织单位。

王林贺副市长调研林业工作 1月27日，王林贺副市长到市林业局进行调研，重点对春节期间的森林防火工作提出了明确要求，要加强戒备，维护森林资源安全，确保林区群众过一个安乐祥和的春节。

市林业局提出林业跨越式发展规划框架 1月31日，按照市委、市政府要求，市林业局提出了森林生态绿化工程跨越式发展规划框架。

召开全体工作人员工作动员会 2月5日，市林业局召开了局机关全体人员和二级机构班子成员参加的工作动员会。史广敏局长分析了当前林业工作面临的新形势，对近期主要工作进行了安排部署，动员大家发扬“爱岗敬业，林兴我荣，无私奉献，永创一流”的作风，为森林生态城建设作出新的贡献。

召开2006年省会郑州全民义务植树暨创建全国绿化模范城市动员大会 2月14日，在市青少年宫召开了2006年省会郑州全民义务植树暨创建全国绿化模范城市动员大会。会议由市委副书记康定军主持，副省长刘新民、市委书记王文超、副市长王林贺先后作了重要讲话。要求对照“全国绿化模范城市”标准，切实做好创建工作；要抓好五大森林组团、生态林带建设、林业生态村建设、森林旅游产业、黄河湿地保护和森林资源保护及保障体系建设，实现森林生态城的跨越式发展；要继续加大市财政对林业投入力度，积极争取国家和省项目资金，同时研究制定优惠政策，广泛吸引社会投资，为造林绿化提供资金保障；要加强领导，落实行政一把手负责制和目标考核奖惩办法，确保各项工程顺利实施。

召开林业系统工作会议 2月22日，市林业局召开了2006年度全市林业系统工作会议。市林业局局长史广敏分析了全市当前林业面临的大好形势，对当前造林绿化和森林资源保护管理等工作进行了再动员、再部署。

郑州市“十一五”期间林业发展大盘子敲定 2月21日，郑州市林业局制定印发了《郑州市林业发展第十一个五年规划》，确定了郑州市未来5年全市林业发展的总体目标和建设重点。“十一五”末，完成人工造林面积100万亩以上，有林地面积达到210万亩，森林覆盖率达到30%，其中森林生态城规划区达到35%；林业总产值力争达到16亿元。

出台林业生态村建设标准 2月22日，全市林业系统工作会议上，市林业局拟定了社会主义新农村生态绿化建设目标和林业生态村建设标准。

市绿化委员会成员参加义务植树活动 3月10日，市绿化委员会副主任、副市长王林贺带领市绿委成员到尖岗水库水源涵养林工程区参加义务植树活动。

赵建才市长参加义务植树活动 3月12日，赵建才、康定军、白红战、栗培青、魏深义、王林贺、岳喜忠等市领导到尖岗水库水源涵养林工程区参加义务植树活动。

制定修改《生态建设工程实施方案》 3月15日，市林业局抽调人员组建了生态建设工程指挥部办公室，协调各成员单位认真制定修改了《生态建设工程实施方案》。经工程指挥部指挥长康定军副书记和第一副指挥长王林贺副市长审阅后报送市跨越式发展综合协调办公室。

省市领导和机关干部参加全民义务植树活动 3月23日，徐光春、李成玉、王全书、王文超、赵建才等省市四大班子领导和省军区、郑州警备区领导参加春季义务植树活动。

召开打击破坏森林资源违法犯罪行动动员会 3月22日，市林业局召开了“打击破坏森林和野生动植物资源违法犯罪”行动动员会。专项行动打击的重点是：无证运输木材；非法收购、经营、加工木材场点；乱砍滥伐林木；侵占国有林地、滥伐、盗伐、哄抢国有林场林木；故意毁坏幼树以及各类破坏森林资源和野生动植物资源违法犯罪活动。

召开春季植树造林现场观摩会 3月24日，郑州市召开春季植树造林现场观摩会。市林业局史广敏局长通报了全市造林绿化进展情况。王林贺副市长作重要讲话，在充分肯定造林绿化成绩的同时，针对存在的问题提出了具体要求。

“绿色郑州”摄影大赛启动 4月9日，由郑州市绿化委员会主办、郑州市林业局承办的“绿色郑州”摄影、书法、美术大赛启动暨摄影开拍仪式，在郑州黄河风景名胜区“郑州市全民义务植树纪念碑”前举行。

王文超书记视察林业工作 4月8日，市委书记王文超带领市委、市政府有关领导专题视察春季植树造林工作并对今后森林生态城建设提出了五点具体要求：一要进一步调整完善规划思路和规划方案；二要按照调整后的规划认真组织实施，尤其是对树种的选择要因地制宜；三要抓紧做好林区道路等基础设施的规划建设，把生态林区建设和新农村建设紧密结合起来；四要确保质量，树种的选择要优质，要保栽保活；五要做好群众工作，安排好群众生活，让群众理解支持生态城市建设。

召开2006年春季植树造林检查总结会议 4月20日，副市长王林贺与市林业局局长史广敏分别带领各县（市、区）主管领导和林业局局长、农经委主任分两路观摩检查了春季造林情况并在登封市召开了检查总结会议。会上，通报了植树造林完成情况，总结了2005冬2006年春植树造林工作，重点对下一步工作进行了安排部署。

召开黄河湿地保护管理工作会议 5月19日，郑州市林业局召开黄河湿地保护管理工作会议。传达了国家以及省、市近期召开的有关湿地保护工作会议精神，就当前郑州市湿地保护现状和今后黄河湿地保护管理工作的开展进行安排部署。

举办郑州创建全国绿化模范城市全民参与建绿城、万名儿童画绿城活动 6月1日，郑州市人民政府、郑州市绿化委员会在绿城广场举办郑州创建全国绿化模范城市全民参与建绿城、万名儿童画绿城活动。原全国政协常委、原国家林业部副部长、中国林业书法家协会主席刘广运，全国绿化委员会办公室司长韩国祥，河南省林业厅副厅长张胜炎，以及郑州市市委副书记、市长、绿化委员会主任赵建才，郑州市副市长、绿化委员会副主任王林贺等党政军领导出席了活动仪式。

“绿色郑州”书法、美术大赛开笔 6月2日，由郑州市绿化委员会主办、郑州市林业局承办的“绿色郑州”书法、美术大赛开笔仪式，在郑州黄河迎宾馆举行。中国林业书法家协会主席刘广运应邀出席了仪式。

郑州市人大代表视察森林生态城建设 6月13日，郑州市人大郝建生主任带领人大代表视察了西南森林组团核心片林——尖岗常庄水库水源涵养林招标造林情况和荥阳市、惠济区邙岭水土保持林建设，并召开了座谈会，对一年来森林生态城建设取得的成绩给予充分肯定和高度赞赏，对森林生态城建设提出了意见和建议。

召开全市森林公安工作会议 6月16日，郑州市森林公安工作会议召开。会议要求认真贯彻落实全省森林公安派出所建设工作会议精神，并对全市森林公安今后的工作提出具体要求。

组织对森林病虫害进行飞机防治 6月24日，郑州市林业工作总站组织“运五”型飞机对辖区内的连霍高速、京珠高速、机场高速等道路林，贾鲁河等河道林，黄河大堤南侧、国有中牟林场等片林以及部分农田林网的杨树进行超低容量喷雾防治。

飞机播种造林绿化 6月23日，郑州市林业工作总站会同省林业厅飞播站专业技术人员组织了飞播造林。此次飞播采用了GPS导航系统，共飞行11架（次），播种8 116公斤。

市人大审议通过《关于2005~2006年森林生态城建设规划实施情况的汇报》 6月27~30日，郑州市十二届人大常委会第22次会议听取并审议通过了市林业局史广敏局长受市政府委托作的《关于2005~2006年森林生态城建设规划实施情况的汇报》，并提出了六条具体审议意见。

“十件实事”提前超额完成任务 7月11日，市政府办公厅督察组对年初市委、市政府向市民承诺的“十件实事”之一——“完成森林生态城工程造林10万亩”上半年的落实情况进行了督察指导。听取了市林业局关于森林生态城建设情况的汇报，实地察看了尖岗水源涵养林和邙岭绿化情况，并对森林生态城建设取得的成绩给予了充分肯定和高度评价。

森林生态城等市级造林工程进行全面检查验收 7月，为详细掌握各项工作造林成活率与保存率，切实提高造林成效，市林业局会同市发改委、市财政局自本月开始对各有关县（市、区）近几年来造林工程进行检查验收，并以此作为补偿资金发放、干部实绩考核的重要依据。

市领导康定军、王林贺视察生态林业工程建设 7月13日，生态建设工程指挥部指挥长康定军、第一副指挥长王林贺到尖岗常庄水库水源涵养林项目区视察生态林业工程建设情况，听取了市林业局史广敏局长关于生态林业工程建设情况的汇报，并对工程建设中存在的问题提出了具体的解决办法。

市政协领导视察城乡绿化和生态林业建设工作 7月27日，市政协主席杨惠琴、常务副主席武国瑞、副主席田涛、岳喜忠、王薇带领市政协各位副秘书长、各专业委员会主任，对郑州市城乡绿化和跨越式发展生态林业建设情况进行了视察，听取了王林贺副市长关于森林生态城建设和创建全国绿化模范城市工作的情况介绍，并对今后森林生态城的建设提出了“重在认识、重在规划、重在投入、重在管护”的四点要求。

举办全省公益林区划界定成果复查技术培训班 7月31日，为期3天的全省公益林区划界定成果复查技术培训班在登封市顺利开班。河南省公益林管理办公室、河南省林科院、河南农业大学林学院和全省各地级市公益林管理办公室等单位有关负责同志80余人参加培训。

召开全市林业系统宣传工作会议 8月17日，市林业局召开了全市林业系统宣传工作会议。会议传达了省林业厅四次宣传会议的精神，回顾总结了上半年的林业宣传工作，对下半年宣传工作进行了安排。

赵建才市长视察森林生态建设 8月22日，市长赵建才带领市发改委、财政局、规划局、园林局、国土资源局、二七区负责人，视察了森林生态城西南森林组团——尖岗常庄水库水源涵养林工程建设情况，并就林业生态建设和创建全国绿化模范城市工作提出了具体要求。

河南农业大学专家组视察林业生态工程 8月30日，河南农业大学原校长蒋建平教授等林业专家一行8人视察、指导郑州市林业生态工程。

召开2006年冬2007年春造林绿化计划安排工作会议 9月17日，市林业局召开2006年冬2007年春造林绿化计划安排工作会议。会议对2006年冬2007年春及2007年各县（市、区）工程造林的区域和初步计划进行了安排，并对抓紧编制2007年度工程造林作业设计和实施方案，扎实做好2006年冬2007年春造林绿化的各项准备工作作了详细说明。

成功参展2006首届中国·郑州农业博览会 9月16~18日，市林业局在“首届中国·郑州农业博览会”中取得了“布展金奖”优异成绩。

举办林业宣传培训班 9月20~22日，市林业局举办林业宣传培训班。开班仪式上，市林业局副局长楚万青作了重要讲话，总结了近几年全市林业建设和林业宣传工作取得的主要成绩，分析了当前林业宣传工作面临的新形势，对如何进一步做好全市林业宣传工作指了路、点了题。这是郑州市林业局成立以来第一次举办宣传培训班，在林业宣传史上具有里程碑意义。

林业宣传工作座谈会 9月25日，市林业局在荥阳市林业局召开林业宣传工作座谈会并组织与会人员参观了“绿色荥阳”摄影、书法、美术展。

《保护国家生态安全屏障——中国湿地》在郑州市拍摄 10月9日，中国农业电影电视中心专题部到郑州实景拍摄《保护国家生态安全屏障——中国湿地》农业科教电影。

国家林业局领导对郑州市黄河湿地保护作出五点指示 10月13日，国家林业局赵学敏副局长、保护司卓司长、湿地保护处鲍处长听取了郑州市黄河湿地保护进展情况和下一步工作计划并作出重要指示。

召开全市林业执法队伍纠风工作会 10月25日，市林业局召开了全市林业执法队伍纠风工作会，总结部署林业执法队伍纠风工作。

林业有害生物防治工作顺利通过省林业厅考核 11月2~4日，省林业厅林业有害生物防治目标管理考核组，对郑州市2006年林业有害生物防治“四率”指标完成情况，以及组织领导、责任制度、资金投入、工作措施、体系建设和业务管理等工作执行情况进行了全面考核，在充分肯定成绩的同时，对郑州市今后的林业有害生物防治工作提出了新的要求。

市林业局被市政府列为行风免评单位 11月7日，市政府召开行风评议工作新闻发布会，由于连续3年社会评议满意度名列前茅，郑州市林业局被列为六家免评单位之一。

召开森林公安局“八项重点”工作现场会暨“绿盾行动”动员会 11月7日，森林公安局“八项重点”工作现场会暨“绿盾行动”动员会在登封市召开。

康定军副书记调研造林绿化工作 11月10日，市委副书记康定军到市林业局调研造林绿化工作，在对2006年造林绿化工作充分肯定的同时，对2007年度造林绿化提出了具体要求。

召开创建全国绿化模范城市暨2007年度造林绿化工作会议 11月16日，郑州市召开了创建全国绿化模范城市暨2007年度造林绿化工作会议。副市长、市绿化委员会副主任王林贺对创建全国绿化模范城市和2007年度造林绿化工作进行了安排部署。市长赵建才要求，各级各部门要认清形势，切实增强做好造林绿化工作的责任感和紧迫感，抓住2006年冬2007年春造林的大好时机，迅速掀起造林绿化高潮；要全力以赴，积极创建全国绿化模范城市，通过创建提高城市绿化、美化水平，进一步改善生态环境，提升城市的知名度、美誉度；要加强领导，精心组织，突出重点，整体推进，强化质量管理，扎实做好造林绿化工作；要强化措施，加大依法治林力度，加强森林病虫害监测防治，认真做好森林防火工作，切实加强森林资源保护管理。

全国、省、市三级政协委员视察生态建设工程 11月18日，全国政协委员、市政协副主席舒安娜带领10余名省市政协委员，视察了郑州市跨越式发展生态建设工程进展情况。

召开尖岗常庄水库水源涵养林工程协调会 11月23日，郑州市林业局召开2007年郑州市尖岗常庄水库水源涵养林工程协调会，并与各工程乡镇、村草签了协议，以确保2007年度造林绿化任务的顺利开工。

黄河湿地抢救性保护工作全面展开 2004年11月省政府批复成立郑州黄河湿地省级自然保护区，2006年3月市政府批复成立郑州黄河湿地自然保护区管理中心后，市林业局、市黄河湿地管理中心全面展开了对保护区抢救性保护工作。

第一个县级森林公安分局成立 11月29日，登封市森林公安分局举行揭牌仪式，这是郑州市成立的第一个县级森林公安分局，标志着郑州市森林公安机关在队伍正规化建设方面向前迈出了坚实的一步。

“绿盾行动”取得阶段性战果 11月1日~12月26日，郑州市在全市范围内组织开展以打击破坏林地和野生动物资源违法犯罪活动为主要内容的专项行动，代号“绿盾行动”。行动开展以来，各种破坏林地和野生动物资源违法犯罪活动得到有效遏制，情况明显好转。

郑州市西黄刘木材检查站获得“河南省文明执法热情服务十佳木材检查站”称号 12月7日，郑州市西黄刘木材检查站顺利通过省林业厅、省纠风办的考核验收，被授予“河南省文明执法热情服务十佳木材检查站”称号。

河南黄河湿地自然保护区总体规划通过专家评审 12月9日，《河南郑州黄河湿地自然保护区总体规划》评审会在郑州召开并通过了专家们一致评审。

召开打击破坏尖岗常庄水库水源涵养林违法犯罪行为暨护林防火工作现场会 12月21日，为了加大保护森林生态城造林成果，郑州市林业局在重点工程项目部召开了严厉打击破坏尖岗常庄水库水源涵养林违法犯罪行为暨护林防火工作现场会。

“黄花”案终审判决管城区农经委胜诉 12月20日，陈红亮诉管城区农经委“加拿大一枝黄花”行政强制决定一案，河南省高级人民法院经过公开开庭审理，作出了“驳回上诉，维持原判”的终审判决。上述判决对深入开展“加拿大一枝黄花”清除工作、防范外来有害生物入侵、保护生态安全具有十分重要意义。

《郑州黄河湿地自然保护区湿地恢复与保护工程建设可行性研究报告》通过专家评审 12月23日，《郑州黄河湿地自然保护区湿地恢复与保护工程建设可行性研究报告》评审会在郑州召开，评审委员会专家审阅了可行性研究报告有关资料，听取了设计单位的汇报，一致同意通过该报告并建议按照专家意见修改完善后，尽快按程序上报审批。

大鸨重现郑州黄河湿地 12月24日，在郑州黄河湿地保护区考察中发现国家一级重点保护动物大鸨6只。这是自2003年3月28日以来，郑州市第二次发现大鸨，充分说明了郑州黄河湿地生态地位的重要性。

召开郑州黄河湿地自然保护区管理工作会议 12月29日，市林业局召开了郑州黄河湿地自然保护区管理工作会议。通报了郑州黄河湿地自然保护区前期工作进展情况，并安排部署了2006年冬2007年春自然保护区建设与管理工作任务。

开封市

一、概述

2006年，开封市积极实施《绿色开封建设规划》，以两大体系建设为目标，森林资源培育为基础，坚持资源的保护与利用协调发展，圆满完成了省林业厅下达的各项目标任务，全市的林业工作取得了新的成绩。

（一）集中力量，全力突破重点工程

按照“三个必须”的要求，科学规划，精心实施，多树种栽植，多林种配置。全市共完成退耕还林面积2万亩，重点防护林工程面积3.7万亩，外资项目造林面积1.19万亩，均完成或超额完成了目标任务。开封市的林业重点工程十分注重建设规模和标准。杞县对退耕还林、防沙治沙工程实行区域布局、规模发展、集约经营、专业队栽植，在西寨、阳固等地造林面积在千亩以上的就有5处，较好地体现了重点工程的生态、经济效益。重点生态工程的示范带动能力进一步增强，示范带动了面上的造林工作，形成了大工程带动大发展的格局。

（二）分类指导，积极推进林业生态县建设

开封各县（区）按照省林业厅要求，制定了林业生态县建设规划，明确了任务，提出了创建时间。尉氏县、兰考县以农田林网建设为重点，查空补缺，完善提高，走在了全市创建工作的前列。通许县、开封县积极开展“绿色小康村”创建活动，以点带面，全面促进生态县建设。2006年全市共植树1 750万株，新建和完善农田林网50万亩，通道绿化830公里，全市的平原绿化总体水平进一步提高。

（三）创新造林机制，形成了全社会办林业的格局

开封市认真落实“谁造谁有谁受益”的政策，明晰所有权，保障收益权，调动了方方面面造林的积极性。国有林场发挥土地、技术优势，采取承包、股份合作形式，加大了造林力度，盘活了资源，壮大了经济实力。2006年各国有林场造林面积1.7万亩，在维护生态安全方面发挥着越来越大的作用。河务、水利部门对所辖河渠分段承包造林，造林质量显著提高。尉氏县、通许县将集体所有的道路拍卖给群众造林，拍卖所得资金由乡里统管，用于管护、补植、病虫害防治。2006年，全市涌现百亩以上个体造林大户20多家，其中500亩以上的5家，造林面积2万亩。

（四）全民义务植树蓬勃开展

2006年，开封市认真贯彻落实《全国人大关于开展全民义务植树运动的决议》和《河南省义务植树条例》，全市广大干群和驻汴部队官兵积极参与，义务植树尽责率得到了进一步提高，义务植树形式更加丰富，非公有制经济投资造林绿化的力度不断加大，林业重点生态工程建设进展顺利，义务植树的全民性得到了进一步体现。据统计，全市共有170多万适龄公民参加了义务植树劳动，栽植各种树木680多万株，种植绿篱60多万米，铺建草坪130多万平方米。全市建立规范性义务植树基地11个，造林面积3.2万亩。各级领导办绿化点21多个，面积达1万多亩，全市国土绿化水平得到了进一步提高。

各县（区）把义务植树与当地重点造林绿化工程紧密地结合起来，把重点生态工程作为义务植树活动的主战场，在工程区建立义务植树基地和领导绿化点，有力地推动了全市林业生态建设。尉氏县结合农业综合开发治沙项目和外资造林项目，把义务植树主战场放在西北部的沙丘沙岗区，加快沙区丘、岗的造林绿化和更新步伐，实施规模造林，成片开发，取得了经济、社会多重效益。杞县把义务植树的重点，安排在阳固、西寨等沙化土地面积大的7个乡（镇）和国营林场，与防沙治沙生态工程相结合，连片治理。植树期间，林业技术人员进行现场指导，严把苗木、栽植关，提高了造林质量。经省造林核查验收，被评为林业生态精品工程。兰考县把义务植树基地安排在退耕还林项目区，确保了工程的进展和质量。开封县、通许县把义务植树与速生丰产林工程相结合，组织动员义务植树单位，到工程区参加植树劳动，取得了很好的成效。

（五）严格管理，提高义务植树建设成效

一是各级绿化委员会进行了科学的义务植树规划，组织召开有关会议，总结工作，表彰先进，部署任务，检查督促。二是实行了义务植树登记制度，认真统计各有关植树单位人数，制发任务表，下达到各义务植树单位，把任务分解落实到田间地头，并对各单位义务植树履行情况进行认真登记。三是市绿化委员会根据各单位义务植树履行情况，及时进行通报，对任务完成好的单位进行表彰，差的点名批评。四是依法收缴绿化费，对拒不履行植树义务的单位，下达绿化费征收通知书、告知权利通知书，依据《河南省义务植树条例》第十七条规定进行2倍罚款。开封市绿化委员会办公室已对14个没有履行植树义务的单位下达了告知权利通知书，对拒不履行植树义务的单位将依法予以处罚。杞县绿化委员会办公室成立了绿化费征收大队，全年专职征收绿化费。为确保义务植树的质量，提高成活率，成立了市、县、乡三级小组，负责植树期间的督导检查。各级督察小组深入造林第一线，对造林中存在的问题及时纠正解决，为义务植树工作顺利开展提供了保证。

（六）预防为主，打防结合，依法治林

通过广播电视等多种形式，广泛宣传林业法律法规，增强广大群众守法的自觉性。同时，各级林业执法机关依法查处各类破坏森林资源的案件560起，行政处罚510人，有效地保护了林业资源。全市没有发生重大毁林、乱占林地和破坏野生动物资源的案件，没有发生公路“三乱”案件。

（七）严格限额采伐管理，做到“七不准”

即无采伐证申报材料或材料不齐、不符合规定的不准批；无林权证或村委证明者不准批；未达到成熟龄的林木不准进行更新采伐；未及时完成更新造林任务的不准批；乱砍滥伐严重的不准批；权属有争议的林木不准批；没有采伐限额时不准批。严格的管理，使全市各县（区）均没有超限额采伐现象，有力地保护了森林资源的安全。

（八）搞好林地管理

一是对退耕还林、淮防林、治沙造林等重点林业生态工程，全面发放林权证，不留死角；开封市2006年共发林权证13 383份，发证面积达18.8万亩。二是严格控制征占用林地的审核。对国家和地方重点建设工程，提前介入，协调工程指挥部和业主单位，尽量少占和不占林地，对确实需要占用林地的，严格审批手续，按规定缴纳森林植被恢复费。三是认真做好了开封市的林权争议调查工作，为省林业厅提供翔实的数据、报告和建议。

（九）抓好木材的加工和流通管理

加强对木材市场和加工企业的管理，从源头入手，由管理型向服务型转变。对符合条件的加工企业，及时办理木材加工许可证，有效地改善了全市木材市场经营秩序。开封市的木材运输证统一由市农林局管理，建立了明晰台账，责任到人，从未发生木材运输证被盗和丢失现象。据统计，2006年全市共签发运输证16 000余份，木材凭证运输率达95%以上。

（十）化解矛盾，认真处理上访案件

对上级批转和直接接到的上访案件，认真登记，及时处理，做到件件要落实，事事有结果，力争把矛盾化解到基层，维护安定团结的大局。2006年共接待上访案件18起，批转15起，直接调查处理3起。对批转到县林业局的信件，及时跟踪询问，电话督促，确保办理质量，遏止了进一步上访势头，为开封市社会治安稳定作出了贡献。

（十一）开展创建执法热情服务十佳站和十佳标兵活动

根据《河南省林业厅　河南省人民政府纠风办公室关于开展创建文明执法热情服务十佳站和十佳标兵活动的通知》（豫林政〔2006〕100号）精神，在开封市木材检查站开展了“双十佳”活动，组织了问卷调查、民主评议、现场检查等工作。开封县杜良木材检查站积极开展创建活动，加强了职业道德教育，转变了工作作风，制定和完善了各项规章制度，建立健全了自我约束和外部监督机制，强化了内部管理，提高了整体执法水平。全年该站未发生“三乱”事件。该站被评为省“十佳站”，杞县柿园木材检查站站长张现涛被评为省“十佳标兵”。

（十二）加大打击力度，保护野生动物

开封市全年共查处破坏野生动物案件10余起，救护各类保护动物200余只，其中国家级灰鹤3只，灰雁5只，苍鹰3只，猫头鹰8只。在夏季开展的打击乱捕、乱猎青蛙的整顿治理中，通过群众举报，站内人员全体出击，共侦破青蛙贩运案件5起，放生青蛙2吨左右。

（十三）做好禽流感预防工作

柳园口湿地保护区位于黄河中下游，地处暖温带，是亚洲候鸟迁徙的中线，每年都有大量水禽在滩地上或附属河滩中越冬或中途停歇。为做好迁徙候鸟等野生动物疫源疫病的监测与防控，开封市成立了开封市防治高致病性禽流感指挥中心，指挥中心主任由市农林局副局长李革新兼任，下设1个办公室，5个疫情监测点。市野生动物保护站干部职工坚持每天巡回检查监测，及时上报最新的疫源疫病监测情况。对外公布了举报电话，扩大了监测范围，有效地控制了禽流感的蔓延。

（十四）加强植物检疫、病虫害监测和防治

开封市实施产地检疫0.83万亩，检疫率达到83%。对连霍高速公路等重点区域进行了机械化防治，对公路、河务等部门下达限期防治通知书17份，对防治不力的单位进行了媒体曝光。全市防治面积7万多亩，防治率达82%。同时完成了第一次林业有害生物普查工作，设立了1 600多个调查标准地，发现有害生物175种，基本查清了有害生物的种类、分布，为病虫害防治奠定了基础。

（十五）经济林工作成效显著

引进和推广了豫石榴4号、5号，日本斤柿、特早513油桃、极早红油桃、突尼斯软籽石榴等10余个经济林优良品种。开展了豫大籽石榴、突尼斯软籽石榴早熟丰产示范园建设，在兰考建立示范园100亩，充分发挥科技示范带动作用。深入果园进行技术指导，接受群众咨询，帮助果农尽快掌握经济林栽培管理技术，提高了林业队伍整体素质和果农的技术水平。据统计，2006年共新造经济林面积1万亩；开封市现有经济林总面积24.8万亩，已结果面积18.3万亩，经济林果品总产量1.9亿公斤，总产值3.4亿元。

（十六）林业产业持续发展

2006年，开封市采取加强行业管理、政策引导、龙头企业带动等多种措施，促进了林业产业的持续发展。木材加工业稳步发展，年加工木材13万立方米，产值2亿元。种苗、花卉业、森林旅游业成为林业产业的亮点。全市以菊花花会为契机，建立菊花基地3 000亩。生产各类盆栽植物600多万盆，产值2 700万元。开封国家森林公园年接待游客20万人（次），收入124万元，接待能力和效益均显著增长。2006年，全市林业产值达12.6亿元，较2005年增长18.6%，完成了目标任务。

（十七）加强队伍、作风、制度和党风廉政建设，人与事业共同进步

开封市各级森林公安派出所、木材检查站、森林病虫害防治检疫站都开展了标准化建设或升级活动，充实了硬件，提高了人员业务素质。各级林业部门采取请进来、走出去的办法，或邀请专家讲授林业发展形势和现代林业知识，或组团赴江浙考察林业发展状况，以解放思想，拓宽思路。市农林局还进一步完善了考勤制度、学习制度、工作制度等10多项规章制度，引入了效能监察和首问负责制度，使人人工作有目标，肩上有压力，确保每项工作任务明确，责任落实。开封市还把党风廉政建设纳入行业目标管理，实行“一票否决”。通过建设，林业系统作风正了，学习气氛浓了，思想解放了，综合素质提高了，实现了人的进步与事业发展的“双赢”。

二、纪实

市领导率先垂范，参加义务植树劳动　3月2日，市委书记孙泉砀、副市长孙丰年一行10余人，在开封县县委书记谷建国等县四大班子领导陪同下，带领市县干部群众1 000多人，到范村乡军民共建治沙现场，看望慰问治沙官兵，并和他们一起挥锹添绿，植树造林，当天上午共植树8 000多棵。

召开全市全民义务植树暨春季造林动员大会　3月6日，市政府、市绿化委员会召开全市全民义务植树暨春季造林动员大会。会议总结了2005年全市义务植树和造林绿化工作，表彰了市公路局等

28个先进单位和赵庆华等80位先进个人。会议着重安排了2006年义务植树和造林绿化工作，对义务植树基地、领导办绿化点、重点生态工程建设等重点工作提出了具体要求。市委副书记顾俊、市政府副市长孙丰年等市领导出席会议并讲话。

市人大常委会考察大环境绿化工程 4月24日，市人大常委会主任梁绪兴率30多位市人大代表，深入金明区杏花营镇、杏花营农场考察大环境绿化工程。市农林局张胜国局长介绍了大环境绿化工程进展情况。参与考察的各位领导充分肯定了大环境绿化取得的成绩。梁绪兴指出，大环境绿化工程的实施取得了预期的效果，风沙危害明显减少。生态环境得到明显改善，促进了当地的农业生产，增加了农民收入。他要求有关单位和县（区）政府认真总结经验，坚持不懈地把大环境绿化工程搞下去，让开封更绿更美。

制作大环境绿化专题片 5月10~18日，开封市电视台、市农林局联合制作了题为《绿染汴京城》的专题片，详细介绍了大环境绿化工程实施的原因、实施过程和取得的成效，该片采访了大环境绿化工程的决策者、组织者和建设者，大量采用工程前后自然面貌、农作物产量、人们的感觉对比来说明工程的效果。5月18日在开封市电视台“菊城纵横”栏目播出。

开展执法人员培训 8月2日，开封市组织了全市林政执法人员的全员培训，市农林局李革新副局长亲自主持，并聘请省林业厅林政处科长李辉、龙亭区法院院长进行授课，内容既有法律理论，又有执法监督，通过大量的实际案例，以案说法，并认真讨论和具体分析，提高了大家的执法水平，提高了办案质量。

组织林业重点生态工程检查验收 9月15~20日，市农林局组织了林业重点生态工程检查验收，共抽查6个县（区）1.5万多亩。通过检查，面积核实率达到100%，核实合格率达到98%。市农林局下发了通报，要求有关县（区）抓住秋冬造林有利时机，开展补植补造，圆满完成省林业厅下达的任务。

开展退耕还林工程普查工作 11月2~22日，开封市按照省林业厅《关于报送退耕还林有关情况的通知》精神，组织开展了退耕还林工程普查工作，主要任务是摸清底子，查找问题，提出建议。通过普查，全市共保存退耕还林面积33.6万亩，其中退耕地还林7万亩，涉及农户3.5万户，13.8万人。为巩固退耕还林成果，提出了国家延长补助期限、尽快制定工程林木采伐办法等建议。

市政协听取市农林局工作汇报 12月5日，市政协专题听取市农林局工作汇报。市农林局张胜国局长汇报了近年来开封市林业工作进展情况、取得的成绩，分析了存在的问题，阐述了全国林业发展形势和开封市林业工作今后一个时期的指导思想、工作重点和目标。

洛阳市

一、概述

2006年，洛阳市林业工作在市委、市政府正确领导和省林业厅直接指导支持下，以建设绿色中原为目标，以改善洛阳生态，加快洛阳发展为己任，坚持以科学发展观为指导，紧紧围绕省林业厅下达的责任目标和市委、市政府工作部署，狠抓了各项工作的落实。组织实施了退耕还林工程、天然林保护工程、自然保护区建设工程、青山工程、北邙生态屏障建设工程等，全年完成造林面积28.45万亩，新建和完善农田林网8万亩，完成大田育苗3.25万亩，完成道路绿化400公里、村庄绿化400个，完成义务植树1 407.8万株，林业总产值达到19.5亿元，公益林管护、林业执法、森林防火、病虫害防治、禽流感防控等工作有序开展，森林资源得到有效保护。

（一）退耕还林

组织完成了5.3万亩造林任务。开展了退耕还林摸底调查，组织完成了退耕还林工程后续产业政策调研，在客观分析6年来退耕还林工程成效和存在问题的基础上，提出了巩固成果、完善政策的具体对策建议。发放年度退耕还林粮食补助资金78 813 507.84元，涉及137个乡（镇）195 609户农户，补贴资金兑现率100%。

（二）天然林保护

组织完成了7万亩的封山育林工程。完善森林资源管护责任制，加强了对全市7县6区1 163个管护责任区、156个管护站、2 055名护林员的管理、考核与培训。在天然林资源集中的深山区试行了护林员修枝抚育核查制度、护林员举报案件登记制度。对2005年天然林保护工程实施情况进行了检查和整改，通过了国家林业局的核查验收。组织完成了全市天保工程中期评估工作，对5年来工程建设情况进行了全面评估和系统分析。完成了工程档案的录入和管理，完成了森林资源管护分布图、规划布局图、封山育林设计等电子地图的制作。

（三）城郊森林公园建设

2005年冬2006年春，市林业部门组织周山、龙门山、小浪底、上清宫4个森林公园开展补植完善和基础设施建设工作，栽植法桐、香花槐、乔灌木20多个品种51.46万株，林下间作芍药500亩。

投资115万元共修建道路4 300米。投资15万元新建150立方米蓄水池一个，并已配备电路、输水管道。7月中旬组织专业技术人员对4个城郊森林公园开展管护工作进行了检查评比。

（四）北邙绿色生态屏障工程建设

北邙绿色生态屏障工程规划面积25万亩，2005年冬完成了70%的植树任务，2006年春参照新安县新峪公路的绿化模式，在310国道、洛常路沿线高标准实施组团式绿化，北邙共栽植各类树木222万株，总体发芽率达到89.7%。其中新建和完善通道绿化996公里，完成农田林网10.4万亩，完成四荒和村庄隙地绿化5 841亩，完成片林建设1 298亩，古墓冢绿化144个。9月中旬组织召开了北邙绿化秋冬季树木管护工作会议，开展了杂草清除，统计已死亡树木的数量、树种和规格等工作，冬季进行了补植补造，共计补植补造杨树、侧柏、泡桐等20余万株。

（五）环市区苗木花卉产业带建设

2006年洛阳启动了环市区苗木花卉产业带工程，计划用2年时间在北邙绿色生态屏障区主要公路沿线和二广、西南环城高速两侧建设1万亩环城苗木花卉基地。涉及孟津县、偃师市、伊川县、宜阳县、洛龙区、高新区、西工区、瀍河区共4县4区。市财政承担占地补偿费。各县（市、区）分别采取政府补贴、提供配套设施等优惠政策进行招商。12月底完成了6 050亩土地转包合同的签订，已经招商签约13家，面积2 850亩。

（六）青山工程建设

2006年洛阳市启动了“碧水蓝天、青山绿地”大型生态工程，其中青山工程由林业部门负责组织实施，主要内容是：结合林业项目建设，3年内完成荒山绿化和封山育林各50万亩，建成1 000公里绿色景观大道，在现有村庄绿化的基础上建设1 000个村庄绿化示范村，新建和完善100万亩城镇生态防护林和100万亩农村农田林网。为保证工程顺利实施，市政府出台了《关于推进机制创新加快造林绿化工作的意见》、《关于进一步加快苗木花卉产业发展的意见》，并转发了《市林业局关于实施碧水蓝天青山绿地工程建设意见》，明确了工程建设的市级财政投资补助政策：对荒山造林达到精品工程的每亩补助30元，对防护林工程补助50%种苗费，对通道绿化和示范村建设适当补助。目前已完成“四荒”造林和封山育林各20万亩，完成通道绿化美化401.6公里，建设示范村405个，完成农田林网39万亩，完成城镇防护林35万亩。

（七）林业有害生物防治

年初就把林业有害生物防治目标下达到各县，春节后组织技术人员对全市主要林业有害生物的越冬情况进行了详细调查，对2006年的病虫害发生情况作出了科学的预测，发布了林木病虫发生趋势预报，并组织编写了草履蚧、中华松梢蚧、舞毒蛾的防治预案。全年防治重点是杨树食叶害虫、草履蚧、栎树食叶害虫、落叶松鞘蛾等，全年各类林业有害生物发生面积为27.79万亩，防治面积23.4万亩，防治率87%，其中无公害防治面积18.9万亩，无公害防治率80%。2006年洛阳市的检疫工作以产地检疫为中心，适时开展市场、花卉和木材及其他林产品调运检疫。除积极配合办证大厅对报检的客户到现场检疫外，还主动对大型苗圃开展产地检疫。对群众举报违法调运苗木、木材的及时出检，要求其补检办证并依法处理。截至目前，种苗产地检疫率达到89%，检疫木材4.5万立方米、花卉8 000余株。

（八）森林防火

2006年，洛阳市狠抓以火源管理为中心的各项预防措施的落实，取得了无重大森林火灾和人员伤亡事故发生的成绩，确保了全市森林防火形势的基本平稳。全年全市共发生森林火警、火灾18起，其中一般森林火灾3起，森林火警15起，过火面积757.5亩，林木受害面积76.5亩，森林受害率0.01‰，受害面积低于1‰的控制标准。全市护林防火指挥部成员单位在做好督察工作的同时，积极为所包乡镇建设森林防火通讯设施、购置防火器材等，全年累计投入资金11.2万元。

（九）林业宣传

围绕阶段性林业重点工作，组织开展了一系列宣传活动，植树节前后，结合开展绿化捐款活动，与洛阳日报社、洛阳电视台合作，对春季造林进行连续报道；3~5月组织全市林业系统开展“总结前五年，展望后五年，开创新局面”宣传教育活动，展示了“十五”期间各地林业建设中取得的成就、经验和创新成果；3~4月与洛阳日报社联合举办“湿地与家园”摄影比赛；牡丹花会期间（4月）集中开展洛阳牡丹宣传活动。11月份组织开展森林防火宣传月活动；12月组织开展冬季林业“严打”的宣传活动，集中报道几起破坏森林资源典型案件，有效震慑毁林犯罪。累计出动宣传车600余台（次），张贴宣传标语5万余条，印发宣传资料80多万份，免费发送年历20多万份、致学生家长公开信50余万份。全年在市级以上广播、电视、报刊等新闻媒体上播报林业宣传稿件250余次（篇），其中在《河南日报》发表18篇，《农民日报》发表5篇，《中国绿色时报》发表22篇，《洛阳日报》发表103篇，各种媒体发表的1 000字以上的报道有21篇。人民网、新华网、新浪网等对《黄河岸边护鸟人》、《护林员用上太阳能》进行了宣传，洛阳林业信息网发布林业信息500余条，制作林业宣传专题片12部。

（十）林业执法

2006年，洛阳市组织开展了“专项整治涉林违法犯罪行动”、“破案攻坚战”、“平安洛阳冬季严打专项行动”和“绿盾行动”等专项严打活动。共查处各类林业案件1 342起，其中刑事案件77起，林业行政案件1 265起；处理各类违法犯罪人员1 558人（次），救治、查处各类野生动物3 000余只（条、头），为国家挽回经济损失数百万元。

二、纪实

洛阳市10个县（市、区）开展人工商品林采伐管理试点　继洛宁、嵩县、栾川三县在2004、2005年度开展天保工程区人工商品林采伐管理试点工作后，经省林业厅批准，又有孟津、新安、伊川、宜阳、洛龙、老城、高新7县（区）被列为天保工程区人工商品林采伐管理试点单位。

洛阳市政府召开春季农业生产电视电话会议安排部署造林绿化工作　2月9日，洛阳市召开全市春季农业生产电视电话会议，会议要求有关县（区）继续抓好北邙绿化生态屏障建设，搞好已绿化通道补植完善和管护工作，全面完成新修道路和“村村通”道路绿化，有针对性地开展全年育苗工作。

国家林业局检查组到洛阳检查野生动物疫源疫病监测工作　2月9日，国家林业局野生动植物保护司司长卓榕生到洛阳检查野生动物疫源疫病监测体系建设工作。检查组实地察看了孟津白鹤及雷河疫源疫病监测点。

洛阳中日友谊林项目得到批准 洛阳市《中日绿化基金小浪底库区洛阳冈山友谊林建设工程项目》已经得到国家林业局和日本小渊基金委员会的批准，被列入2005年度小渊基金资助项目，将通过造林改善小浪底库区周围的生态环境。

洛阳市林业局召开湿地自然保护区建设会议 2月10日，洛阳市林业局召集孟津、新安、吉利湿地自然保护区管理部门召开会议，安排部署2006年保护区基础设施建设工作。会议要求孟津、新安、吉利湿地管理部门要尽快成立机构，确定人员编制，建立专门账户，加快工程进度，管理站办公楼6月底前要完工并投入使用，界牌、界桩、限制性标牌9月底前完工，10月开始自查，并报市验收，以迎接国家的验收。

中共洛阳市委召开县委书记会议要求，高度重视春季林业工作 2月14日，洛阳市委召集各县（市、区）委书记安排部署春季林业工作。会上，省委常委、洛阳市委书记孙善武要求各县（市、区）在2006年的造林灭荒上，在巩固以往的退耕还林的成果上，在巩固以往通道绿化的成果上，要有创新精神，要加大力度。

洛阳启动“碧水蓝天、青山绿地”工程 2月28日，洛阳市委召开常委（扩大）会，启动“碧水蓝天、青山绿地”工程。工程的总体目标是，用3年时间，从根本上解决洛阳的大气污染、水污染，农村与城市绿化问题，使洛阳环境得到有效保护，全市森林覆盖率达到32%以上；城市绿化覆盖率达到45%、绿地率38%、人均绿地面积12平方米以上，达到国家生态园林城市标准，让洛阳真正成为中西部地区最佳人居环境城市。

偃师市获“河南省平原绿化高级标准先进县(市、区)”荣誉称号 2月，省政府对全省26个平原绿化高级标准先进县通报表彰，偃师市位列其中，并被省政府授予“河南省平原绿化高级标准先进县（市、区)”荣誉称号。

洛阳市绿化委员会办公室组织开展绿化捐款活动 3月，洛阳市绿化委员会办公室开展了绿化捐款活动。历时一个月，收到162个单位捐款580余万元。

国家财政部监督监察局领导到洛阳市检查指导 3月2日，在省财政厅、农业厅和林业厅有关人员陪同下，财政部监督监察局领导到洛阳市对宜阳的国家级小型公益林建设项目和洛宁的森林病虫害防治项目进行了检查。

洛阳市5万株黑核桃苗出口波兰 3月20日，洛阳市洛宁县涧口乡东林苗木基地挑选的5万株美国黑核桃树苗运往波兰。美国黑核桃树原产于北美洲，属核桃科，为温带落叶树种，是一种珍贵的果材兼用树，洛宁县1984年从美国引进该树种。

洛阳市委、市政府主要领导视察林业工作 3月23日，省委常委、市委书记孙善武，市长连维良，市委常委、秘书长刘应安，市人大副主任段松茂等在市林业、交通部门负责人，有关县（区）书记、县（区）长陪同下察看了北邙绿色生态屏障建设情况。连维良要求在造林绿化工作中大力推广公司化造林，在后期管护工作上也要探索一些好的措施，多方努力，提高造林成效。孙善武在讲话中指出：北邙绿化总体来说比较扎实，1县5区基本完成了任务，是个不小的成绩，他要求市委督察室和林业局对行动较慢的三个单位进行督察。他还要求国家牡丹园和4个城郊森林公园进一步提高绿化水平。

洛阳市人大视察北邙绿色屏障建设情况 3月25日，市人大常委会组织部分代表对2005年冬2006年春北邙绿化建设情况进行了视察，大家先后察看了北邙绿化310国道组团绿化，洛常路、常白路通道绿化，小良村农田林网建设以及魏孝文帝陵古墓冢等重点绿化工程。

洛阳市洛宁县、偃师市、洛阳石化总厂受到全国绿化委员会表彰 3月27日，全国绿化委员会作出关于表彰“全国绿化模范城市（区)”、“全国绿化模范县（市）”和“全国绿化模范单位”的决定。全国有54个县（市）被授予“全国绿化模范县市（区）”称号，洛阳市的洛宁县和偃师市榜上有名。“全国绿化模范单位”有172个，洛阳石化总厂名列其中。

洛阳市汝阳县三屯乡林业管理技术服务站荣获“全国先进林业工作站”称号 3月31日，在国家林业局召开的全国林业站工作会议上，洛阳市基层林站工作受到表彰，洛阳市汝阳县三屯乡林业管理技术服务站荣获“全国先进林业工作站”称号，嵩县阎庄乡林业工作站站长赵少乾荣获“全国林业工作站先进工作者”称号。

洛阳市政府发出紧急通知要求切实做好清明节前后森林防火工作 4月4日，洛阳市人民政府发出紧急通知，要求各级人民政府切实加强对野外用火的管理，严厉打击在林区上坟烧纸、燃放鞭炮，放牧烧荒、吸烟、燎地边等各种违章用火行为，坚决消除火灾隐患。各级护林防火指挥部办公室要24小时值班，落实领导带班制度。各级护林防火指挥部要迅速组织成员单位赴各自责任区开展林业防火安全检查，消除火灾隐患。

国家林业局马广仁总站长来洛阳市调研 4月14~16日，国家林业局林业工作站管理总站马广仁总站长一行在省林业厅丁荣耀副厅长陪同下，来洛阳市调研基层林业站机构改革情况。调研期间，马站长听取了市基层林业站工作汇报，并与栾川县庙子乡林业职工进行了座谈。

洛阳市林业局和财政局联合对市重点公益林生态效益补偿资金使用管理情况进行检查 4月26~27日，根据国家和省有关重点公益林生态效益补偿资金管理要求，市林业局和市财政局联合对2004~2005年洛阳市实施生态公益林补偿的汝阳县和偃师市的重点公益林生态补偿资金使用管理情况进行了检查。市林业局和财政局对汝阳县和偃师市存在的资金拨付过程中手续不完善、资金拨付使用情况与实际公益林管护情况不符等问题提出了限期整改意见。

洛阳市政府召开北邙绿化春季管护现场会 4月26日，洛阳市政府组织孟津、洛龙、老城、西工、瀍河、高新等1县5区召开北邙绿化春季管护流动现场会，实地参观了孟津白常路、老城区葛家岭组团、瀍河区瀍河桥组团等现场。

市政府印发青山工程建设三个基础性文件 5月，市政府相继印发了《洛阳市林业局贯彻实施蓝天碧水、青山绿地工程建设意见》、《关于实施青山工程、加快苗木花卉产业建设的意见》和《关于推进机制创新、加快造林绿化工作的意见》等三个与青山工程建设有关的文件。

林业局召开春季工作总结表彰大会 5月23日，市林业局召开春季林业工作总结表彰大会。会上表彰了张西方等20名“林业工作模范”和刘改秀、王立伟、原小秋、刘伟、许海鹏等5名“林业工作标兵”典型。

市委孙书记视察城郊森林公园与北邙绿化 6月16日，市委孙善武书记先后视察了上清宫森林公园、小浪底森林公园以及北邙绿化孟津县的部分区域。

洛阳市开展省级公益林区划界定工作 6月，洛阳市开展省级公益林区划界定工作。此次公益林区划界定是在2004年国家公益林区划界定的基础上，结合近几年退耕还林、天保工程等人工造林、封山育林成果，以乡（镇）、国有林场为单位进行分类、区划、界定。全市8县1市共区划省级公益林542.720 4万亩。

洛阳市开展古树名木调查 5~6月，洛阳市各级绿化办对古树名木展开调查。在全面调查的基础上，选择出有代表性的、长势独特、珍奇稀有、具有生动历史文化传说的古树175株上报省绿化委员会办公室。

国家审计署对洛阳市天保工程实施情况进行审计 7月3日，国家审计署郑州特派员办对栾川县天保工程实施情况进行审计。

日本安部冲先生一行到国家牡丹园考察双方合作项目 7月6日，日本岛根县寿物产株式会社安部冲先生一行到国家牡丹园考察双方合作项目的运转情况。考察期间，双方就在中国共同开发生产日本牡丹盆花达成了初步协议，计划2006年冬开始实施。

洛阳市三家林产品获"河南省林产品知名品牌" 7月上旬，河南省林业厅向社会推介了首批"林产品十大品牌"和"林产品知名品牌"，洛阳市有三家单位林产品获"河南省林产品知名品牌"称号，分别是国家牡丹园的"华煜"牌催花牡丹，洛宁佳美木业有限公司的"佳美人"牌三聚氰胺饰面板，洛阳豫良木业制品有限公司的"豫良"牌（饰面）刨花板。

省人大副主任王明义到周山森林公园视察 7月11日，河南省人大副主任王明义在市人大主任刘典立等领导陪同下到周山森林公园参观视察，认为周山森林公园建在城市区，建设得很好，是提高洛阳城市品位的一个点，是造福子孙后代的大好事，也是洛阳市创建最佳人居环境的重要组成部分。

连霍高速偃师山化段突发杨食叶害虫 7月20日，洛阳市林业部门工作人员在例行巡查中发现连霍高速偃师山化段南北两侧300米杨树林带内有大量杨食叶害虫，虫口密度达150头每百叶，是1998年来发生情况最严重的一年，并有向周边蔓延之势，市、县林业部门紧急组织喷药防治，有效控制了虫害蔓延。

洛阳市政府召开雨季造林暨造林机制创新现场会 8月1日，洛阳市政府在嵩县组织召开了全市雨季造林暨造林机制创新现场会，8县1市7区的主管副县（市、区）长、林业局长（农办主任）参加了会议。尚朝阳副市长要求：一是抓住近期连续降雨、墒情好的有利时机，采取专业队造林的方式，迅速掀起雨季造林绿化高潮，确保在8月底前全面完成雨季造林任务；二是通过多种渠道大力宣传青山工程建设的重大意义和有关政策，进一步推进工程建设；三是突出抓好环城苗木花卉产业带建设；四是大力开展"四荒"拍卖承包，吸引社会力量参与"四荒"造林绿化。

洛阳市政协对全市集体林权制度改革进行调研 8月7~11日，市政协对全市集体林权制度改革情况进行了专题调研。

中铝河南铝业有限公司在周山森林公园认养公共林 8月16日，中铝河南铝业有限公司在周山森林公园里举行"创业林"纪念石揭牌仪式，认养了800多株公共林木。

洛阳市举办全市林业系统法制培训班 8月17~18日，洛阳市林业局在栾川县举办了“洛阳市林业系统法制培训班”。

洛阳市政府印发《关于加强自然保护区建设和湿地保护管理工作的意见》 8月21日，市政府印发了《关于加强自然保护区建设和湿地保护管理工作的意见》（洛政办〔2006〕84号）（以下简称《意见》)。《意见》指出，在“十一五”期间，洛阳市要建成布局合理、类型齐全、功能完善的自然保护区建设体系和湿地保护生态体系，并号召全社会支持自然保护区建设工作，共建全市良好的生态环境和生存环境。

世界银行派专家对洛阳市世界银行四期“林业持续发展”项目审计整改情况进行检查 8月9~30日，世界银行驻京代表处财务专家董毅先生和国家林业局世界银行项目管理中心高级会计师董辉女士对洛阳市世界银行四期项目实施单位偃师市进行了实地检查。

洛阳市政府成立黄河湿地联合执法组 8月，洛阳市政府成立了黄河湿地联合执法组，共同查处违法行为。联合执法组由市政府副秘书长任组长，洛阳黄河管理委员会、林业局、农业局、环保局、海事局主管领导，孟津、新安、吉利主管县（区）长任成员。

洛阳市政府印发《森林火灾应急预案》和《有害生物灾害应急预案》 8月，洛阳市林业局制定了《洛阳市处置重特大森林火灾应急预案》、《洛阳市重大有害生物灾害应急预案》，并经市政府印发。两项预案的出台，进一步提高了处置应急行为的科学性，对于及时控制灾害、减小灾害损失具有重要意义。

洛阳市三家森林公园获得中国国家森林公园专用标志使用授权 8月，《国家林业局关于公布首批获得中国国家森林公园专用标志使用授权的国家级森林公园名单的通知》公布了首批获得中国国家森林公园专用标志使用授权的国家级森林公园名单，其中包括洛阳市花果山国家森林公园、白云山国家森林公园和龙峪湾国家森林公园。

洛阳市林业局许留霞获全国优秀林业科技工作者荣誉称号 9月14~15日，全国林业科学技术大会在北京召开。会议表彰奖励了林业科技先进集体和优秀工作者，洛阳市林业局总工程师许留霞获得全国优秀林业科技工作者荣誉称号。

洛阳市政府修订城市古树名木管理办法 9月28日，洛阳市政府第29次常务会议审议通过了《洛阳市古树名木管理办法》。

洛阳市政府召开政府常务会议安排部署林业工作 9月28日，市政府召开常务会议，在听取了尚朝阳副市长关于全省林业生态建设现场会精神和贯彻落实情况汇报后，市长连维良要求：一是进一步落实环市区苗木花卉产业带建设任务；二是深入开展调研活动，找准林业工作与新农村建设的结合点。三是抓好森林病虫害防治，特别是杨树病虫害防治，确保通道绿化成果。

洛阳市政府召开全市农田水利基本建设会安排部署森林防火工作 9月28日，市政府召开全市农田水利基本建设电视电话会议，会议要求各县（市、区）认真做好2006年冬2007年春的森林防火工作。要于近期对林区内的生产经营施工单位进行一次全面的排查摸底和清理整顿，加强重点时段和重点林区的防火安全。

尚朝阳副市长察看环市区苗木花卉产业带建设种苗基地进展情况 10月10日，尚朝阳副市长到环市区苗木花卉产业带建设涉及的8个县（市、区）检查了工程进展情况。

洛阳市地方标准《黑核桃苗木繁育技术》通过专家评审　10月31日，由洛阳市林业技术推广站和洛宁县林业局承担的洛阳市地方标准《黑核桃苗木繁育技术》审定会召开。专家组认为，该标准结构完整，标准格式和结构符合GB/T1.1的规定和要求，内容科学、严谨、明确，各项指标符合实际，可操作性强，为黑核桃苗木繁育提供了科学依据，也是林业标准化体系的重要组成部分。

孟津、新安、吉利三县区成立黄河湿地保护区管理机构　孟津县编委正式批准成立了河南黄河湿地国家级自然保护区孟津管理局，管理局为县政府直属事业机构，正科级规格，编制8名，经费实行全额预算管理。吉利区成立了吉利黄河湿地管理站，副科级单位，编制3人。新安县成立了黄河湿地管理站，股级单位。

洛阳市召开冬季植树造林和森林防火工作电视电话会议　11月6日，全省冬季植树造林和森林防火电视电话会议结束后，洛阳市政府当即召开全市冬季植树造林和森林防火工作电视电话会议，对2006年冬2007年春植树造林和森林防火工作进行全面部署。尚朝阳副市长强调要突出抓好以下三项工作：一是抓好环市区花卉苗木产业带建设。孟津、洛龙等8个县（市、区）要完成6 050亩土地招商和转包合同的签约。二是抓好北邙绿色生态屏障工程补植补造。三是全面完成2006年度青山工程建设任务。同时要大力推进社会主义新农村建设工作。尚朝阳要求坚持把森林防火宣传教育作为一项经常性、连续性的工作来抓。多种形式搞好11月份防火宣传月活动。各级森林防火检查站要加强对入山车辆和人员的监督检查，严禁携带火种上山；要做好扑救森林火灾的各项准备，落实好防火值班制度。

省政府副秘书长王树山到栾川检查森林防火工作　11月17日，省政府副秘书长王树山、省林业厅副厅长弋振立带领省政府督察组到栾川县督察森林防火工作。督察组实地察看了三川等乡镇的森林防火工作落实情况及飞播林区和森林防火巡逻电子监控系统运行情况。

《洛阳市森林公园管理条例》纳入2007年立法计划　为进一步加强森林公园的建设和管理，洛阳市人大常委会将《洛阳市森林公园管理条例》纳入2007年立法计划。2007年年底前正式颁布。

连维良书记尚朝阳副市长到省林业厅接洽工作　12月7日，市委连维良书记、市政府尚朝阳副市长带领市林业局王长忠局长等到省林业厅接洽工作。省林业厅王照平厅长对洛阳的工作给予了肯定，并表示要在退耕还林、苗木花卉产业带建设等方面对洛阳提供支持。

洛阳市召开冬季造林现场会　12月12日，洛阳市冬季造林现场会在嵩县召开。

安阳市

一、概述

2006年，安阳市林业系统紧紧围绕建设豫北区域性中心强市的奋斗目标和生态建设、农民增收两大任务，认真落实省林业厅、市政府下达的主要责任目标，切实转变作风，突出重点，开拓创新，锐意进取，狠抓各项工作落实，在全市各级党委、政府和广大干部群众的共同努力下，圆满完成了各项工作任务。

（一）生态建设方面

（1）全市共完成人工造林面积8.785万亩，完成率100%，其中太行山绿化面积2.475万亩、防沙治沙面积0.55万亩、退耕还林面积2.5万亩、速生丰产林面积0.8万亩、外资造林面积0.45万亩、一般造林面积2.01万亩。

（2）完成飞播造林2万亩；新建和完善农田林网38万亩，是任务32万亩的118.75%；林业育苗3.15万亩，是任务1万亩的315%；完成中幼林抚育18万亩，是任务15万亩的120%；完善新植通道绿化385公里。

（3）全市参加义务植树人数233万人，义务植树841.9万株，是任务822万株的102%。

（4）强化造林精品意识，建立各级精品示范园区33个；严把造林设计、种苗质量、栽植管护关；加强造林精品督导检查，经初步核查，人工造林精品率达到40%以上。

（二）资源保护方面

（1）加大了《中华人民共和国森林法》、《中华人民共和国防沙治沙法》、《中华人民共和国野生动物保护法》等林业法律法规的宣传力度，加强了对破坏森林资源违法犯罪活动的打击力度，全市共查处涉林刑事、行政案件624起，刑事拘留6人，批捕11人，未发生重大毁林、乱占林地和破坏野生动物案件；省、市领导机关领导同志批办的8起案件全部按时查处。

（2）森林、林木采伐量严格控制在年森林采伐限额内，林木凭证采伐率、办证合格率分别为91%、100%；征占用林地审核率在92%以上；完成了2005年退耕还林林权登记发证任务，其他林业工程林权证发放量达到83%；全市二类资源清查年度任务全部完成，进一步全面查清了林业现状，为安阳市林业今后发展提供了科学依据。

(3) 认真实施了国家太行山重点火险区综合治理工程，严格森林防火各项责任制的落实，全市未发生大的森林火灾，森林火灾受害率控制在0.48‰，低于年度责任目标1‰；组织了飞机喷洒林药防治杨树食叶害虫，防治面积8.2万亩，遏制了杨树食叶害虫暴发趋势，森林病虫害成灾率控制在4‰，低于年度责任目标9‰。

(4) 通过严格界定生态公益林、加强生态效益补偿基金管理，完成了国家和省级重点公益林19.83万亩管护和界定任务；基本摸清了全市重点野生动植物资源状况，国家和省级重点保护野生动物64种，其中国家二级以上保护动物39种；珍稀濒危野生植物27种，其中国家二级以上保护植物4种。

（三）产业发展方面

(1) 林木生产加工、林果生产加工、花卉苗木生产经营、森林生态旅游四大林业产业链开发进展迅速。一是林木加工产业链快速发展，新建、扩建各类龙头企业11家，初级林木产品加工企业已达1 000多家；二是花卉苗木产业链快速推进，生产基地已达3.3万亩，具有国家二级资质绿化企业已达24家；三是林果产业链积极招商引资，林果产量达40多万吨；四是森林生态旅游产业链稳步推进，仅两个黄金周，森林生态旅游接待游客就达121万人（次），综合收入1.82亿元。

(2) 积极推进百、千、万高效林业精品林业示范园区建设。全市新建林业园区32个，总面积达4.23万亩；完成果实套袋面积15.3万亩；完成高效林果花木开发面积5.1万亩。全市林业总产值达16.40亿元，在2005年14.33亿元的基础上增长了14.4%，是多年来增长幅度最大的一年。

（四）林业工作主要特点

1.各级领导高度重视林业工作

3月7日，市政府召开了高规格的造林绿化动员大会，市委副书记、市长董永安，市人大副主任尚天法，副市长葛爱美，市政协副主席董宝，安阳军分区副政委种祥义等领导出席了会议，董永安市长与各县（市、区）长签订了2006年造林绿化目标责任书。3月9~10日，市长董永安及市四大班子领导带领机关干部分别深入到四个区参加义务植树活动，把安阳市春季造林工作推向高潮。4月6~7日，市人大常委会农业组组织12名代表深入内黄县、安阳县、北关区、龙安区，专题视察林业工作，对全市林业工作给予了高度评价。11月19日，市政府召开了全市森林防火暨重点林业工作会议，董永安市长和葛爱美副市长出席会议，并分别作了重要讲话。副市长葛爱美非常重视林业工作，多次深入到市林业局及各县（市、区）造林一线检查、指导、调研林业工作。李育材、姚昌恬、马广仁、汤晓文、王照平等国家林业局和省林业厅的领导同志分别到安阳检查指导工作，是历年来上级领导来安阳最多的一年。各县（市、区）党委、政府也高度重视林业工作，积极解决造林中遇到的困难和问题，有力地推动了安阳市林业的快速发展。

2.投入渠道不断拓宽

一是积极争取项目资金。二是首次争取了外资造林项目资金。滑县、内黄日本政府贷款造林治沙项目已经启动，总投资545.2万元，计划造林7.2万亩。三是通过“四荒”拍卖拉动社会资金投入林业建设。2006年共拍卖承包“四荒”16万亩，共拉动社会投入造林资金2 075万元，回收拍卖资金2 208万元。四是安阳市被确定为全省唯一的全国生物质能源林建设示范基地。

3.“四荒”造林体制改革快速推进

自2005年市政府办公室《关于加快“四荒”造林体制改革的试行意见》（〔2005〕7号文）下发后，安阳市的“四荒”拍卖造林工作快速推进。在2005年完成“四荒”拍卖造林5.2万亩的基础上，2006年共完成拍卖、承包“四荒”造林6.51万亩，超额完成了任务。经验收合格的500亩以上的造林大户55户，其中1 000亩以上造林大户17户。通过“四荒”拍卖、承包造林，有效盘活了集体“四荒”资源，提高了土地效益；拉动了社会投入造林资金，增加了集体收益，促进了农民增收；调动了群众参与林业事业的积极性，解决了“无主树”问题，提高了造林质量和管护成效，加快了安阳市造林绿化的步伐。

4.林业产业有了突破性发展

随着市政府农（林）业产业化经营战略的实施，安阳市各级政府对林业产业发展的认识越来越高，也越来越重视。2006年，重点规范、扶持了市政府公布的第一批重点龙头企业名单中的3家林业企业（安阳尚名木业有限公司、龙祥花卉园林工程有限责任公司、南天门园林工程有限责任公司），积极培育了10个林业产业化示范乡（镇）和特色经济先进乡（镇），有力地促进了安阳市林业产业的发展。一是四大产业链条快速发展，新建、扩建的11家重点林业龙头企业，总投资达18 386万元，投产后年产值达31 700万元，实现年利税3 790万元，拉动农户5 730户，新安排就业人员2 050人。林木产业链条已基本形成，其他三大产业链条稳步推进，四大产业链条发展势头良好。二是高效园区建设取得长足进步，新建各类园区32个，总面积达4.23万亩。尤其是四个区，温棚高效园区建设取得突破性进展，龙安区小坡村、北关区冯家庙、殷都区三家庄都建成了温棚杂果示范园。三是林业产值实现较大增长，2006年全市林业总产值达16.40亿元，是多年来增长幅度最大的一年。

5.林业宣传力度不断加大

一是首次开通了林业网站。将安阳市林业局和安阳林业一并纳入现代信息传播的广域网中，加大对全市林业的宣传力度和宣传范围，提高了作为政府组成部门的林业局服务群众的效率。二是精心制作宣传手册。安阳林业的招商手册——《投资安阳》已经印制8 000份；服务群众的《致富金点子》已开始印制；安阳林业宣传画册——《点击生态安阳》正在设计阶段。这些宣传手册以图文并茂的形式，把安阳林业的精美缩影展现出来，为安阳市林业招商引资和社会主义新农村建设起到了良好的推动作用。三是充分利用手机短信平台、电视、报纸等媒体，将“森林是地球之肺，湿地是地球之肾，野生动物就是我们的朋友，保护森林树木就是保护我们的家园，就是保护我们的生活环境”的生态文明理念广泛宣传，起到了很好的社会效果。

6.队伍建设得到进一步加强

一是扎实开展人才引进和培训工作。聘请中国林业科学研究院首席科学家、博士生导师杜红岩为市林业局的首席专家，邀请中国林业科学研究院牛正田博士授课，多次组织林业系统干部职工进行业务知识培训等，为安阳市林业快速发展提供了强有力的科技人才支撑。二是切实加强党风廉政建设。认真落实“一岗双责”制，加强党风廉政建设，做到有布置、有检查、有总结，全年无违纪现象发生。认真开展了两次教育活动。6月上旬~7月上旬在全局开展“讲学习、讲正气、讲发展”学习教育活动；11月中旬~12月中旬按照《中共安阳市委、安阳市人民政府关于在全市开展“转变干部作风　促进工作落实”的活动通知》（安发〔2006〕22号文件）精神，在全局范围内开展为期2个月的学习教育活动。两次活动达到了预期效果，进一步提高了干部队伍素质，加强了机关队伍建设，林业各项工作任务圆满完成。

二、纪实

安阳市林木种苗工作站成立　2005年底，经安阳市机构编制委员会办公室批准，安阳市林木种苗工作站正式挂牌。明确林木种苗工作站的主要职能是：负责全市林木种苗生产管理、种质资源保护工作；指导国有苗圃和种苗基地建设；负责林业育苗技术的指导，新技术、新品种的引进、示范和推广。

安阳市林业局多项成果获市科学技术进步奖　1月，在安阳市人民政府表彰的2005年度安阳市科学技术进步奖项目中，市林业局推荐的3项科技成果全部获奖。该年度获得一等奖的项目共有5项，市森林病虫害防治检疫站梁仲明等人主持完成的《安阳市杨树食叶害虫综合控制新技术研究与推广》荣获一等奖，是全市涉农单位唯一获得一等奖的项目。市营林站徐保国等人主持完成的《欧美杨107号在安阳地区良种性状表现及栽培模式研究》、市林业技术推广站杜广云等人主持完成的《安阳市枣农间作优化模式与丰产栽培综合配套技术研究与推广》分别获二、三等奖。

安阳市龙泉花卉生态园规划方案通过评审　2月18日，安阳市龙泉花卉生态园规划方案评审会在安彩大酒店举行。市委副书记李发军，市人大副主任杨六生、尚天法，市政府副市长葛爱美，市政协副主席黄世华等领导同志及有关专家，龙安区、市直有关部门的负责人出席了评审会。经过专家组评审认为，该方案符合安阳市实际，突出了龙泉花卉苗木的特色，建成后将成为安阳乃至周边地区人们观光、休闲娱乐的又一胜地。

林业科技专家赴乡村开展农业科技致富能力培训　2月13日~3月15日，市委组织部牵头组织市林业局、农业局等涉农部门、科技单位，在安阳市第三批先进性教育活动中开展农业科技致富能力培训活动。安阳市林业局共派出9名林业专家参加本次集中培训活动。他们奔赴各县分别就林业育苗、造林技术、经济林生产、林业产业发展及森林病虫害防治、森林防火、野生动物保护等进行宣讲、技术咨询和技术服务。目前，宣讲团已培训11场，培训1 200余人，参加科技大集活动8次，发放宣传资料4万余份。

召开造林绿化动员大会　3月7日，安阳市造林绿化动员大会召开。市委副书记、市长董永安，市人大副主任尚天法，副市长葛爱美，市政协副主席董宝，安阳军分区副政委种祥义等出席了会议。各县（市、区）长、主管造林绿化工作的副县（市、区）长、林业局长（农委主任）及市绿化委员会成员，市直、中央和省驻安阳单位及受表彰的先进单位代表共230余人参加了会议。

董永安市长到龙安区参加义务植树　3月9日，市委副书记、市长董永安，副市长陈明今、王晓然、葛爱美等市政府领导与政府机关工作人员60余人，到龙安区马投涧乡参加义务植树活动，共栽植了1 000多棵杨树。

安阳县开展万人植树活动 3月12日，安阳县水冶镇开展了万人植树活动。水冶镇党委、政府组织全体机关干部、该镇辖区内各村两委、中学教师和学生，驻镇企业事业单位，当地驻军1万余人在水冶镇红罗山开展义务植树活动。当天，共栽植杨树、火炬树、甜柿、侧柏、刺槐等6万余株。

林州发现北方罕见的竹叶椒 3月17日，林业专家在林州市万宝山自然保护区发现了10余株北方罕见的长年不落叶的竹叶椒。竹叶椒又名野花椒，叶子细长如竹叶，生长在低山森林下、灌木丛中，与花椒同属芸香科。竹叶椒主产于我国中部及南部的广东、广西、湖南、浙江、江苏等地，北至秦岭，而在秦岭以北则极为罕见。林州市此次发现竹叶椒是继2002年万宝山自然保护区内发现长裂太行菊等6种国家濒危植物后的又一重大发现，对研究南太行自然生态系统的结构和变化以及植被的演替规律，提供了重要的科学依据。

市林业局开展“缅怀太行青松，发扬光荣传统”主题实践活动 3月25日，市林业局组织全局80多名党员干部到林州木皂寺已故全国林业劳动模范石玉殿墓前举行“缅怀太行青松，发扬光荣传统”的主题实践活动。石玉殿生前是闻名全国的林业劳动模范，他把毕生的精力献给了太行山区的造林绿化事业，先后多次被评为劳动模范，被誉为“全国植树能手”和“中国的米丘林”，曾多次受到毛泽东等党和国家领导人的接见，被后人赞为“太行青松”。

内黄县打响枣树品种改良攻坚战 3月26日，内黄县召开枣树品种改良高接换头动员会。会后，从县林业局抽调56名经过专门培训的林业技术人员和雇用的151名农民技术工，分赴中召乡双村、后河镇余庄村和亳城乡赵七级村，对500亩枣树进行品种改良高接换头，计划用20天时间，嫁接枣树1万余株，接穗40万个。

林州绿色通道建设 2006年春季，林州市对安林高速林州段、翟阳路、东南路、葛嘴路、淦南路等5条已定型道路进行了绿化美化。通道绿化总里程171.3公里，涉及南部9个乡（镇）；植树路段88公里，共植树19.5万株。目前林州市绿色通道工程累计总里程已达278.3公里。

安阳市人大代表视察林业工作 4月6~7日，安阳市原市人大常委会副主任赵建新，人大常委会委员、原安阳军分区政委马春勇及部分市人大代表一行12人，对内黄县、安阳县和北关区、龙安区的防沙治沙工程、太行山绿化工程、林业精品示范园建设、枣树品种改良、大户承包造林、全民义务植树活动、生态湿地建设等进行了视察。

市人大代表共同探讨林业发展大计 4月11日，市人大农工委召开林业工作座谈会。与会代表听取了市林业局局长路明军关于安阳市2005林业工作开展情况、“十一五”林业发展工作思路等情况汇报。一致认为：经过多年努力，特别是近两年来“四荒”拍卖造林以及全民义务植树的深入开展，安阳市的林业建设取得了十分显著的成绩，林业在建设社会主义新农村、促进农民持续增收等方面发挥了巨大的作用。

市林业局追踪除治“植物杀手”——“加拿大一枝黄花” 4月10日，在市森检执法人员的监督下，市森林病虫害防治检疫站组织人员，对有害生物普查时在上年除治过的加拿大一枝黄花地块及其周围又发现的部分散生幼苗，进行机器、人工挖掘及药物除治，并集中进行了销毁。

内黄新成立6个中心站 3月23日，经内黄县编委批准，设置内黄林业局城关、高堤、井店、后河、楚旺、豆公6个林业工作中心站。林业工作中心站为事业性质，正股级规格，属县林业局派出机构，每站负责2~3个乡（镇）的林业工作，共有编制20名，经费纳入财政全额预算管理。内黄中心站建设的模式对指导全省乡站下一步发展具有指导意义。内黄县在全省会议上介绍了中心站建设的经验后，新乡、开封等市前来参观学习。

内黄林业招商会硕果累累 4月20日，内黄县委、县政府组织召开内黄红枣专场招商会，来自全国各地及韩国、日本等地的客商参加了招商会，其中山东济宁兴达木业公司等12家企业与内黄县达成合作意向。招商推介硕果累累，签约项目主要是红枣及木材加工，签约金额达两亿多元。

安阳市温棚果树发展现场会在内黄召开 4月30日，全市温棚果树发展现场会在内黄县召开。

安阳市开展林业综合执法检查 5月9~19日，在全市林业系统开展了林业综合执法大检查。主要包括执法队伍建设、基础设施建设、涉林案件查处、法律文书填写、案件卷宗制作、行政许可项目审批、林权证发放等方面的内容。

河南省2006年大小蠹工程治理及豫北6市杨树病虫害联防会在林州召开 6月5日，省林业厅在林州召开河南省2006年大小蠹工程治理及豫北6市杨树病虫害联防会，省林业厅森林病虫害防治检疫站副站长林晓安及豫北6市3县林业部门的领导参加了会议。大小蠹虫是从国外传入我国的一种危险性害虫，主要危害油松。

市林业局开展庆“七·一”纪念活动 6月份，市林业局广泛开展纪念建党85周年系列活动，在全局上下营造了浓厚的爱党、颂党的节日氛围。

飞防工作圆满完成 7月11~15日，开展飞机喷药防治杨树食叶害虫工作。这次飞防共飞行23架（次），防治面积8.2万亩。飞防区域涉及内黄、汤阴、滑县、龙安区、文峰区、北关区，主要是京珠高速、汤上线、鹤台线等通道绿化林带及农田林网和片林。通过飞防，迅速遏制了杨树食叶害虫暴发趋势，据初步调查，防治效果达到90%以上。

大型林木加工企业落户林州 9月，在海南省从事房地产开发的石延喜投资3 000万元在林州建设林木深加工企业，一个年产值1亿元的大型林木加工企业——林州建泰木业公司落户林州。该企业的建设，填补了林州林木加工无大型企业的空白。企业建成后，能年生产细木工板、建筑模板、装修板、包装板和高档木地板等10万立方米，产值达到1亿元。

韩国专家赴林州考察核桃生产 8月，韩国山林厅国立山林科学院研究专家李郁教授，在中国林业科学研究院和省林业科学研究院专家的陪同下，参观考察了林州市采桑镇南采桑村核桃良种示范基地。中韩两国专家就优质核桃品种、生产特性、病虫害防治、综合管理、丰产技术等进行了学术探讨和交流。

安阳市参加林业生物质能源示范区建设座谈会 8月8日，全国林业生物质能源示范区建设座谈会在北京召开，安阳市作为河南省唯一的示范区参加了会议。根据会议精神，国家将在林州建设以黄楝木为主要树种的生物质能源林示范基地。基地初步规划建设面积4.5万亩，投资1 600万元，建设期限为2006~2010年，国家将对示范基地建设给予一定的补助。

市林业局召开林业系统治理商业贿赂工作会议 8月11日，全市林业系统治理商业贿赂工作会议召开。会议传达了国家林业局、省林业厅治理林业系统商业贿赂专项工作会议的精神，回顾总结了全市林业系统开展治理工作的情况，安排部署了下一阶段全市林业系统治理商业贿赂的工作。

初步摸清区域内国家重点、省重点保护野生动植物种类 8月，安阳市初步摸清了区域内分布的国家重点、省重点保护野生动植物的种类，并整理出安阳市分布的国家重点、省重点保护野生动植物名录。名录所列国家重点、省重点保护野生植物共22科27种，国家重点、省重点保护野生动物共17目26科64种。其中国家一级保护植物有银杏和红豆杉2种，国家二级保护植物有鹅掌楸和野大豆2种，省重点保护植物有青檀、太行花等23种；国家一级保护动物有大鸨、金雕等9种，国家二级保护动物有雕、中华虎凤蝶等30种，省重点保护动物有苍鹭、黑斑蛙等25种。

召开森林防火暨重点林业工作会议 11月9日，安阳市召开全市森林防火暨重点林业工作会议。会议传达了省林业生态工作会议精神，通报了前三季度林业工作情况，隆重表彰了全市“三年无森林火灾先进乡镇”、“森林防火基础设施建设先进乡镇”和“扑救森林火灾优秀个人”及“四荒”拍卖造林工作先进单位和先进个人；向2006年度的55户“四荒”造林大户兑现了以奖代补资金99.5万元；安排部署了下一阶段的森林防火及林业重点工作。市政府还与林州市、安阳县、龙安区人民政府签订了森林防火责任状。

林州万宝山省级自然保护区总体规划通过评审 12月10日，省林业厅组织省纪委、省环保局、省财政局、河南农业大学等有关部门负责人，对林州万宝山省级自然保护区总体规划进行了评审。万宝山自然保护区位于林州市北部，规划总面积8 667公顷。区内人烟稀少，物种丰富，生态环境良好，在河南省太行山区具有典型意义。专家组评审认为，该规划符合当地实际，建成后对切实保护本区域生态环境，对豫北地区的水土保持、生态平衡、农业增收和经济可持续发展将发挥重要作用。

鹤壁市

一、概述

一年来，鹤壁市的林业工作在鹤壁市委、市政府和省林业厅的正确领导下，坚持以邓小平理论和“三个代表”重要思想为指导，全面落实科学发展观，紧紧围绕建设“富裕、文明、和谐、生态”新鹤壁的奋斗目标，通过高标准规划、高质量建设、高效能管理，林业发展呈现出良好的态势，圆满和超额完成了年度责任目标任务，各项工作均取得了显著成绩，为全市经济社会快速发展作出了积极的贡献。全市完成造林绿化面积12.335万亩，新发展优质经济林面积2.3万亩，新建和完善平原农田林网37万亩。认真做好森林防火工作，全市没有发生重大森林火灾。进一步强化了资源林政管理工作，森林、林木年采伐量均未突破省定采伐限额（省定森林采伐限额23 282立方米，实际采伐3 258.6立方米）。争取上级资金1 922万元，完成招商引资1 600万元。圆满完成了市政府下达的城乡一体化工作目标、安全生产目标、淇河保护与开发责任目标、行政执法责任目标等。

（一）造林绿化工作

一年来，鹤壁市各级林业部门围绕市委、市政府提出的建设“富裕、文明、和谐、生态”新鹤壁的奋斗目标，按照全市造林绿化总体规划的要求，突出重点、创新机制、严格标准、真抓实干，大打造林绿化攻坚战，圆满和超额完成了市政府和省林业厅下达的各项造林任务。全市共完成人工成片造林面积12.335万亩；新建和完善平原农田林网面积37万亩；完成太行山绿化面积2.935万亩，完成防沙治沙工程造林面积0.9万亩；通道绿化339.5公里，四旁植树178万株，义务植树61.4万人（次），植树316万株。新发展的经济林主要树种以花椒、杏李、核桃、香椿、柿子等为主。

1.快速通道两侧和新老区连接带的绿化

快速通道两侧荒山荒坡的认养林共栽树39万株，绿化面积1 380亩。为把这条交通要道打造成绿色生态长廊，2006年春又继续在快速通道两侧绿化面积1 615亩，栽植各类苗木33.1万余株。全面启动了快速通道道路绿化工程，在短短20天的时间内全部完成了行道树的栽植工作，共栽植7 000余株。2006年新老区连接带的绿化主要模式是对地边埂大面积进行绿化，即埂上一行，埂下一行，呈“品”字形栽植；同时，对其间的退耕还林地进行补植补造，在金山寺和电厂、水泥厂等地营造了面积近400亩的片林，以蔡庄为中心营造杨树丰产林面积1 300余亩。共完成新老区连接带造林绿化面积15 927亩，植树21万余株，主栽树种为杨树。

2.淇河绿化

2006年淇河全线20个标段已累计绿化面积2 455亩，栽植各类苗木217.7万余株。在淇河绿化中新建寒坡湿地、淇水仙岛、贺家湿地、瀛洲春色、深林鸟语、白蛇遗踪、罗贯中隐居处、采摘园、天然太极图等9处自然、人文景观。在淇河两岸继续开展荒山造林，共完成造林绿化面积1 500余亩，栽植火炬、黄栌、合欢等27万余株。同时还对淇滨乐园至寒坡洞段留有的空当进行了大面积的补植补造，新添梨园、竹园、合欢林等绿化景点3个，栽植各类树木花草35.41万株。

3.平原绿化

根据省林业厅要求，浚县2006年要实现平原绿化高级达标。为完成浚县平原绿化高级达标的任务，市林业局多次组织人员深入浚县帮助制定规划和督导。浚县上下广泛动员，认真组织实施，该县平原绿化高级达标顺利通过验收。全市共新建和完善平原林网面积37万亩，其中新建平原林网面积15万亩，完善林网面积22万亩。

4.太行山绿化工作

按照省林业厅下达的年度太行山绿化生态工程任务，及时进行了科学规划，按县、乡、村分解任务，编制造林设计书和施工图，并精心组织实施。在造林上采取了专业队造林、义务植树等形式，坚持防护林、用材林、经济林相结合，造林和管护相结合，促进了工程建设的顺利开展。全年完成人工造林面积2.935万亩。在云梦山绿化升级改造工程中，采取市、县政府统筹、部门分工负责、专业队造林的模式，按照“丰富树种、增加层次、强化生态、突出特色”的原则，对云梦山原有林地进行改造。共组织专业造林队3支，采取点播和植苗造林两种形式，全年共完成造林面积1.1万亩，主要树种是火炬树、石榴、山桃、山杏等。

（二）林业生态县建设工作

淇滨区按照《河南省人民政府关于批转〈河南省创建林业生态县实施方案〉的通知》要求，成立了创建林业生态县领导小组，制定了淇滨区林业生态县建设方案，并认真组织实施。该区于9月3日开始，组织有关人员进行了为期一个半月的全面自查。省林业厅组织有关人员于11月下旬，对淇滨区林业生态县创建工作进行了验收，认定该县达到了林业生态县标准。淇滨区成为全省9个“林业生态县”之一，该区也是豫北地区唯一入选的区（县）。

（三）新农村建设绿化工作

结合全市城乡一体化及林业工作实际，市林业局制定了《推进新农村建设林业工作实施方案》，并依照省林业厅的要求，积极开展了生态示范村建设。各级林业部门按照要求，逐村进行了调查摸底，并帮助制定了新农村示范村建设绿化规划，重点完成了市（县）级21个、乡（镇）级50个村的新农村建设绿化规划。市林业局投入资金10余万元，对11个重点村的街道绿化无偿提供绿化苗木，共提供楸树、国槐、垂柳等树苗7 000余株，11个重点村的道路已全部完成绿化任务。全市林业系统共投入绿化资金260万元，为新农村建设提供了资金支持。

（四）森林资源保护管理和森林防火、森林公安工作

在森林资源保护管理工作中，认真做好了国家重点公益林、省重点公益林的区划界定及有关项目的申报工作；顺利开展了森林资源二类调查工作；对重大工程项目（京珠高速拓宽、南水北调、京广客运专线等工程）占用林地情况进行了认真调查或咨询；严格执行林木采伐审批制度，本年度全市未发生超限额采伐现象；积极开展了“爱鸟周”、“野生动物保护宣传月”等一系列宣传活动，取得了较好的效果；认真开展了野生动物疫源、疫病、疫情监测工作，监测实行“零报告”制度，全年未发现野生动物疫病、疫情。为加强全市森林资源管护工作，市编办批准市林业局成立了市林业稽查大队。

2006年，全市的森林防火工作始终是在极为严峻和高度紧张的形势下展开的。全市各级部门全力以赴，采取早部署、抓落实、强化领导责任制、加大火源管理和森林防火宣传的力度、加强专业扑火队的建设、完善各项森林防火制度等措施，全年没有发生大的森林火灾。2006年鹤壁市政府常务会议研究通过了《鹤壁市森林防火抢险应急预案（草案)》和《鹤壁市重大林业有害生物灾害应急预案（草案)》。

一年来，全市森林公安机关认真贯彻落实公安部关于开展“基层基础建设年”的号召，深入开展了一系列活动，狠抓了森林公安“八项重点工作”，广大民警的思想素质、身体素质和精神面貌有了很大转变。结合全市实际，积极行动，精心组织，及时开展了各项林业严打斗争，有力地打击了犯罪分子的嚣张气焰。据统计，全年鹤壁市共发生各类林业案件457起，其中刑事案件12起，林业行政案件422起，查结案件450起，收缴木材120立方米，整顿木材经营点51个，收缴各类野生动物1 623只 (头)，活体放归了大自然或进行了妥善处理。

（五）林业产业工作

2006年，全市共完成林业产值26 139万元，比2005年的21 955万元增长了4 184万元。一年来，按照林业结构调整的要求，加快了林业产业化的步伐，积极探索林业产业化的路子，帮助农民走林工贸一体化，产供销一条龙和公司、基地加农户的道路。在林业产业建设上，一是加强领导；二是大力实施“林业高效开发园区”计划，市林业局会同县（区）统一制定规划，进一步放宽林业政策，调动农民发展林业产业的积极性；三是创办“精品工程”，提高经济效益。在创办精品工程项目过程中，还积极支持兴办“龙头”企业，如裕丰果业发展有限公司是集高效林业示范基地和果品于一身的企业，他们不仅积极引进各种林果名优特稀新品种，进行示范，而且在基地建设中，采用“公司+农户”的模式，在扩大基地规模的同时，也给周边农民带来了显著的经济效益，为全市林业产业的发展起到了积极的推动作用。

（六）林木种苗管理和林业科研、推广和科技培训工作

2006年，全市林业完成育苗面积5 715亩。在种苗管理中开展了林木种苗质量抽查，实施了《中华人民共和国种子法》自查，举办了《中华人民共和国种子法》知识竞赛活动。在工程造林和经济林建设中，首次大面积推广应用了GGR生根粉、抗旱保水剂等新技术，有效地提高了造林质量和林木成活率。重点推广应用了截干造林、抗蒸腾剂、点播造林技术，果树密植早丰产技术等多项新技术，造林成活率达到90%以上，精品林成活率达95%以上。果树密植早丰产示范取得了突破性进展。积极开展了林业科研推广和科技培训工作，共推广林果新技术4项，引进芦竹、芦荻、红叶石楠、美国红枫等林果新品种，引进新品种面积达5 000亩，市、县两级均建立了林业科技示范基地。组织各级林业技术人员积极开展服务三农、送科技下乡等活动，组织科技下乡25次，共培训林果农5 000多人（次），印发技术资料6 000余份、书籍200本，为林农解决了生产中的实际问题。

（七）森林病虫害防治工作

鹤壁市森林病虫害防治工作认真贯彻执行《中华人民共和国森林病虫害防治条例》、《中华人民共和国植物检疫条例》及《河南省植物检疫条例》，强化森林病虫害防治目标管理工作，继续推行森林病虫害限期除治制度，加强森林病虫害防治检疫站建设，完善了防治、测报、检疫三个网络，进行了病虫害的普查工作，开展了杨树食叶害虫等病虫害的防治工作。全市共发生各种林木病虫害16.532万亩，防治各种林木病虫害13.249万亩，防治率为80.1%。首次利用飞机喷洒农药防治病虫害的方法，重点对京珠高速、107国道、新区北部防护林带等地段进行了飞防。通过实施飞防，不仅保护了造林绿化成果，而且改善了治理区的生态条件，可直接增加经济效益500万元。

二、纪实

鹤壁市林业局在2005年年终考评中被评为优秀单位 2月14日，鹤壁市市委、市政府在市人民大会堂三楼会议厅召开综合考评总结表彰大会，隆重表彰2005年度工作中涌现出来的先进单位。会上，市林业局被评为全市2005年度综合考评优秀单位和2005年度争取上级资金先进单位，并获得奖金2万元。

鹤壁市召开春季植树造林和森林防火工作会议 2月16日，全省春季植树造林和森林防火工作电视电话会召开之后，市政府对全市春季植树造林和森林防火工作进行了安排部署。2006年全市造林绿化的主要目标和任务有6项：一是完成工程造林面积10万亩，造林精品工程达到40%以上；二是新建和完善平原林网面积30万亩；三是完成重点通道绿化108公里；四是完成四旁植树186万株；五是义务植树尽责率达到85%以上，义务植树205万株，每个县（区）建立1~2个面积在500亩以上的县级全民义务植树基地；六是继续搞好太行山绿化工作，完成封山育林面积2万亩。

鹤壁市林业局召开春季造林绿化工作动员会 2月24日，鹤壁市林业局召开了由各县（区）林业局局长、造林股股长、办公室主任参加的林业工作会议，对全市春季造林绿化工作进行了再动员。会议下发了《鹤壁市林业局关于印发〈各县区林业工作责任目标〉的通知》，并对2005年度林业工作中涌现出来的先进单位和先进工作者进行了表彰。

市委副书记张俊成考察重点林业工程 3月6日，市委副书记张俊成在市林业局和淇滨区、山城区负责同志的陪同下，对淇河绿化、快速通道绿化等重点林业工程进行考察，对近几年来淇河绿化工作取得的成绩表示肯定。

鹤壁市林业局获得省林业厅“2005年度目标管理优秀单位”称号 3月8日，在省林业工作会议上，鹤壁市林业局获得省林业厅“2005年度目标管理优秀单位”称号。在省林业厅2005年考评中，鹤壁市人工造林完成目标的100%；林业育苗完成目标的132%；林业产值完成目标的255%；林业精品工程完成精品率63.61%；鹤壁市林业工作在2005年度综合考核中排名居全省第五位。

市委书记王训智检查淇河绿化工作　4月18日，鹤壁市委书记王训智在市委常委、市委秘书长桂玉强和副市长张克强的陪同下，对淇河绿化工作进行了检查。王训智认真听取了有关部门关于淇河绿化工作的汇报，并对下一步的绿化工作提出了具体要求。同时强调，要加大绿化和管护工作力度，保证绿化质量，尽快使淇河新区段绿起来、美起来，成为新区一道亮丽的风景线。

鹤壁市市长李培育考察春季造林绿化工作　4月28日，市长李培育在副市长张克强、市政府秘书长李玉家、市林业局局长牛安濮等同志的陪同下，驱车来到淇河和连接新老区之间的快速通道，考察春季造林绿化工作。李市长对春季造林绿化工作取得的成绩给予了充分肯定，对下一步的工作提出了明确要求。

首次引进世界银行贷款用于造林绿化　2006年，鹤壁市为了加快造林绿化步伐，首次引进了世界银行贷款。该造林项目共投资322.77万元，其中外资为164.61万元，省级配套资金32.28万元，市、县配套资金48.42万元，劳务投资77.46万元全部用于淇县造林绿化。2006~2007年两年内计划造林8 895亩。

召开全市雨季造林工作会议　6月22日，鹤壁市林业局召开了由各县区林业局局长、主管副局长、造林股股长参加的全市雨季造林工作会议。会议传达了《鹤壁市2006年雨季造林工作意见》，全面部署了雨季造林的工作重点。主要任务是3万亩新造林地的补植完善，雨季点播造林1.2万亩；淇县以云梦山绿化升级改造为重点，在云梦山地区开展雨季点播造林；淇滨区、鹤山区以淇河两岸、快速通道两侧以及其他通道两侧的荒山绿化为重点，集中连片安排点播造林；山城区、浚县结合实际，适当安排点播造林。

首次采用飞机防治杨树食叶害虫　7月12~14日，鹤壁市林业局针对全市目前杨树虫害发生面积增加的趋势，重点对京珠高速、107国道、新区北部防护林带等地段进行了飞机喷洒农药防治。鹤壁市现有保存杨树面积8.5万亩。

首个林业科技示范园结硕果　7月中旬，鹤壁市首个林业科技示范园喜获第一批成果。该园密植的"红不软"桃树获得丰收，每棵桃树结果约5公斤，果实硕大、匀称，皮色艳丽，果面洁净，受到前来参观的干部、群众的称赞。该示范园位于刘庄村西，紧邻淇河，占地面积150亩，目前共安排有5个项目：桃树密植早期丰产栽培技术及品种对比实验，大叶无核枣综合性状观察试验，大樱桃适应性试验，核桃密植栽培丰产和新品种选育实验，杏李栽培试验。

召开雨季点播造林现场会　7月26日，鹤壁市雨季点播造林现场会在淇滨区上峪乡天然太极图雨季点播造林区内召开。市、县（区）林业局局长、副局长、造林股股长、林业技术推广站站长及上峪乡主抓林业工作的同志等60余人参加了现场会。

召开城乡一体化和新农村建设工作会议　8月2日，鹤壁市召开了由各县（区）林业局局长、造林股股长参加的城乡一体化和新农村建设工作会议。会上，各县（区）林业局局长就前一时期城乡一体化、新农村建设工作及下一步工作打算作了总结汇报。

省林业厅副厅长张胜炎视察鹤壁市造林绿化工作　8月11日，省林业厅副厅长张胜炎在市林业部门负责人的陪同下，对鹤壁市淇河绿化、新老区快速通道两侧荒山绿化及太行山点播造林等绿化工作进行了视察。张胜炎副厅长对鹤壁市近年来绿化工作取得的成绩给予了肯定。

淇滨区被列为“全省林业生态县” 8月，鹤壁淇滨区在全省“林业生态县”申报中脱颖而出，成为全省9个“林业生态县”之一，该区是豫北地区唯一入选的县（区）。该区林业部门以打造“绿色淇滨、生态淇滨”为目标，加大造林力度，坚持走以生态建设为主的林业可持续发展道路，采取多渠道、多形式发展林业，实施了太行山封山育林、淇河绿化和快速通道两侧荒山荒坡认养绿化等多个重点生态绿化工程，有力地推动了全区生态区域建设。

市政府召开常务会议研究通过两个林业应急预案 9月21日，常务副市长王明德主持召开市政府常务会议，研究环保、林业工作，讨论通过了《鹤壁市森林防火抢险应急预案（草案）》和《鹤壁市重大林业有害生物灾害应急预案（草案）》。

首次开展森林资源二类调查工作 10月中旬，鹤壁市建市以来首次森林资源二类调查工作开始。全市各级林业部门共抽调92名林业技术人员，组成29个调查小组、3个质量检查组，计划用2个半月的时间，于2006年底前完成外业调查任务。这次调查由全省统一组织，率先在豫北鹤壁、新乡、安阳、濮阳4市开展。鹤壁市预计投入资金120余万元，全部由市、县（区）筹集。

全市森林防火工作会议召开 10月31日，鹤壁市政府召开全市森林防火工作会议。会议下发了《鹤壁市人民政府护林防火指挥部办公室关于切实做好今冬明春森林防火工作的通知》、《鹤壁市人民政府护林防火指挥部办公室关于认真开展森林防火宣传月活动的通知》、《鹤壁市人民政府护林防火指挥部办公室关于规范森林火灾火情报送工作的通知》，会议还对2006年冬2007年春的护林防火工作作了具体安排和部署。

鹤壁市召开全市“绿盾行动”动员大会 10月31日，鹤壁市召开全市森林公安机关“绿盾行动”动员大会，认真贯彻落实了全省“绿盾行动”电视电话会议精神，安排部署了全市“绿盾行动”的主要任务。市森林公安分局、林政科、宣传办和各县（区）主管局长，派出所所长、指导员，林政股股长，全体民警参加了会议。市林业局纪检书记郑西省同志作了重要讲话。

召开秋冬季植树造林暨森林防火工作会议 11月6日，在全省秋冬季植树造林暨森林防火电视电话会议之后，鹤壁市组织有关单位、各县（区）及乡（镇）有关人员召开了全市秋冬季植树造林暨森林防火工作会议，安排部署秋冬季植树造林工作和森林防火工作。副市长徐合民、军分区参谋长鲁先诚参加了会议。

市人大副主任昝国聚视察林业工作 10月10~11日，鹤壁市人大副主任昝国聚对浚县平原绿化高级达标活动和淇滨区林业生态县创建工作进行了视察，对浚县和淇滨区的创建工作和取得的成效给予了充分肯定，同时指出了工作中存在的问题，对下一步工作提出了具体要求。

快速通道绿化工作全面展开 11月25日，快速通道两侧的绿化工程全面启动，计划在15天内全部完成行道树的栽植工作。新、老区快速通道两侧可绿化的总长度约15公里，施工任务由通过招投标确定的6个施工单位承担。绿化工程基本上分几种类型：通道两侧栽植行道树，大部分为栾树；在辛村柳庄段毗邻淇河而且地势比较好的地方栽植垂柳；地势复杂的地段，进行填方、挖方；和山体相连的地方，在护墙与山体中间用土方填起来，再因地制宜地栽植上大树、花灌草木等。

濮阳市

一、概述

2006年，濮阳市林业系统按照市政府《关于“十一五期间50万亩速生丰产林基地建设意见》和《关于开展速生丰产林基地建设“森林杯”竞赛活动意见》的要求，以速生丰产林基地、退耕还林、防沙治沙等林业重点工程建设为突破口，扎实开展“森林杯”竞赛活动，推进造林绿化工作持续快速发展。据核查验收，全市共完成工程造林面积18.32万亩，其中速生丰产林基地10万亩，退耕还林荒地造林3.8万亩，防沙治沙工程2.2万亩，水土保持工程0.2万亩，外资造林0.3万亩，大广高速公路通道绿化1.82万亩； 新建农田林网11.98万亩，完善农田林网80.3万亩； 通道绿化完成306.99公里;濮阳县率先建成林业生态县，并顺利通过省级验收。全市完成15个林业生态村建设任务；全年总植树1 400万株。发展林业育苗0.8万余亩；新建经济林基地1.5万亩；建科技示范基地0.26万亩。全市林业总产值达到13.9亿元。

（一）速生丰产林基地建设

林纸一体化项目是市委、市政府为实施“以工兴市”战略而确定的重点建设项目，以林纸、林板项目为主的木材加工业是“十一五”期间全市经济发展的重要支柱产业。为确保杨木原材料的持续有效供给，促进濮阳市林纸、林板等木材加工业快速健康发展，实现“农民增收、企业增效、政府得绿”的三赢目标，市政府研究决定，“十一五”期间每年投资500万元，累计投资2 500万元用于50万亩速生丰产林基地建设。2006年建设10万亩速生丰产林基地，其中濮阳县2万亩、清丰县2万亩、南乐县3.7万亩、范县1万亩、台前县1万亩、高新区0.3万亩。市政府投入苗木补助资金500万元，其中市财政基建经费300万元，市支农资金200万元，对速生丰产林基地建设每亩补助苗木费50元。该项投资待树木成材采伐时进行回收，作为速生丰产林基地的建设基金，循环使用，滚动发展。同时，市委、市政府把速生丰产林基地建设纳入目标管理体系，与县（区）签订目标管理责任书，年终对目标完成情况进行严格的考核验收。各县（区）、各乡（镇）积极采取有效措施，集中人力、物力、财力，强力推进造林绿化工作，全面完成了10万亩速生丰产林基地建设任务。

（二）“森林杯”竞赛活动

2006年是“森林杯”竞赛活动开局之年，为切实把评比活动开展好，市林业局研究制定了《濮阳市速生丰产林基地建设“森林杯”活动评比办法（试行）》，并认真按照办法进行了组织评比。根据对各县（区）造林实绩核查验收的结果，经县（区）上报和市林业局审查，确定濮阳县为“森林杯”获杯县，濮阳县鲁河乡等13个乡（镇）为“森林杯”获杯乡（镇）。

（三）启动绿色家园行动计划

为切实改善农村人居环境，提高农民生活质量和幸福指数，扎实推进社会主义新农村建设，2006年制定下发了《濮阳市绿色家园行动计划》实施意见，并在全市确定出15个行政村作为绿色家园建设示范村进行重点扶持。“绿色家园”达标村的具体标准和要求是：村庄庭院绿化合格率达到95%以上；休闲公益林人均1平方米以上，学校、村室等村内公共场所高标准绿化；村内街道、进村道路行道树栽植管护规范，林相整齐，景观优美；村旁宜林荒地全部绿化，长势良好，形成环村林带；主街道硬化，村容整洁卫生，无柴草乱垛、粪土乱堆、污水乱泼、垃圾乱倒、禽畜乱放等现象，村内村边坑塘无污水臭水，雨、雪季节街道排水畅通，无严重积水泥泞现象；村庄周围500米范围内没有化学污染源和刺激气味；群众有良好的生态文明意识，重视环境，讲究卫生，爱绿护绿，爱鸟护鸟，没有毁坏树木、捕杀野生动物等破坏生态环境的现象；村风文明，邻里团结，秩序良好，群众安居乐业，对“绿色家园行动计划”实施效果普遍满意。

（四）科技兴林

全市各级林业技术部门围绕提高林业生产科技含量和科技贡献率，促进林业增效、农民增收，积极开展良种引进、种苗培育、新成果、新技术推广应用工作。2006年共完成林业育苗8 000亩；建经济林基地15 000亩，科技示范基地2 600亩。完成技术培训21 000人（次）；推广新技术、新成果8项；引进林果新良种15个，其中用材林11个，经济林4个。通过外出学习考察和调查研究，积极探索适合本市发展的林下经济生产模式。据不完全统计，全市已发展各类林下经济5万亩，其中种植业4.6万亩，养殖业0.4万亩，创经济效益1.5亿元。

（五）依法治林

全市各级森林公安机关始终坚持“严打”方针不动摇，紧紧围绕“刹风治乱”这条主线，相继开展了“严厉打击破坏森林和野生动植物资源违法犯罪”行动、“春季打击涉林违法犯罪”专项行动、“破案攻坚战”以及“绿盾行动”等林业严打专项行动。据统计，全市森林公安机关共受理各类破坏森林和野生动物资源案件269起，查结204起。其中：受理森林刑事案件19起，查结9起；受理林业行政案件245起，查结190起；受理野生动物案件5起，查结5起。打击处理违法犯罪人员224人，其中逮捕10人，刑事拘留13人，行政处罚201人。

（六）资源林政管理

一是坚持限额采伐，控制资源消耗。严格依法执行凭证采伐、凭证运输、凭证使用林地制度，林木采伐量9 148立方米，是年采伐限额26.950 6万立方米的3.4%，林木凭证采伐率、办证合格率分别达到95%以上；全市共办理征占用林地手续8起，面积640亩，审核率达到100%；完成林权证发放21.8万亩、6 218份。二是发挥木材检查站的职能作用，加强木材流通管理。全市全年共开具木材运输证6 088份，材积12.63万立方米，其中出省木材运输证4 254份，材积10.07万立方米；省内木材运输证1 834份，材积2.56万立方米，发证合格率达到98%以上。3个木材检查站共检查木材运输车辆10 797车（次），查处违法运输车辆27车（次），罚款3.36万元。三是加强野生动植物保护管理。以4月“爱鸟周”和10月“野生动物保护宣传月”活动为契机，广泛开展野生动物保护宣传活动，进一步增强全市广大群众关于野生动物保护、管理的法律意识。认真落实好野生动物保护管理的各项法律制度，全年共办理野生动物运输许可证2件，有关驯养繁殖、野生动物运输审核上报手续14件。根据高致病性禽流感疫情状况，及时启动《濮阳市林业局野生动物（鸟类）疫情疫病防控应急预案》，野生动物（鸟类）疫源疫病监测点认真执行监测任务，实行每日信息报送制度，共报送“野生动物疫源疫病监测疫情信息报告单”300余份。四是市行政服务中心林业局窗口成绩明显。全年共办理审批、审核手续1 255件，1次被评为流动红旗窗口，1人被评为服务标兵，市林业局被市政府授予“全市行政服务中心建设暨政府审批政务便民先进单位”称号。

（七）森林病虫害测报、防治和检疫工作

一是加大测报工作力度，准确预测主要林业有害生物发生危害趋势，掌握其发生动态，及时发布森林病虫害防治与检疫信息，为组织防治提供技术支持。二是组建防治专业队伍，积极参与防治，为群众开展防治提供示范。在春尺蠖危害高峰期，全市共防治春尺蠖11 450亩。三是加强检疫工作，造林苗木检疫率达到100%。2006年全市林业有害生物的成灾率为4.23‰，无公害防治率72%，测报准确率98%，产地检疫率87%，圆满完成了各项工作目标。

（八）林业产业

2006年，全市共争取林业各类生产建设资金2 919.63万元，其中国家级资金1 568.83万元，省级资金355.8万元，市级资金995万元，为林业建设提供了资金支持。全市林业产业呈现出快速发展的势头。据统计，2006年全市林业产值达到139 089万元，比2005年增长57.76%，其中第一产业58 703万元，第二产业76 594万元，第三产业3 792万元，林业产值结构趋向合理，在全市经济发展中所占的份额有所增加。

二、纪实

召开春季植树造林动员会　2月15日，全市春季植树造林动员会在濮阳宾馆召开，市委副书记徐教科、市人大副主任何广博、市政府副市长阮金泉出席会议。会议传达了《濮阳市人民政府印发关于开展速生丰产林基地建设“森林杯”竞赛活动意见的通知》，阮金泉副市长对全市春季植树造林工作进行了全面动员和部署，并代表市政府与各县（区）签订了2006年速生丰产林基地建设以及高速公路绿化责任书。

阮金泉副市长深入一线督导造林工作　3月5日，副市长阮金泉带领市林业、交通、高速公路管理等有关部门主要负责人和督导组成员，分别到造林任务比较重的南乐县、清丰县和高新区检查指导春季造林工作。阮金泉副市长一行认真察看了106国道、安济公路南乐段通道绿化，清丰县的速生丰产林基地建设和大广高速濮阳段绿化情况。

市四大班子领导带头参加义务植树活动　3月10日，植树节前夕，濮阳市四大班子领导及绿化委员会成员统一到濮上生态园参加义务植树活动。同日，在市直工委的统一组织下，市直党群、政府、政法、宣教、经贸、农业六大系统110个单位的干部职工共5 000余人，自带工具，驱车前往高新区西王什林场，共栽植速生丰产林300亩，植树1.65万株。

强沙尘暴侵袭南乐县 3月27日，当天16时33分，沙尘暴侵袭南乐县，风力9级，风速21.9米每秒，最小能见度300米，持续时间1时11分，属强沙尘暴，造成该县7 000亩林木受灾。用材林中的三倍体毛白杨受害较大，3 000余亩林地的树头被刮断。经济林中杏树受害较大，因风起时正值杏树盛花期，大风造成4 000亩杏树花落不能授粉，产量受到严重影响。

县（区）林业局长会议召开 3月30日，市林业局召开县（区）林业局长会议，各县（区）林业局（中心）局长（主任）、办公室主任，市林业局机关、局属事业单位副科级以上干部参加了会议。会议传达贯彻了市委农村工作会议、全省省辖市林业局长会议精神，总结了春季植树造林工作，安排部署了当前和今后一个时期造林绿化、森林资源保护、速生丰产林资金使用管理等林业工作。

省林业厅项目办公室来濮调研林纸、林板项目建设 4月25~26日，省林业厅项目办公室主任卓卫华一行3人在市林业局局长张百昂、副局长周秀安的陪同下，分别到濮阳县的子岸乡、庆祖镇，范县的高码头乡、王楼乡和张庄乡，就濮阳林纸、林板加工业以及速生丰产林基地建设进行了深入细致的考察。

开展“春季打击涉林违法犯罪”专项行动 4月16~26日，按照省森林公安局“春季打击涉林违法犯罪”专项行动的统一安排和部署，濮阳市森林公安机关迅速开展行动，共立刑事案件7起（其中重大案件1起），破案2起，逮捕4人，刑事拘留3人，查处治安、行政案件15起，处罚17人，取得了明显成效。

《中国绿色时报》原总编辑赵圣铁来濮阳采访考察林业工作 6月6~7日，《中国绿色时报》原总编辑赵圣铁（正司级）在省林业厅助理巡视员万运龙、宣传办公室主任李华堂的陪同下，来濮阳采访考察林业工作。

濮阳市获全省2006年林业重点生态工程检查验收综合评价第一名 6月1~10日，省林业厅通报对全省2006年5个林业重点生态工程的验收结果，濮阳市以99.19分的成绩位居各省辖市检查验收综合评价第一名。

副市长阮金泉调研林下经济 7月24日，副市长阮金泉带领市林业、畜牧、科技、科协、财政、农业发展银行、农村信用社等部门负责同志，到南乐县、清丰县调研林下经济发展情况。

国家林业局计资司负责人来濮调研 8月12日，国家林业局发展计划与资金管理司副司长汤晓文等一行3人，在省林业厅副厅长乔新江、助理巡视员万运龙，市委副书记徐教科、市人大副主任何广博的陪同下，先后到清丰县阳邵乡、濮上生态园、中原绿色庄园、龙丰纸业和濮阳县的庆祖镇、渠村乡以及八公桥镇文西干道两侧，对濮阳的农业综合开发治沙项目和林业产业发展等问题进行了调研。

濮阳市森林公安局、濮阳市护林防火指挥部办公室正式挂牌 9月1日，濮阳市隆重举行濮阳市森林公安局、濮阳市护林防火指挥部办公室挂牌仪式。省林业厅副厅长弋振立和市委常委、政法委书记蒋益民共同为濮阳市森林公安局、濮阳市护林防火指挥部办公室揭牌。

全面启动森林资源规划设计调查工作　10月10日，根据省林业厅的统一部署，濮阳市全面启动森林资源规划设计调查工作。市林业局成立了以局长张百昂为组长，副局长田平稳、周秀安为副组长的全市二类调查工作领导小组。

市林业局召开全市林业系统领导干部会议　12月5~6日，市林业局召开全市林业系统领导干部会议。会上，市林业局党组书记、局长张百昂作了《树立和落实科学发展观推进濮阳林业全面、协调、可持续发展》的报告，副局长周秀安作了《关于加强林业生态建设和林业产业发展》的报告，市林业局党组成员、副局长田平稳作了《关于加强林业执法和森林资源保护管理》的报告。期间，全体与会人员还分组进行了讨论。

新乡市

一、概述

2006年，在市委、市政府的正确领导和省林业厅的帮助指导下，全市林业工作按照科学发展观要求，紧紧围绕凤凰山森林公园建设、平原绿化高级达标、林业生态县建设、林权制度改革、全民义务植树等重点工作和年度责任目标，切实加强领导，狠抓队伍建设，严格目标管理，落实责任，强化措施，扎实推进“6655”工程，积极培育四个“一百强”，加快四个“中心”建设，各项工作均取得了明显成效，圆满完成了各项工作目标任务，为推进社会主义新农村建设、构建和谐社会、建设生态新乡作出了积极贡献。

（一）林业发展规划

编制了《新乡市“十一五”林业发展规划》、《凤凰山森林公园造林绿化实施方案》、《全市森林生态安全实施预案》、《凤凰山义务植树基地实施办法》、《创建市级文明单位实施方案》；出台了《2006年林业工作意见》、《关于建设凤凰山省级森林公园的决定》、《关于推进社会主义新农村建设的意见》、《关于优化经济发展环境的实施意见》、《关于全面推进林权制度改革的工作意见》。

（二）目标完成情况

全市共完成造林面积26.36万亩，是年度造林任务22.79万亩的115.7%。其中速生丰产林基地建设面积10.57万亩，退耕还林面积4.3万亩，飞播造林面积4万亩，重点防护林面积2.29万亩，外资造林面积1.2万亩，经济林面积4万亩；植黄河护堤林37.5公里，通道绿化317公里；新建和完善农田林网面积88.5万亩，林业育苗面积1.16万亩；四旁植树944.7万株，义务植树1 160万株，均超额完成任务。林业工程顺利通过了省检查验收，工程造林精品率达到省林业厅规定的40%以上，工程造林核实率达到90%以上。

（三）凤凰山森林公园建设

凤凰山森林公园建设步入健康、规范、有序的快车道，受到市委、市政府、省林业厅和社会各界的充分肯定。全年共完成植树686.73万株，是造林任务628.4万株的109.28%。其中义务植树基地完成植树60.77万株，是全年任务53万株的114.7%。有203个单位采取了以资代劳方式，缴纳义务植树费用人数74 751人，收取以资代劳费用1 562.8万元；完成了凤凰山森林公园5条休闲观光道路建设任务，2条道路正在施工；治理核心区域内污染企业29家；清理违规宗教场所6处。

（四）平原绿化高级达标和林业生态县创建

2006年卫辉市、凤泉区顺利通过省政府组织的平原绿化高级达标验收，全市整体实现平原绿化高级达标。按照市委、市政府对市（区）建设的要求，切实做好“三圈四层次”林业生态建设规划和创建国家森林城市的前期准备工作，大力开展林业生态县、林业生态村创建活动，广泛学习获嘉县东浮庄村造林绿化经验，积极探索新农村造林绿化的新路子，建成林业生态村136个。

（五）速生丰产林基地建设

通过到先进地区学习，重点扶持延津县基地、100个速生丰产林大户、100个林业强村，建立服务网络，转变营林机制，加快发展步伐，全市速生丰产林总面积达到70多万亩，已经成为改善生态环境、调整种植业结构、增加农民收入的重要举措和主导产业之一。

（六）项目争取

以项目统揽林业工作全局，抓住机遇，发挥优势，积极争取各项林业建设投资。截至12月底，共争取到各类林业项目资金12 727万元，比2005年的11 136万元增加了14.3%。其中无偿资金3 547万元，林业贴息贷款9 180万元。项目资金争取工作受到了市委、市政府的通报表彰。

（七）林权制度改革

重点是学习获嘉县东浮庄林权制度改革经验，积极开展“四荒”拍卖活动，及时发放林权证，规范林木和林地使用权合理流转，调动各类社会主体参与造林绿化的积极性，实现了改善生态环境和增加农民收入的双赢，非公有制造林已成为林业快速发展的主导力量。据统计，全市已拍卖宜林“四荒”绿化使用权面积30多万亩，非公有制造林18.73万亩，全年共发放林权证2 001份，退耕还林发证率100%，其他工程造林发证率达85%以上，完成了省定目标。

（八）“6655”工程、四个“一百强”和“四个”中心建设

以六大基地、六大园区、五大防护林带、五条绿色长廊为载体的“6655”工程整体推进，发展势头强劲。

封丘县20万亩金银花基地、延津县30万亩速生丰产林基地、长垣县10万亩苗木基地、获嘉县5万亩花卉基地和27万亩沿山经济林基地、原阳县万亩油桃基地六大基地总规划面积92万亩，至2006年已完成50万亩。以六大基地为主体的林业产业发展初具规模，林业年产值14.47亿元，已成为调整农村产业结构、增加农民收入的支柱产业。

六大生态园区建设快速推进，辉县市白云寺国家森林公园、凤凰山省级森林公园、延津县省级森林公园、原阳县省级森林公园、卫辉市跑马岭省级生态园区、新乡县古固寨省级生态园区的社会、生态、经济三大效益日益凸现，利用森林资源大力发展生态旅游服务业势头强劲。

环城生态防护林带、黄河太行堤防护林带、新长北线防护林带、107国道防护林带和京珠高速防护林带总长440公里的五大防护林带已基本完成；新辉、新原、新延、新濮和新获5条快速通道为主体的总长120公里的绿色长廊起到了很好的窗口形象作用。

四个林业“一百强”工程建设取得了显著成效，林业百强村、百强苗木花卉大户、百强速生丰产林大户和百强木材加工企业已成为全市林业产业发展的坚实平台。长垣宏力公司被授予“全国经济林产业龙头企业”荣誉称号，三个省级林产品品牌继续保持领先优势，市级林产业龙头企业快速跟进。

四个“中心”建设进展顺利。森林资源信息化管理中心二期工程建设已全面启动，市林木种苗质量检验中心、市森林病虫害防治监测中心一期工程基本竣工，市野生动物救护中心正在建设中。另外，在建的工程还有市森林防火物资储备库、市太行山猕猴自然保护区管理局、市野生动物疫源疫病监测站。

（九）森林资源保护

一是认真开展了森林病虫害预测、预报和林业有害生物普查工作，测报准确率达到83%，有效防治面积达61.5万亩，有效飞防面积达18万亩；二是认真落实森林防火责任制，加强火源管理，对重点林区严防死守，森林火灾受害率0.58‰，低于省定1‰的目标，确保了全市森林资源的安全，受到了市委、市政府的通报表彰；三是开展一系列严厉打击涉林违法犯罪活动，共受理各类林业案件682起，处理违法人员654人，确保了林区治安稳定，有效保护了林农的合法权益；四是严格林木采伐限额和征占用林地审核审批制度，全市共办理各种林木采伐证3 250份，采伐林木总蓄积量7.43万立方米；依法审核审批征用林地建设项目4起，征用林地面积达415亩，征收森林植被恢复费68.21万元，林木凭证采伐率、办证合格率、征占用林地审核审批率均达到省定标准90%以上；五是按照省林业厅要求，全面完成了森林资源二类调查任务；六是依法行政，全年累计受理行政服务事项4 306件，接受服务对象咨询5 000余人（次），办结率达100%，获得“优质服务红旗窗口”称号。

（十）林业科技推广

通过技术讲座、科技大篷车、宣传版面、专家咨询、科技明白纸、林业科技专题片、赶科技大集等多种形式，开展送科技下乡活动，共举办各类技术培训班15场（次），培训林农2 920人（次），发放科普宣传资料10 000份，解答林农技术咨询2 100人（次），受教育人数3 000人（次）。完成了10个市级科技示范园、2个市级科技兴林示范乡、30个县级科技兴林示范村、86个科技兴林示范户的建设；推广用材林、经济林优良品种23个，林业实用技术5项；承诺为林农办的6件实事全部落实到位。

（十一）全民义务植树

认真贯彻《河南省义务植树条例》，市四大班子领导、市直机关干部、市军分区、团市委、市妇联率先垂范，在凤凰山开展义务植树活动，建立义务植树基地，有力地促进了全民义务植树活动的健康发展。全市参加义务植树人数234.84万人，尽责率达到92%，完成义务植树1 160万株，占义务植树任务1 125.5万株的103%。

（十二）林业宣传

通过电视台《沟通》、《点绿家园》栏目，“3·12”宣传一条街，林业行风热线，新乡林业网站等多种媒介，大张旗鼓地开展林业宣传活动，营造了浓厚的林业生态建设氛围，调动了全民参加义务植树的积极性，形成了全社会办林业、全民搞绿化的良好风气，为凤凰山森林公园建设和林业发展提供了强大的社会舆论支持。全市共出动宣传车120辆（次），制作宣传板面110块，刷写宣传标语2 700条；市级以上新闻媒体宣传林业384次，发表林业文章30篇。共编发《林业简报》92期，报送信息280条。

（十三）机关建设

在成功创建区级文明单位的基础上，积极开展市级文明单位创建活动，顺利通过市文明办公室的验收；大力开展以创建文明机关、五型机关、节约型机关，争当文明科室、先进科室、业务标兵、五好党员为主要内容的“三创四争”活动，有效提高了干部职工干事创业的积极性；在干部职工中开展了为期一个月的林业业务全能培训活动，干部职工的业务水平和工作能力明显增强；“五五”普法工作扎实推进，取得了由国家林业局颁发的普法合格证书；加强机关公务员队伍建设，受到了市委组织部和市人事局的通报表扬；组织开展了社会主义荣辱观教育、“八荣八耻”歌咏比赛，市直机关第九套广播体操比赛和机关运动会，增强了干部职工的凝聚力；加强党风廉政建设工作，深入开展治理商业贿赂、行业纠风、治理“公路三乱”等活动，严格林业执法，建立健全长效机制，提高领导干部拒腐防变的能力。

二、纪实

凤凰山省级森林公园建设全面启动　2月5日，新乡市召开凤凰山省级森林公园建设动员大会，对森林公园建设工作进行全面安排和部署。会议出台了《中共新乡市委、新乡市人民政府关于建设凤凰山省级森林公园的决定》和《中共新乡市委、新乡市人民政府关于成立凤凰山省级森林公园建设指挥部的通知》，市政府与各责任单位签订了目标责任书。

召开春季植树造林动员会议　2月21日，为全面贯彻落实全省春季植树造林暨森林防火电视电话会议精神，迅速掀起春季植树造林高潮，新乡市组织召开全市春季植树造林动员会议。会上印发了《新乡市人民政府2006年林业工作意见》。

召开“春季打击破坏森林和野生动植物资源违法犯罪”行动动员会　2月24日，全市“春季打击破坏森林和野生动植物资源违法犯罪”行动动员会召开。会上下发了《关于开展“春季打击破坏森林和野生动植物资源违法犯罪”行动的通知》，成立了以有关责任人为成员的领导小组。

四大班子领导带头参加义务植树活动　3月10日，新乡市四大班子领导带领300余名市直机关干部，同凤泉区党政干部和当地群众共计1 500余人，在凤凰山省级森林公园义务植树基地开展全民义务植树活动，共栽植桧柏4 000株。

举行全民义务植树大型宣传活动　3月11日，新乡市林业局在市和平路中段体育中心休闲广场组织举行全民义务植树宣传活动，以提高全民的绿化意识、生态意识和协调发展意识，进一步增强民众的社会责任感。

召开春季植树造林现场会　3月21日，市政府在延津县召开全市春季植树造林现场会。会上宣读了省政府《关于表彰平原绿化高级标准先进县（市、区）的通报》和省林业厅《关于表彰2005年度林业工作先进单位的通知》，通报了全市春季植树造林的进度，延津县介绍了经验，辉县市作了典型发言。与会人员还参观了延津县发展速生丰产林和榆林、石婆固两个乡的林业生态村建设造林现场。

封丘县开展"十日绿化"活动 3月30日，从即日起，封丘县在全县开展村庄整治、"十日绿化"活动，以创建优美居住环境，提高村庄林木覆盖率。

林木林地确权发证、征占用林地采伐管理法律法规培训 4月19日，新乡市林业局举办林木林地确权发证工作暨征占用林地采伐管理相关法律法规培训班。各县（市、区）林业（农林）主管局局长、林政股（科）股（科）长、稽查队队长、木材检查站站长、规划设计队队长、法制室主任等54人参加了培训，省林业厅林政处李辉科长出席了会议并进行现场授课。

做好"五一"黄金周森林防火工作 5月1~7日，"五一"黄金周期间，市护林防火指挥部反复研究分析森林防火形势，详细部署安全检查内容，各县（市、区）特别是辉县、卫辉、凤泉等重点林区单位紧急行动，积极贯彻国务院、省政府关于切实做好当前森林防火工作的重要指示精神，通过开展森林防火安全检查和认真落实各项防火措施，认真做好黄金周期间的森林防火工作。

辉县市西坡村"大杏协会"揭牌成立 5月14日，辉县市上八里镇西坡村"大杏协会"成立。西坡村抢抓机遇，艰苦奋斗，带领群众开发荒山，治理荒坡。大力发展大杏、石榴等名优经济林5万余株，面积达2 500亩，年人均收入达1 500元，2006年仅大杏产量即达到40万公斤以上。目前已有100余名果农加入了协会，这标志着该村的林果业生产由单一的家庭种植型转向建立农民经济合作组织进行生产的新阶段。

开展"三创四争"活动 5月17日，市林业局召开全体机关干部职工大会，对以创建市级文明单位、创建五型机关、创建节约型机关，争当文明科室、争当先进科室、争当业务标兵、争当五好党员等七项内容的"三创四争"活动进行总动员，动员会议传达了中共新乡市委宣传部、新乡市文明委《关于开展文明新乡全民行、我做新乡文明人活动的实施意见》，新乡市林业局《关于创建市级文明单位的实施意见》。

召开林业百强企业代表座谈会 6月9日，新乡市林业局在机关四楼会议室组织召开林业百强企业代表座谈会，广泛征求企业优化投资环境意见。会上，黄河林业股份有限公司、新亚纸业集团等5家企业代表负责人先后作了典型发言，徐泽民副局长代表市林业局针对如何向企业提供优质服务作出了公开承诺，赵秀志局长就如何抓好企业优化投资经济发展环境提出明确要求。

市委书记吴天君对林业有害生物防治工作作出批示 6月11日，市委书记吴天君在下乡途中发现新长北线部分路段发生杨树病虫害，立即作出指示，要求市林业局尽快进行全面调查，迅速查明原因，采取得力措施，组织开展防治，坚决遏制林业有害生物在全市的传播蔓延。

国家林业局场圃总站领导检查林木种苗工作 6月16日，国家林业局场圃总站执法处郑欣民处长在省经济林和种苗工作站站长雷跃平的陪同下，到新乡市检查指导林木种苗工作，抽查了2006年度飞播种子，视察了市林木种子储备库和林木种子质量监督检验中心，并与市林业局领导班子进行了座谈。

封丘县清河集村果树协会成立 7月30日，封丘县曹岗乡清河集村果树协会揭牌成立。果树协会的成立把分散的农民有机地结合起来，增强了抵御市场风险的能力，加快了林果产业化进程，保护了群众利益。

林业双飞工作圆满完成 7月7~31日，新乡市林业局租用湖北荆州楚天通用航空公司两架运五飞机，在全市范围内开展用飞机喷洒生物农药防治林木病虫害工作。共飞行90架（次），有效飞防作业面积18万亩，喷洒生物农药阿维灭幼脲5吨，尿素12吨。

日本政府贷款造林项目启动 8月10日，市政府召开日本政府贷款新乡造林项目第一次协调会，市政府、市林业局、市财政局的有关领导，辉县、获嘉、延津、封丘、原阳、长垣6个项目县(市)的主管副县长、财政局长、林业局长参加了会议。会议传达了《河南省林业厅关于开展日本政府贷款河南造林项目县级总体设计的通知》（豫林项〔2006〕160号)、《新乡市人民政府办公室关于成立日本政府贷款新乡造林项目领导协调小组的通知》（新政办〔2006〕125号)、《新乡市人民政府办公室关于日本政府贷款造林项目落实县级配套资金的通知》（新政办〔2006〕126号）等文件，要求各县财政部门落实好配套资金，做好各级转贷工作，加强资金监管，认真执行外债资金和配套资金管理办法，严格按政府采购和招投标办法办事。

国家林业局武汉专员办事处领导莅临新乡市调研 8月12~13日，国家林业局武汉专员办事处专员刘嗣上、处长李建军在省林业厅助理巡视员谢晓涛和资源林政管理处副处长乔文斌陪同下一行6人到新乡进行调研。通过召开座谈会和到延津县深入基层进行实地调查研究等形式，对新乡“十一五”采伐限额的执行与管理情况、木材流通领域的监督管理、林地林权保护管理、新形势下如何加强森林资源和生态状况监测等问题进行调查研究。

联合行动打击非法经营野生动物行为 8月21~23日，由市林业局野生动植物保护科、森林公安分局，会同牧野区、红旗区、卫滨区野保工作人员组成的联合执法小组，在暗访两周的基础上，对市区鸟市、饭店、集贸市场进行执法检查，共查鸟市2个、饭店15家、集贸市场8处，查获斑鸠半成品23公斤，青蛙活体80公斤、半成品60公斤，散发宣传页500余份，有力打击了非法经营野生动物行为。

开展“飓风专项行动” 8月31日~9月1日，新乡市林政部门开展打击非法运输木材“资源林政飓风专项行动”。此次专项行动得到了市纠风、公安等部门的大力支持。全市共出动林政稽查车辆94辆，林政稽查人员554人，对运输木材的车辆进行全面检查，查处非法运输车辆20辆，行政处理20人，挽回经济损失20余万元，有效遏制了秋冬季节破坏森林资源案件高发的势头。

省林业厅检查组检查新乡市林木种苗工作 9月5~9日，省林业厅检查组一行3人对新乡市林木种苗工作进行了检查，检查组先后深入辉县、封丘、原阳3（市）县9个乡（镇）的27个行政村，对林业育苗任务完成情况、苗圃地管理情况、“一法一办法”贯彻落实情况进行了全面细致的检查，认为新乡市的林木种苗工作领导重视、措施得力、工作到位，苗圃地管理精细，林木种苗行政执法工作开展有序，整体工作进展良好。

森林资源“二类调查”工作会议召开 10月8日，新乡市林业局召开党组扩大会议，专题研究部署森林资源“二类调查”工作，市林业局中层以上干部参加了会议。会议听取了新乡市森林资源“二类调查”工作前期准备情况的汇报，宣读了新乡市人民政府办公室关于开展森林资源“二类调查”领导小组成员名单和市林业局开展“二类调查”实施方案。

森林资源规划设计培训圆满完成 10月11~16日，新乡市森林资源规划设计培训班分别在原阳县（包括获嘉县、新乡县、红旗区、卫滨区、牧野区)、辉县市（包括卫辉市、凤泉区)、延津县

（包括长垣县、封丘县）举行。省林业规划设计院一行11人在王丰军主任带领下参加了开班典礼并亲自授课。通过对《河南省森林资源规划设计调查技术操作细则》的学习和对森林小班实地作业，参加培训班的202名学员全部能够熟练操作，独立完成作业，结业考试成绩全部优良以上，为下一步的“森林资源规划设计调查”外业作业奠定了良好的基础。

召开冬季植树造林暨森林防火工作会议　11月17日，全市冬季植树造林暨森林防火工作会议在市政府三楼第二会议室召开。会议传达了《新乡市人民政府办公室关于印发新乡市2006年冬季植树造林和森林防火工作实施方案的通知》和《新乡市人民政府护林防火指挥部关于切实做好今冬明春森林防火工作的通知》。

举办森林防火宣传月集中活动　11月22日，森林防火宣传月集中活动在市政府南门广场正式启动。此次集中宣传活动，共出动森林消防车、森林消防摩托车、森林公安车、宣传车、礼炮车、消防车50余辆，印发宣传资料20 000余份，悬挂横幅100余幅，统一在市区的主要街道、凤泉区、卫辉市、辉县市区及重点乡（镇）进行了宣传，各县（区）在本县（区）范围也进行了宣传活动，受教育干部群众达100万人（次）。河南日报社、河南广播电台、河南卫视九频道、新乡电视台、新乡广播电台、新乡日报社、平原晚报社等新闻媒体的记者参加了宣传活动的全过程。

省政协委员视察新乡林业和凤凰山森林公园建设工作　11月30日，驻新乡的省政协委员在市政协副主席狄美良、陆志奇的带领下，对全市林业工作和凤凰山森林公园建设情况进行视察。市林业局局长赵秀志向各位委员汇报了近年来全市林业工作情况，委员们观看了新乡林业发展和凤凰山森林公园建设专题片，视察了新乡市森林资源信息化管理中心，实地察看了森林公园核心区有关标段、市义务植树基地和云龙山、世利农业苑等地的造林绿化情况，对全市林业工作取得的成就以及凤凰山省级森林公园建设给予了充分肯定。

“绿盾行动”取得阶段性成效　11月30日，全市“绿盾行动”取得了阶段性成果。本次活动自11月1日开始，新乡市林业局按照上级统一部署，组织森林公安、林政、野生动植物保护等有关执法人员，通过全面排查摸底、深挖案件线索，共查处各类案件176起，其中刑事案件8起，刑拘7人，逮捕5人，林政案件168起；林业行政处罚154余人，林政罚款11.053万元；清理野生动物驯养繁殖场所6处，清理木材、野生动物加工经营场所40处，检查野生动物活动区域34处;收缴野生动物448只（头）；收缴木材4立方米，作案工具9件。

森林资源规划设计调查外业工作顺利通过省级质量验收　11月28日~12月4日，由河南省林业调查规划院监测二室主任王丰军、工程师庞国题组成的质量检查组在市林业局有关人员的陪同下，抽取辉县市、凤泉区、卫辉市、长垣县、原阳县，对外业质量进行检查验收，对新乡市森林资源规划设计调查工作给予了充分的肯定。

贾全明副市长到新乡市林业局开展调研活动　12月27日，贾全明副市长到市林业局进行调研。贾全明副市长一行认真听取了市林业局关于机构人员设置、全市林业基本概况、林业重点工程、2006年林业工作目标完成情况等方面的汇报，观看了《绿色新乡生态美》林业专题片和凤凰山森林公园建设纪实片，并与市林业局中层以上干部就速生丰产林建设、通道绿化、树种结构调整、苗木花卉基地、林木病虫害防治、林业资源信息化管理、项目争取等工作进行了座谈。

焦作市

一、概述

2006年，焦作市林业局以改善生态环境、加快林业产业化进程、推动新农村建设、增加农民收入为目标，以工业原料林基地、通道绿化、太行山绿化等林业工程建设为重点，深化产权制度改革，落实科学发展观，突出“兴林富民”主旨，抢抓机遇，务实创新，较好地完成了年度各项目标任务。先后荣获“全国林业系统‘四五’普法先进单位”、“全省省辖市林业局年度目标管理优秀单位”、“全市年度党风廉政建设责任制工作先进单位”等多项荣誉称号。

（一）植树造林

2006年省定焦作市营造林目标任务15.58万亩，实际完成18.37万亩，是任务的117.9%。其中：退耕还林3.2万亩，太行山绿化2.22万亩，防沙治沙0.35万亩，水土保持0.53万亩，速生丰产林3.58万亩，外资造林0.87万亩，一般造林3.74万亩，飞播造林3.88万亩。另外，新建和完善农田林网44.46万亩，林业大田育苗1 0771.8亩，通道绿化261.12公里，中幼林抚育15万亩，人工造林精品率达到50%以上。

（二）资源林政

全市共审批采伐林木9.87万立方米，占限额42.64万立方米的23.3%，凭证采伐率和办证合格率均达到了95%以上；换发、新发、审验木材经营加工许可证986份，持证经营加工率达90%以上；签发木材运输证6 280份，发放林权证书3 457份；依法办理征占用林地审核、审批手续3宗，面积154亩，收缴森林植被恢复费29.11万元。

（三）森林公安

先后组织开展了“春季打击涉林违法犯罪”、破案攻坚战、林区禁种铲毒、集中打击非法猎捕和经营加工陆生野生动物、集中打击非法侵占林地、“绿盾行动”等一系列专项行动，严厉打击破坏森林资源的违法犯罪行为，取得良好成效。全市共查处各类林业案件320起，其中刑事案件55起、行政案件260起、治安案件5起。依法处罚349人（次），其中刑拘60人、逮捕21人、罚款263人（次）、警告5人。

（四）森林防火

坚持“预防为主，积极消灭”的方针，强化森林防火工作。在防火特险期，各县（市）区、各成员单位及局党组成员分工负责，深入一线，分片包干，强化督查，全市1 197名专职护林员24小时不间断巡护，381名扑火突击队员严阵以待，并对17个重点乡（镇）的1 123个山头、12 888个坟头和274个主要入山口采取严看死守措施，严格火源管理，有力地保证了全市森林资源的安全。据统计，2006年全市共参与护林防火的各类人员达8 000余人（次），印发宣传材料50余万份，书写防火标语7万余条，新建大型护林防火宣传标牌38块，为增强全民森林防火意识营造了浓厚氛围。由于措施得力，全年没有发生森林火灾。

（五）林业有害生物防治

从强化种苗检疫、加强预测预报、培育抗虫树种、彻底根除隐患等四方面入手，对林业有害生物进行了综合防治。特别是针对全市突发杨树黄叶病害情况，及时制订并实施了焦作市杨树黄叶病害调查方案和突发杨树黄叶病害发生规律及危害性研究方案，有效地控制了虫情蔓延。2006年全市共投入飞机防治和地面人工补防的资金达95万余元，防治面积18万亩，有效地控制了林业有害生物的发生和病情的蔓延，最大限度地减少了损失。

（六）野生动植物保护

共查获并收缴野生动物600余只，成功救助国家一级保护野生动物金钱豹2只、大鸨1只；配合高致病性禽流感防控工作，进一步完善了焦作市野生动物重大疫病应急预案，在两个省级监测站点的基础上，又增加5个市级监测站点，建立健全了各项制度和应急机制；加大自然保护区和森林公园管理力度，完成了两个自然保护区一期可行性研究报告的申报，均得到国家林业局审批，其中河南太行山国家级自然保护区一期项目已全面完成。

（七）机关建设

先后组织开展了“我的岗位与焦作发展”大讨论，“转变政府职能，深化效能革命”专题教育和“两学一创”活动，不断深化政务公开，切实打造阳光权力运行机制。认真组织开展了机关ISO9000质量管理体系建设，先后整理了“质量管理基本要求”、“质量管理工作程序”、“质量管理规章制度”3份文稿，共梳理工作程序61项，规范各项规章制度55项，并确立了“团结勤政、务实创新、保护生态、兴林富民”的工作理念，较为系统地建立了机关质量管理体系。严格执行月考核制度，每月月底编发当月工作目标任务完成情况和下月工作安排，将目标任务分解到各县（市、区）林业主管部门和市林业局各职能科室、直属单位。认真开展行风评议工作，先后制定完善了《林业局2006年度党风廉政建设和反腐败工作意见》、《林业局领导班子党风廉政建设责任制》和《林业局治理商业贿赂工作实施方案》，增强了领导班子党风廉政建设责任意识，确保了权力干净运行。全市各级林业行政主管部门全年办理的2万余件行政审批事项，按时办结率均达到了100%，无一起受到群众投诉。

（八）行政服务中心工作

以“便民、高效、公开、公正”为服务宗旨，做好行政服务中心林业窗口工作（先后7次被评为“红星”窗口）。共办理木材运输证、森林植物检疫证3 800余件，办结率达100%，群众投诉率、差错率均为零。

二、纪实

成功救助一只金钱豹 1月8日，市林业局在山阳区林业局和公安局110民警的配合下，在山阳区桶张河村成功救助一只国家一级野生保护动物金钱豹。

全省飞播造林工作会议在焦作市召开 1月12~13日，全省飞播造林工作会议在焦作市月季大酒店召开，会议总结了2005年飞播造林工作，对2006年飞播造林工作进行了安排部署。

组织开展纪念第十个“世界湿地日”宣传教育活动 1月27日，市委副书记贾春明，在《焦作日报》一版发表了题为《树立科学发展观 迎接湿地保护的春天》的署名文章。同日，市林业局局长晋发展就焦作市湿地保护有关问题接受了《焦作日报》记者的专访，刊发了题为《保护湿地 维护生态安全》的答记者问。

焦作市林业局荣获全省省辖市林业局“2005年度目标管理优秀单位”称号 3月8~9日，省林业厅在郑州召开全省省辖市林业局长会议，会上对2005年度林业工作目标考评先进单位进行了表彰，焦作市林业局以135.6分的优异成绩名列全省18个省辖市第三名，被授予“2005年度目标管理优秀单位”称号。

焦作市五大班子领导参加义务植树并检查指导市森林公园工作 3月10日，市委书记铁代生带领市五大班子领导，来到位于国有焦作林场的环城防护林义务植树基地参加义务植树。之后，又在市林业局全体班子成员的陪同下到市森林公园进行了检查指导。

焦作市林业局荣获“2005年度全市政务信息工作先进单位”称号 4月，焦作市政府对2005年度政务信息工作先进单位进行了表彰奖励，焦作市林业局以完成任务180%的优异成绩名列各县（市、区）和市直单位第二名，被授予“2005年度全市政务信息工作先进单位”称号。

省长李成玉来焦作调研林业工作 4月18日，省委副书记、省长李成玉在市委书记、市人大常委会主任铁代生，市长毛超峰等人的陪同下来焦作调研，并实地察看了温县速生丰产林基地建设情况。李成玉一行来到温县南张羌镇朱庄村速生丰产林基地示范点，听取了县林业部门负责人对该县速生丰产林基地建设总体情况的汇报，详细询问了基地经济效益、种植模式、资金投入、林权落实等情况，对速生丰产林基地树木长势好、林地综合效益高十分满意。

河南黄河湿地国家级自然保护区焦作管理分局基础设施建设项目通过国家林业局立项 5月19日，河南黄河湿地国家级自然保护区焦作管理分局基础设施建设项目通过国家林业局立项。该项目核定投资总额740万元（含济源部分），其中中央财政预算内专项投资378万元，地方配套362万元。该项目的批复及实施，将有力地促进全市黄河湿地国家级自然保护区基础设施及机构能力建设，全面提高全市自然保护区的建设和管理水平。

焦作市有害生物防治工作成效显著 2~5月，焦作市林业局采取人工、化学等方法对全市草履蚧开展了综合防治，共投入人力5 000人（次）、资金6万元、农药1.5吨，防治面积1.93万亩，有效遏制了草履蚧病虫害危害。

焦作市首次全面开展古树名木普查工作 5月，焦作市林业局组织人员对全市的古树名木进行了普查，这是焦作首次开展此类调查工作，共调查古树340棵，其中一级99棵（树龄500年以上），二级63棵（树龄300~499年），三级178棵（树龄100~299年），主要树种是国槐、侧柏、皂角、黄连木、桑树、椿树等。

焦作市林业局荣获“全国林业系统‘四五’普法宣传教育先进集体”称号 6月，国家林业局对全国林业系统“四五”普法宣传教育先进集体和先进个人进行表彰，焦作市林业局荣获“全国林业系统‘四五’普法宣传教育先进集体”荣誉称号。

焦作市开展飞播造林工作 6月12日，焦作市飞播造林工作开始，历时近1个月，共飞行23架（次），飞行时间19小时55分钟，造林总作业面积3.88万亩。树种为油松、侧柏、臭椿等针阔树种混播，共用种子17 478公斤，其中油松7 746公斤，侧柏5 832公斤，臭椿3 900公斤。

焦作市林业技术推广站更名并加挂牌子 6月12日，焦作市机构编制委员会正式批准“焦作市林业技术推广站”更名为“焦作市林业工作站”，保留原加挂的“焦作市森林病虫害防治检疫站”牌子，同时加挂“焦作市林木种苗工作站”牌子。

焦作市开展全面飞机防治工作 7月10~20日，焦作市林业局针对全市林木进行了全面的飞机防治工作。共飞防75架（次），作业距离2 000余公里，作业面积15万亩，喷洒农药7吨，投入资金70余万元。根据飞防后的地面成效调查，平均防治效果达80%以上，各县（市）对漏防区和未防区及时进行了地面人工补防，确保了森林资源安全。

全省森林资源二类调查试点工作在焦作展开 7月18日，省林业调查规划院70多名林业技术专家进驻博爱县开展森林资源二类调查试点工作。历时1个月的时间全面摸清了该县的森林资源状况，为森林资源的科学管理和合理利用、为经济社会的发展提供了科学可靠的决策依据。

焦作市林业局喜迎建局20周年华诞 8月29日，市林业局在东方宾馆举行庆祝大会，隆重庆祝建局20周年。市委副书记贾春明出席会议并作重要讲话，局党组书记、局长晋发展作了报告。贾春明代表市委、市政府对会议的召开表示热烈祝贺，对全市林业建设所取得的成就给予充分肯定。

国家林业局副局长李育材来焦作考察林业工作 9月27日，国家林业局副局长李育材到焦作市温县和修武县考察林业工作，省林业厅厅长王照平、市委副书记贾春明、市林业局局长晋发展、市林业局副局长陈相兰陪同考察。李育材对焦作市工业原料林基地的建设成效给予了充分肯定，并要求下一步林业发展搞好“四个结合”：一是与产业相结合，在突出林业生态效益和社会效益的前提下，最大限度地发挥林业的经济效益，加快林业产业的发展；二是农、林、牧相结合，发展立体林业，以林促农，以林养牧；三是与机制创新相结合，以机制激励人，调动广大人民群众参与造林的积极性；四是与社会主义新农村建设结合起来，充分发挥林业在新农村建设中的积极推动作用。同时，在具体操作过程中，要体现公平、公正、公开的原则，为林业健康发展创造良好的环境。

焦作市森林旅游业成效显著 “五一”和“十一”黄金周期间，焦作、修武、博爱三个森林公园和沁阳白松岭自然保护区森林生态旅游区共接待游客123 900人（次），门票总收入707.54万元，再创历史新高。实现了“安全、秩序、质量、效益”四统一的目标。

博爱竹器再获金奖 10月20日，在武夷山市召开的第五届中国竹文化节上，博爱县参展的工艺竹台灯喜获金奖。这也是本届竹文化节河南省唯一获得金奖的产品。

焦作市开展集中打击非法侵占林地专项行动 10月20日~11月30日，焦作市林业局在全市范围内集中开展打击非法侵占林地专项行动，采取异地查办方式，重点查处了以非法占用林地采石、退耕还林复耕的个人行为和企业法人行为造成的林地破坏案件。

国家林业局驻武汉专员办事处领导来焦作市检查自然保护区建设工作 11月8~9日，国家林业局驻武汉专员办事处倪正树、李建军处长一行4人对焦作市自然保护区建设及野生动植物保护工作进行了为期两天的检查。

焦作市林业局积极开展“12·4法制宣传日”活动 12月4日，焦作市林业局组织法律法规宣传队在东方红广场开展了林业法制宣传活动。共发放2 000余份宣传材料，接受群众咨询500余人，收到了良好的效果，受到了社会各界的好评。

省护林防火指挥部督察组来焦作市检查森林防火工作 12月21日，省司法厅刘江海处长一行4人，代表省政府护林防火指挥部来焦作市检查森林防火工作。检查组深入山区、乡镇、林区和重要路口路段，对森林防火责任制、宣传教育、火源管理、资金投入、物资储备、基础设施建设等落实情况进行逐项检查。

三门峡市

一、概述

2006年，三门峡市林业工作坚持以邓小平理论、“三个代表”重要思想和科学发展观为指导，深入贯彻党的十六大、十六届六中全会和省八次党代会精神，紧紧围绕全市“加快发展，维护稳定，狠抓落实”的工作大局，以建设比较完善的林业生态体系和比较完整的林业产业体系为目标，按照“发展林业、振兴林区、富裕林农”的总体要求，一手抓生态建设，一手抓产业发展，林业各项工作进展顺利，取得了显著成效。全市完成人工新造林面积18.25万亩，完成率达100%；通道绿化新栽180公里，完成率达100%；四旁及义务植树1 132.1万株，是目标1 100万株的102.9%；飞播造林7万亩，是目标4万亩的175%；大田育苗2.05万亩，是省下达任务2万亩的103%；完成容器育苗4 931万袋，是省下达任务4 000万袋的123%。同时完成了各项林业资源保护工作，为推进全市林业又快又好发展迈出了坚实步伐。

（一）退耕还林工程

自2000年开展退耕还林工作以来，三门峡市退耕还林工程建设完成总面积166.02万亩，其中：退耕地造林面积52.32万亩，配套荒山荒地造林面积102万亩，配套封山育林面积11.7万亩，分布在全市6个县（市、区）和开发区的76个乡（镇）。为巩固退耕还林成果，市林业局组成四个退耕还林检查小组，对各县（市、区）2005年度退耕还林工程实施情况和2004年度林权证发放情况进行抽查，狠抓了退耕还林信息化管理工作，并开展了退耕还林后续政策调研工作，认真做好政策兑现工作，目前全市已兑现58个乡（镇），发放农户94 989户，占总户数117 840户的80.6%；兑现资金5 575.56万元；占应兑现资金总数7 047.107万元的79.1%。

（二）重点区域绿化工程

为加快重要通道两侧可视范围内的荒山、荒地、荒坡造林绿化步伐，分别对连霍高速、310国道、209国道、陇海铁路、陕州大道等重要通道两侧可视范围内的427 140亩需绿化面积进行了系统的规划设计，3月底前已全部完成覆盖性绿化。为提高造林绿化成效，市政府专门下达了《三门峡市重要通道两侧可视范围内造林绿化工作方案》（三政办〔2006〕19号）文件，明确了绿化任务和造林质量，使这项工作顺利开展。目前充满生机的重点通道绿色走廊已基本建成。

（三）全民义务植树活动

认真开展全民义务植树活动，取得显著成效。2005年冬对三门峡火车站到交口乡火车站铁道以北可视范围内义务栽植侧柏、红叶李、大叶女贞等各类苗木20万株，2006年春又在交口乡到收费站铁道以南310国道以北区域内规划义务植树面积3 000亩，已栽植各类苗木10万株。3月10日，市四大班子领导参加了义务植树活动，栽植侧柏600余株，为全民参与义务植树活动起到了示范带动作用。各县（市、区）采取不同形式开展全民义务植树活动，建立了多个义务植树基地，取得较好的效果。同时，狠抓义务植树规范化管理工作，下发了《关于完善我市义务植树活动资料的通知》，绿化费实行收支两条线，对义务植树档案材料进行了规范完善，截至目前，全市2006年义务植树档案已全部整理结束。

（四）"四荒"拍卖

随着国家对退耕还林政策的结构性调整，退耕地还林面积相对减少，荒山荒地造林面积相对增加，2006年及今后若干年内三门峡市的荒山荒地绿化将作为林业建设事业的一项重点工作来抓。三门峡市共有宜林四荒地69.43万亩，其中：荒山53.9万亩，荒丘2.28万亩，荒滩2.46万亩，荒沟6.26万亩，幼林地4.5万亩。各县（市、区）根据制定的总体规划和年度计划，在2005年拍卖工作的基础上，精心组织，稳步推进，扎实开展宜林四荒拍卖工作，全市共拍卖宜林四荒地1.62万亩，拍卖地块16块，涉及农户16户，拍卖资金达3.8万元，全部实现"山有其主、主有其权、权有其责、责有其利"。

（五）天然林保护工程

一是组织市、县林业技术人员，对三门峡市天然林保护工程开展情况进行自查评估，对存在的问题认真进行整改，并加强了基础建设，为今后顺利开展天然林保护工作奠定了坚实的基础。二是组织各县（市、区）对天然林保护工程实施以来的公益林、森林防火、种苗工程、科技支撑等国债项目建设情况进行了复查，修复机械围栏40多公里，刷新标牌320多块；对公益林成效较差的地块重新进行了补植补造，补植侧柏9 000多亩，补播山杏、橡子6 940多亩。三是狠抓封山禁牧工作。各地严格按照《三门峡市天然林保护工程护林员千分考核制度》对天然林保护工程护林员的管护工作进行了全面考核，共辞退不合格护林员220多人。通过这些措施的相继落实，林区放牧、砍柴等活动明显减少，为林区植被恢复创造了有利条件。四是完成了天然林保护工程区森工企业"四险"实施方案的编制工作。方案批复实施后，每年将增加工程投资48.94万元，全市7个国有林场、2个苗圃共660名林业职工将从中受益。

（六）森林公园及自然保护区建设

经国务院批准小秦岭自然保护区晋升为国家级自然保护区，一期建设计划已通过国家批复，总投资1 013万元，为小秦岭自然保护区的长远建设奠定了基础。三门峡黄河湿地管理处正式挂牌成立以来，一期工程建设项目正在紧张有序地施工建设，工程目前已经进入扫尾阶段。作为三门峡市唯一一处国家级疫源疫病监测站的黄河湿地，在禽流感防控监测工作中，落实各项制度，为野生动物疫源疫病防控工作发挥了十分重要作用。全市已建立了7个森林公园，其中有国家级森林公园3个（甘山、亚武山和玉皇山），省级森林公园4个（韶山、燕子山、塔子山、摹云山），总面积达到344 445亩。各森林公园在加大宣传与加强基础服务设施建设力度的同时，不断加强与周边旅游景区的横向联合，使各森林公园的开发达到一个新的层次，2006年森林旅游累计收入达到360多万元，接待游客24万人（次），已成为三门峡市及周边人们休闲度假的首选去处。

（七）森林资源保护

在认真做好森林防火、病虫害监测、封山禁牧工作的同时，加强森林采伐限额管理。同时狠抓依法治林工作，通过"区域性专项整治涉林违法犯罪专项行动"、"春季打击破坏森林资源违法犯罪专项行动"、"绿盾行动"等一系列打击破坏森林资源的专项斗争，共查处各类涉林案件1 433起，其中刑事案件87起，林业行政案件1 307起，治安案件39起，使林区社会治安稳定形势得到了进一步提高。

（八）林业产业

到2006年末，全市林业产业年度产值达到31.9亿元，是年初制定目标任务26.8亿元的119%；与2005年同期相比由25.8亿元增长到31.9亿元，增幅为124%。其中第一产业达到14.3亿元，第二产业达到15.9亿元，第三产业达到1.7亿元，产值结构比例是44.8:49.9:5.3。与2005年同期的产值结构66.2:30.5:3.3相比，三门峡市2006年一、二、三产业的结构更趋向优化，也更加合理。

（九）科技兴林

一是先后完成了《三门峡市林业科技示范园区建设》、《三门峡市林业科技培训示范基地建设项目可行性研究报告》等三个项目编制；完成了《核桃无公害生产技术规程》、《红枣无公害生产技术规程》两个系列标准的初稿；完成了省推广项目《文冠果丰产栽培技术示范》的任务。二是邀请日本长野县中野市小林良次先生来三门峡市开展果树栽培技术交流，从日本引进了桃、梨、苹果等三种果树9个优良品种，提高了三门峡市果品生产中的整形修剪、果品质量。三是由省林业科学研究院、森林病虫害防治检疫站等单位组成的专家服务团和三门峡市林业技术人员一起，两次到灵宝市大王镇开展送科技下乡活动，重点推广枣园管理先进技术、林木新品种及病虫害防治等5项生产适用技术，赠送林业科技图书400余册，培训果农200余人。四是申报了《仰韶黄杏品质改良》、《核桃新品种选育及推广》和《油松毛虫危害规律及防控技术研究》三个项目，并分别在市科技局予以立项。《仰韶黄杏品质改良》项目已在渑池县圆满实施。

（十）项目资金管理

一是认真做好到位资金的管理。2006年共到位中央和省级资金11 090万元，完成市本级绿化费征缴入库115万元。为确保资金安全使用，三门峡市林业局对天然林保护工程、黄河湿地一期工程资金使用情况进行了专项检查，以保证林业重点工程的顺利实施。同时，认真做好育林金征缴工作，对2005年育林金征缴表现突出的单位进行了奖励，积极推动三门峡市育林金征缴目标的完成。二是积极申报三门峡市核桃良种收集繁殖圃建设等项目26个，上报"十一五"林业行业政策性贷款投资项目22个；完成市级部门3年滚动预算编制，上报项目29个。为三门峡市林业发展增添了后劲。

（十一）林业宣传

三门峡市信息稿件被国家林业信息中心采用50条共4万余字，被《河南林业信息》采用量在全省18个地市名列第一；编发《三门峡林业信息》30期240余条；在《中国绿色时报》刊登稿件40余篇（条），在《三门峡日报》刊登70余篇（条），在省、市其他报刊媒体播发20余篇。同时抓住植树节的有利时机，邀请《中国绿色时报》记者对市林业局主要领导进行专题采访，并在该报刊登；在《三门峡日报》刊登了题为《深入开展植树造林活动　努力建设环境友好型社会》的市委书记、市长署名文章；编辑出版了《绿满崤函》画册，全面反映三门峡市林业建设成就，得到了省林业厅和市四大班子领导的肯定与称赞，对增强三门峡市林业行业的影响力起到了积极作用。

二、纪实

三门峡市林业有害生物区域分布及防控对策研究成果通过鉴定　1月3日，由三门峡市森林病虫害防治检疫站主持完成的"三门峡市林业有害生物区域分布及防控对策研究"，通过三门峡市科学技术局组织的成果鉴定。

全球性易危种花脸鸭现身三门峡　2月10日，北京观鸟爱好者在河南省三门峡市黄河湿地双龙湖首次发现3只花脸鸭。近年来，三门峡市采取一系列保护和治理措施，改善了黄河湿地生态状况，湿地鸟类增多。据统计，每年来此越冬的候鸟有几十万只。三门峡黄河湿地已成为白天鹅、灰鹤、鸭类、鹭类等珍稀鸟类的越冬地和栖息繁殖地。

三门峡市召开林业有害生物防治工作会议　2月27日，三门峡市林业局召开了全市林业有害生物防治工作会议。会议由市林业局党组成员王文中主持，主题是：深入贯彻落实河南省林业有害生物防治工作会议精神，会商2006年林业有害生物发生趋势，研究部署2006年森林病虫害防治工作。

日本专家到三门峡市传授林果管理经验　2月20~26日，三门峡市林业局邀请日本国中野市日中友好协会会员、果树栽培专家小林良次先生，到三门峡市进行果树管理现场指导和技术交流。在有关技术人员的陪同下，小林良次先生分别到渑池县西村、段村的仰韶杏园和牛心柿园，陕县原种场桃、杏设施栽培基地和二仙坡绿色苹果基地，灵宝市川口乡和东村乡苹果示范园进行技术指导和交流学习。

三门峡湿地管理处安排部署2006年工作　3月1日，三门峡黄河湿地国家级自然保护区管理处召开管理站站长会议，在各管理站工作汇报的基础上，对2005年工作进行了全面总结，并对2006年工作重点作了安排部署。

GEF项目考察组考察河南省三门峡黄河湿地自然保护区　3月2日，财政部国际金融组织四处、全球环境基金（GEF）中国秘书处有关负责人和专家、教授，在河南省林业厅和河南省财政厅相关领导陪同下，赴三门峡对河南黄河湿地国家级自然保护区三门峡管理处GEF项目进行考察。此次考察，为河南黄河湿地国家级自然保护区三门峡管理处争取GEF项目资助奠定了良好基础。

三门峡市冬春森林防火工作全面告捷　5月1日，即日起，三门峡市陆续解除森林防火戒严期。经过全市各级人民政府、护林防火指挥部成员单位和林区广大干部群众的共同努力，森林火灾比2005年同期下降了44.7%；戒严期内共发生森林火灾（警）21起，其中，一般火灾2起，火警19起，受害森林面积254亩，森林火灾受害率控制在0.5‰以内，查处率100%，全市没有重大森林火灾和人员伤亡事故发生。

三门峡市首次发现危险性林业有害生物角胸长蠹和双棘长蠹 5月9日，三门峡市林业局在湖滨区韩庄村庙底沟义务植树区内首次发现危险性林业有害生物角胸长蠹、双棘长蠹。

河南省政府参事调研三门峡市森林旅游资源开发利用情况 5月10日，河南省政府参事赵体顺、余健、纪好勤赴三门峡市专题调研森林旅游资源开发利用情况。调研组对三门峡市森林旅游资源开发利用工作取得的成效予以肯定，并对下一步的工作提出了意见和建议。

三门峡市安排部署三夏森林防火工作 5月24日，三门峡市护林防火指挥部办公室发出通知，要求各区县护林防火组织积极行动起来，强化野外火源管理，营造禁烧秸秆的良好氛围，确保“三夏”森林资源安全。

三门峡市林业局积极帮助农民防治枣树病虫害 5月24日，三门峡市林业局组织4名林业高级工程师深入灵宝市函谷关镇孟村的林果生产基地，开展送科技下乡活动。针对该村以种植大枣为主的实际，工程师们和农民群众开展面对面交流座谈，就当前枣树出现的枣疯病、龟蜡蚧等病虫害防治技术进行了专题讲解，免费赠送病虫害防治农药6箱240瓶，价值2 000元，并现场指导群众进行喷施；还发放各种林果种植书籍、资料等1 000余份。

三门峡市开展天然林保护工程自查评估工作 6月1~29日，三门峡市林业局组织市、县林业技术人员，对该市天然林保护工程开展情况进行自查评估，全面系统地了解天然林保护工程所取得的成功经验及存在问题，为今后该市顺利开展天然林保护工作奠定了坚实的基础。

三门峡市制定2006年度飞播造林任务 6月4日，三门峡市制定2006年度飞播造林任务。全市共设计6个播区，总面积69 394.5亩，飞播40架（次），飞播时间44小时47分，播种树种27 607.8公斤，其中油松17 362.5公斤，侧柏6 939.45公斤，臭椿3 305.85公斤等。

三门峡市林业局明确“十一五”林业产业发展目标 6月初，三门峡市林业局明确“十一五”林业产业发展目标为，用工业的理念谋划林业，紧紧围绕建设社会主义新农村的目标和要求，突出发展林、果、牧三大主导产业，培育壮大菌、药、蚕等特色产业，逐步形成区域化布局、规模化生产、产业化经营的格局，促进农业增效、农民增收、农村经济持续发展。规划到2010年，全市林、牧、果、菌、草、药等支柱产业产值在农业总产值中的比重达到90%以上。

三门峡市2006年度飞播造林工作圆满结束 6月5日，三门峡市2006年度飞播造林工作正式展开，截至6月11日，共完成灵宝市、卢氏县和渑池县飞播造林面积59 394.5亩。飞播35架（次），飞播时间32小时29分，播种22 395公斤，其中油松14 645公斤，侧柏10 800斤，臭椿1 350公斤。

三门峡市林业局举办学习“八荣八耻”报告会 6月6日，为了进一步深化“学党章，知荣辱，争做优秀林业职工”主题活动，三门峡市林业局邀请市委党校马自立教授，为全体干部职工作了一场关于“牢固树立社会主义荣辱观”的专题报告。

三门峡市森林公安局成功接通公安信息网 6月16日，三门峡市森林公安局12台计算机已全部接入公安信息网，并开通公安专网电话8部（包括公安专线传真1部）。

三门峡市苹果套袋突破43亿只 6月底，三门峡市完成苹果套袋43.07亿只，其中套纸袋15.2亿只，分别比2005年增加8.6%和47%。自4月以来，三门峡市紧紧围绕“加大科技投入，提高果品质量，促进果业升级，增加农民收入”的工作思路，以推广苹果套袋技术为主攻方向，强力实施科技兴果战略，实现了套袋规模和套袋质量新突破。

三门峡市积极安排部署野生动植物保护暨湿地项目建设工作 7月6日，三门峡市召开专题会议，传达全省湿地保护管理暨自然保护区建设管理工作会议精神，总结全市近年来野生动植物保护工作，安排部署下一步工作。会上，省林业厅保护处汪万森、市林业局局长张建友分别作了重要讲话。

三门峡市圆满完成省级公益林区划界定任务 7月15日，三门峡市省级公益林区划界定任务圆满完成。此次区划界定工作自5月1日开始，市林业局按照《河南省林业厅关于搞好省级公益林区划界定工作的通知》要求，积极组织各县（市、区）抽调精兵强将，深入林区进行调查，扎实开展工作，圆满完成了任务。

河南省省长李成玉到灵宝市调研林业产业 8月1日，河南省委副书记、省长李成玉深入三门峡市灵宝市调研林业产业，强调要探讨新型林业投资机制，加快林权制度改革，拉长林业产业链条，推进林业健康发展；要提升果品加工业水平，带动农民致富。

三门峡全力组织防治突发林业有害生物灾害 8月18日，针对近日木撩尺蠖、刺槐外斑尺蠖、杨直角叶蜂、杨毒蛾、杨潜叶蛾、红蜘蛛、槐蚜等多种食叶害虫在灵宝市、陕县、渑池县部分杨树、刺槐、栎类人工林分混合发生且虫口密度较大、呈现暴发成灾趋势的情况，三门峡市及各县（市、区）森林病虫害防治机构组织飞机在中重度发生区开展防治，完成飞防作业面积3.3万亩，其中杨树食叶害虫2.3万亩、刺槐食叶害虫1万亩（陕县已完成杨树食叶害虫飞防面积1.2万亩）。与此同时，灵宝、陕县、渑池三县（市）森防机构还积极动员有关林木经营户、国有林场开展人工地面防治2万余亩（陕县地面防治面积0.6万亩）。

三门峡市以科技推动林业快速发展 截至8月上旬，全市共建立林业科技示范园区24个、示范基地55个，辐射推广45.35万亩，引进新品种60个，林业科技成果转化率达35%，科技推广覆盖面达30%，科技进步贡献率达30%。

全国森林公安机关督察组赴三门峡市专项督察“三基”工程建设 9月1~3日，全国森林公安机关“三基”工作专项督察组一行3人，在省森林公安局负责同志的陪同下，对三门峡市森林公安机关“三基”工程（抓基层、打基础、苦练基本功）建设工作开展情况进行专项督察。

三门峡市6万公斤红梨出口俄罗斯 9月15日，三门峡出产的6万公斤西洋梨（红星梨、早红考密斯、日面红）被牡丹江果商收购后，全部出口俄罗斯，售价20元每公斤。

三门峡市无公害优质苹果基地突破50万亩 9月20日，三门峡市共有51万亩苹果通过省无公害农产品认定委员会的基地认定和产品认证，提前一年完成了基地规划建设任务。

三门峡市苹果销售开局喜人 9月22日，截至当日，全市销售苹果达2.68亿公斤，占总产量的29.3%。自10月以来，三门峡市苹果销售全面铺开，早熟品种销售已基本结束，富士、华冠等中、晚熟品种也开始抢青上市。据有关部门预计，2006年三门峡市苹果总产量达9.14亿公斤。

三门峡市10余万农户再获退耕还林补助金 10~11月，三门峡市向10余万退耕农户兑现补助资金7 047万元。

李文慧市长要求把林业生产提高到新水平 11月20日，三门峡市市长李文慧在全市2006年冬

2007年春林业会议上讲话时强调，全市上下要把2006年冬2007年春林业生产作为积极贯彻落实党的十六届六中全会和省八次党代会精神的具体行动抓紧抓好，提高到一个新的水平。

三门峡市苹果远销欧洲　12月初，三门峡市苹果出口2 860万公斤，其中出口到标准要求较高的欧美发达国家860万公斤。

许昌市

一、概述

2006年，许昌市林业工作在市委、市政府的领导和省林业厅的指导下，以邓小平理论和“三个代表”重要思想为指导，认真贯彻党的十六届六中全会精神，紧紧围绕市委、市政府中心工作，以服务全市社会经济发展大局为目标，以创建国家森林城市、花卉苗木基地建设、城乡一体化推进区生态区建设、农田林网防护林体系建设、绿色通道建设为重点，以退耕还林工程、淮河流域防护林体系建设工程、世界银行贷款造林项目、林业贴息贷款项目为支撑，深化林业产权制度改革，深入开展全民义务植树运动，注重科技兴林和机制创新，加大森林资源保护力度，各项工作进展顺利，成效良好。

（一）林业资源培育

一年来，相继实施了退耕还林、淮太防护林、速生丰产林、通道绿化、外资造林等一批林业重点工程，全市共完成成片造林7.775万亩，为省下达目标任务7.175万亩的108%，合格面积7.606万亩，合格率达98%。全市各项重点工程达到精品工程标准面积3.8万亩，精品工程率为48.9%，高于省定标准8.9个百分点。全市完成林网建设106.9万亩，为计划任务102.5万亩的104.3%。完成通道绿化工程245公里，为计划任务220公里的111.4%，合格里程240公里，合格率为98%。全市参加义务植树人数230万人（次），植树1 180万株，建立义务植树基地221处，全民义务植树建卡登记率达90%。全市完成四旁植树1 311万株，为计划任务1 200万株的109.3%。

（二）林业资源保护管理

在森林资源保护管理工作中，全市林业执法部门认真履行工作职责，加大保护林业资源力度，进一步巩固了造林成果。一是严格执行林木资源采伐审批程序，控制林木资源采伐限额。各级林业主管部门严格执行《中华人民共和国森林法》、《中华人民共和国森林法实施条例》，严格林木采伐许可证核发程序，切实把好申请、勘验、审批、验收关；坚持“审批一支笔、登记一本账、验收一把尺”制度，每季报一份采伐限额台账，并对各级主管部门和经办人规定了职责、权限，建立责任追究制，使林木采伐工作纳入法制化管理轨道。一年来，各县（市、区）共办理采伐证670份，采伐蓄积21 745立方米。凭证采伐率、育林费收缴率分别达到86%和92%，办证合格率达到97%。采伐总量严格控制在限额以内。二是结合各类森林资源保护专项行动，加大打击力度，确保森林资源安全。一年来，全市森林公安、林政系统以“春季打击涉林违法犯罪”、“破案攻坚战”、“绿盾行动”等专项行动为契机，严厉打击各类林业违法犯罪活动，有效保护了全市森林资源安全。全年共受理各类案件716起，查处472起。其中林业刑事案件立案50起，破案19起，刑事拘留25人，逮捕16人，取保候审17人，移送起诉31人;林业行政案件666起，查处453起，治安拘留6人，行政处罚513人（次），罚款金额28.43万元，收缴木材45.4立方米，收缴野生动物4 060只（头），涉案价值85.26万元。禹州市、鄢陵县两个木材检查站共检查运输木材车辆10 739台（次），查处违法车辆272台（次），立案查处143台（次），挽回经济损失21万元。三是做好护林防火工作。在森林防火期，全市各级政府防火办公室在做好宣传工作的同时，坚持24小时值班不脱岗，全面落实各项森林火灾预防和扑救措施，有效地防止了森林火灾的发生，森林火灾受害率低于0.5‰。四是认真抓好森林病虫害防治工作。市森林病虫害防治检疫站严格履行职责，认真开展苗木产地检疫、调运检疫和林木病虫害监测防治工作，种苗产地检疫率达87.5%，林木病虫害防治率达82%，其中无公害防治率达73%，灾害监测准确率达89%，成灾率控制在5.22‰，全部完成省林业厅下达的目标。

（三）科技兴林

为全面实施科技兴林战略，全市林业科研、推广部门坚持“科技服务生产”原则，利用人才优势，发挥专业特长和科研基地的示范作用，积极开展科技服务工作。把科研开发与技术服务有机地结合起来，为提高林业建设质量发挥了积极作用。全市共推广优良用材树种6个，推广新技术5项，引进推广名、特、优经济林新品种8个，推广107、108、中豫46等杨树良种200万株，刺槐优良品种10万株，使许昌市林业生产的良种覆盖率提高到85%。全市共组织林业专家和科技人员92人（次）参与送科技下乡活动，举办培训班和技术讲座21场（次），培训林业职工和林农6 800多人（次），现场技术咨询服务15场（次），服务咨询群众3 600多人（次），发放林业科普图书600册，宣传资料8 000多份，在省级以上期刊上发表学术论文15篇，编辑出版林业科技书籍1部，有2项科技成果获许昌市科技进步二等奖。同时，通过许昌林业信息网站发表各类科普文章160余篇（条）。分别在禹州市的无梁镇、文殊镇、鸿畅镇和鄢陵县的彭店乡建设科技示范园4个，面积达4 100亩。这些工作的开展，有效提高了林业建设的科技含量，为实现生态建设出精品、林业产业创品牌、资源管理上水平提供了科技支持。

（四）林业产权制度改革

为了认真贯彻市政府《关于进一步深化林业产权制度改革的意见》，全市各级政府和林业部门十分注重以机制创新调动社会各界参与造林绿化的积极性。在造林工作中，坚持按照“谁造谁有，合造共有”，“谁投资、谁经营、谁受益”的林业发展政策，积极推行总结出的“四种类型九种模式”，把非公有制林业作为造林绿化事业发展的重点，突出抓好造林新机制的落实。2006年全市非公有制经济造林面积达到7.775万亩，占总造林面积的100%。

二、纪实

市创建国家森林城市指挥部成立 1月，市委、市政府成立了许昌市创建国家森林城市指挥部，由市委书记毛万春任第一指挥长，市委副书记王金怀任指挥长。

创建国家森林城市工作全面展开 2月，根据工作需要，市林业局组建市创建国家森林城市指挥部办公室，成立了规划组、资料组、宣传组和督察组，创建国家森林城市工作全面展开。

许昌市召开市直林业系统干部职工会议 2月8日，市林业局组织召开了市直林业系统干部职工会议，局机关全体人员和二级单位领导班子参加了会议。会上提出了2006年6项重点工作和9项措施。

许昌市人民政府副市长王国华发表署名文章 3月12日，许昌市人民政府副市长王国华发表题为《争创国家森林城市　建设许昌美好家园》的署名文章。动员全市人民要认真履行义务植树这一法定义务，以极大的热情迅速投入到“植树造林，绿化国土”的热潮中来，为建设蓝天绿地、碧水环绕、空气清新的生态环保新许昌，作出应有的贡献。

许昌四大班子领导参加义务植树活动 3月13日，市四大班子领导来到东城区参加全民义务植树活动。当日，市直机关有3 000多人参加义务植树，栽植树种为大叶女贞、栾树、马褂木和桧柏，共植树22 800株。

《中国绿色时报》原总编辑万以诚来许考察林业工作 5月18~19日，《中国绿色时报》原总编辑万以诚在省林业厅助理巡视员万运龙、宣传办公室主任李华堂的陪同下，到许昌市考察城市绿化、花卉苗木基地建设和森林植物园建设工作。

市委、市政府召开生态许昌建设座谈会 6月4日，市委、市政府在鄢陵县召开生态许昌建设座谈会。市委书记毛万春要求全市各地认清形势，鼓足干劲，抓住机遇，乘势而上，坚持扩大数量与提升质量并举，加强领导与完善机制并重，大力发展花卉苗木产业，加快生态许昌建设步伐。

许昌市强力推进林业产权制度改革 7月，许昌市政府印发了《许昌市人民政府关于进一步深化林业产权制度改革的意见》(许政〔2006〕11号)，强力推进全市林业产权制度改革。

制定《许昌市创建国家森林城市宣传工作方案》 7月，市创建国家森林城市办公室制定了《许昌市创建国家森林城市宣传工作方案》。在《许昌日报》开辟“创森”征文专栏，刊登关于森林城市建设方面的文章28篇；许昌电视台《聚焦30分》栏目和许昌人民广播电台《金色田园》栏目对“创森”工作进行了专题采访报道。沿市区延安路、文峰路、新兴路等20条道路书写了66幅宣传“创森”标语，建过街彩虹桥宣传板块15处。

许昌市召开城乡一体化推进区生态建设工作会议 8月23日，许昌市委、市政府召开了许昌市城乡一体化推进区生态建设工作会议。

第六届中原花木交易博览会开幕 9月26日，第六届中原花木交易博览会暨鄢陵生态旅游节在鄢陵国家花木博览园隆重开幕，省委常委、宣传部长孔玉芳，副省长徐济超，省政协副主席郭国三等出席了开幕式。

河南省第二届“生态杯”中州盆景大赛 9月28日~10月12日，河南省第二届“生态杯”中州盆景大赛暨第二届中州盆景学术研讨会在禹州市森林植物园举办。

许昌市组织考察学习生态村建设 10月，受许昌市政府办公室委托，市林业局组织市城乡一体化推进区内的7个乡（镇、办）的行政负责人、63个行政村的党支部书记和各县（市、区）林业局局长等近百人的考察团到商丘市考察学习生态村建设。

湖北省考察团来许昌考察花卉苗木生产 10月，湖北省林业厅原厅长吴先金带队一行7人到鄢陵县考察发展花卉苗木情况。先后参观了鄢陵县花木交易中心、柏梁镇花卉苗木信息中心、北方花卉集团组培车间和全县花木生产情况，并到田间地头与花农进行了亲切交谈。

许昌市召开创建国家森林城市动员会 10月14日，许昌市召开创建国家森林城市动员暨创建工作第三十三次新闻发布会，重点安排部署了创建国家森林城市工作。

许昌市参加第三届中国森林城市论坛 10月20~23日，市政府副市长王国华带队参加了在湖南省长沙市召开的第三届中国城市森林论坛，并在市长论坛上作了题为《建设生态许昌　营造绿色家园》的演讲。

召开秋冬季植树造林暨森林防火电视电话会议 11月6日，许昌市召开了全市秋冬季植树造林及森林防火电视电话会议。市政府副市长王国华出席会议并作了讲话。

许昌市召开全市冬季造林整地现场会议 11月20日，市政府组织召开了全市冬季植树造林整地现场会议。与会全体人员先后参观学习了魏都区高桥营办事处、许昌县尚集镇、小召乡造林整地现场，并进行了经验交流。

许昌市委、市政府领导调研林业生态建设 12月，许昌市委书记毛万春，市委副书记、市长李亚等四大班子领导到城乡一体化推进区调研林业生态建设。市委书记毛万春一行先后到魏都区、许昌县和长葛市造林现场进行了调研，在听取了有关县（市、区）和乡（镇）领导的汇报后，对许昌市近期造林绿化工作取得的成绩给予了充分肯定。

城乡一体化推进区第十次联席会议召开 12月，许昌市召开城乡一体化推进区第十次联席会议，对生态绿化工作进行了部署。市委书记毛万春、市长李亚分别讲话，市委副书记王金怀主持会议，市领导王国华、王全合出席。

洛阳市林业局来许昌考察学习发展花卉苗木 12月3日，洛阳市林业局局长王长忠带领全市林业局长、农办主任一行17人在许昌市林业局局长盛甲午陪同下，考察了鄢陵县花木交易中心、柏梁镇花卉苗木信息中心、北方花卉集团组培车间和全县花木生产情况，并到田间地头与花农交谈，与部分育苗大户进行了座谈。

召开创建工作第三十四次新闻发布暨生态绿化建设会议 12月29日，许昌市召开创建工作第三十四次新闻发布暨生态绿化建设会议。市委书记毛万春、市长李亚出席会议并作重要讲话。

漯河市

一、概述

2006年，漯河市委、市政府对城乡绿化工作高度重视，围绕“以城带乡，以乡促城，城乡一体，协调发展”的总体发展思路，突出新农村建设和高品位生态宜居滨河城市建设两条主线，高扬创新争先主旋律，立足科学发展观，创新发展模式，提高发展质量，扎扎实实地推进各项工作，城乡绿化事业保持了健康发展的良好态势。

（一）林业建设

全市共完成成片造林面积6.575万亩，其中重点防护林面积1.075万亩，荒地造林面积0.7万亩，外资造林面积2.66万亩，速生丰产林面积0.8万亩，一般造林面积1.34万亩。新建和完善农田林网面积65.64万亩。人工造林精品率达到91%。

（二）非公有制林业

突出抓好三个层面的改革：一是林业产权制度改革。大力发展以股份制和个体私营林业为主的非公有制林业，调动社会各界参与林业建设的积极性。二是活立木流转机制改革。建立活立木市场营业部，搭建活立木交易平台，着重解决全市活立木资产评估和抵押贷款问题，增强林业发展活力。三是积极探索林业产业化机制。努力从林业的经济效益、社会效益入手，积极探索林业经济效益和社会效益双赢的新机制。有力推动了非公有制林业的快速发展，全市非公有制造林面积占林地总面积的91%，涌现了绿天地农林发展公司吕增宇、振乾生态园区张振乾等一批个体造林的典范。

（三）创新平原绿化模式，建设高效生态林网

按照“森林进城、园林下乡”的要求，充分体现“乔木与灌木相结合，落叶与常绿树种相搭配，观花与观叶相映衬”的规划原则，高标准建设平原农区高效生态林网。在临颍县大郭乡、郾城区商桥镇、龙城镇建设万亩高效生态防护林网，以培育大规格速生楸、广玉兰、白玉兰、白腊、重阳木、七叶树、馒头柳等城市绿化树种为主林带，边沟以柳树、枫杨为主，间种百日红、碧桃等，引进园林绿化树种16种，植树12万余株，绿化农田道路32条，形成一路一景、一路一品的农田道路绿化景观。高效生态林网3年一个周期的更新，不仅为城市绿化提供高规格的绿化苗木，解决了林网见效慢、周期长、胁地的矛盾，同时也为新农村建设探索了新的造林模式，提升了全市平原绿化的档次和水平。

（四）新农村建设

向社会公开承诺了2006年推进新农村建设十件实事，包括免费技术培训、建立活立木流转市场、提供项目资金支持等。制定下发了《工作台账》，并纳入年度考核目标。经过上下共同努力，十件实事已经得到较好落实。编制《新农村建设十乡百村万户生态林业示范工程规划》，确定了15个乡（镇）、26个行政村为试点单位，为他们提供规划方案、技术服务、产业支持，并免费提供前期建设的5万余株绿化苗木，推进建设社会主义新农村。

（五）绿化美化村庄居住环境，发展庭院经济

结合新农村建设试点和生态林业小康村建设规划，本着一村一色、一街一品，突出特色，群众自愿的原则，对村庄内道路、庭院、荒片、荒沟、荒滩进行统一规划、合理配置，改善村民居住环境，增加林果覆盖面积，发展庭院林果经济，促进乡风文明，建设村容整洁的生态和谐新农村。郾城区尧河庙、冉口、庙赵、朱庄、西营、黄赵，临颍县胡桥、白庙村，高新区西坡李、铁炉，舞阳县李楼村、鹿庄，源汇区后寨等村庄，把改善生态环境和发展农村经济紧密结合，将治理村容村貌作为新农村建设的突破口，突出绿化美化净化相统一，村庄道路以广玉兰、枇杷、大叶女贞等常绿树种为主，庭院以柿树、梨树、石榴等乡土树种为主，改善居住环境，发展庭院林业经济，使村容村貌整洁美丽，群众生活质量得到明显提高。

（六）林业生态县、生态林业示范乡（镇）、生态林业小康村创建活动

制定了《漯河市创建林业生态县实施意见》，完成了临颍县、郾城区林业生态县自查，并通过省政府组织的林业生态县达标验收。舞阳县、召陵区、源汇区完成了林业生态县（区）5年规划。完成了《漯河市十乡百村万户生态林业示范规划设计》，完成了15个生态林业示范乡（镇）和36个生态林业小康村的绿化规划设计并帮助建设。

（七）林业产业

一是把培育速生丰产林、优质经济林、种苗花卉基地作为调整优化农业产业结构的重点。二是将林产品的加工利用，尤其是精深加工，优质果品的贮运、保鲜、加工作为第二产业发展的重点，逐步形成公司带基地联农户的形式，培育壮大龙头企业，加快林业产业发展步伐，促进农民增收，努力实现由资源小市向产业强市转变。三是加大招商引资力度，积极引进项目资金和林产企业，借外力促进发展。在政策和资金上扶持龙头企业，引进设备，改进技术，提高生产能力，逐步实现由初级加工向精深加工转变，提高产品附加值。

（八）林政管理

严格层级监督，强化采伐前、中、后的全过程管理。全年林木采伐办证率达97%，办证合格率达到98%。特别注重重点工程建设中的林木保护工作。在电业部门线路清障、水利部门沙河堤防加固、公路部门“村村通”、土地部门“土地整治”等重点工程建设过程中，既积极配合，主动服务，又依法办事，严格审批手续。

（九）森林公安

推行执法责任制、案件回访制、警务公开制、服务承诺制和一警一区责任制，规范民警日常行为。开展法律法规集中教育和大练兵活动，提高森林公安队伍整体素质。组织开展了打击涉林违法犯罪的“春季专项行动”、“绿盾行动”。全年森林公安机关共受理各类涉林案件522起，查结335起，其中行政案件311起，刑事案件24起，调和各类林业生产矛盾149起。共打击处理违法犯罪人员271人，其中刑事拘留28人，逮捕13人，行政拘留6人。查获野生动物4.5万余只。有力打击了破坏森林和野生动物资源的违法犯罪行为。

（十）森林病虫害防治

病虫测报点由51个增加到71个，形成了以国家级测报点、省级测报点为牵头，市、县两级测报点为主体的四级测报网络体系。推行测报信息零距离服务，开通了“森林短信沙澧行”服务热线，重要的病虫害信息直接发布给各级政府负责人和营林大户。全年发布林木病虫信息简报110期，动态分析24期。由市森林病虫害防治检疫站牵头，组建了“漯河市天地蓝控制林业有害生物服务中心”，建立了专业防治队伍。建立了分类管理、群防群治的森防机制，明确了防治责任，提高了工作效率。全市灾害测报准确率达到90%以上，无公害防治率达到85%以上，成灾率控制在6‰。由于气候影响，2006年成为森林病虫害高发年份，全市发生杨树草履蚧、杨树食叶害虫、杨树病害等，危害面积达到27万亩。由于监测准确及时、组织得力、防治措施到位，没有造成大的危害。

（十一）护林防火

各级行政领导高度重视森林防火工作。副市长、市护林防火指挥部指挥长薛豫宛对森林防火工作多次作出重要批示，提出严格要求，并亲自到基层检查督导。局党组成员对各县（区）防火工作实行分片包干，亲自安排、亲自检查防火工作的落实情况。各级护林防火部门工作人员利用出动宣传车、张贴标语、设立固定咨询台等形式进行森林消防知识宣传，并在国道、省道、重点片林等各绿化通道悬挂防火横幅。通过大规模的宣传，全市形成了浓厚的禁烧护林防火氛围，人民群众的护林防火意识得到了明显提高。“三夏”、“三秋”期间，市护林防火办公室向全市发放《护林防火通告》，成立护林防火巡逻队，坚持24小时值班制度，重点巡查107国道、通道绿化工程、农田林网等，消除火灾隐患。全年没有发生大的森林火灾事件。

（十二）科技兴林

继续走产、学、研相结合的路子，与科研院所合作，引进推广应用先进的科研成果。在营林方面，抓好种苗工程，加快良种培育，大力培育和开发优质、速生、高效的树种，大力开发乡土阔叶树种。在科技推广方面，加强农民技术培训，提高农民素质。组织开展形式多样的科技下乡活动，办好科技园区，大力推广林业先进实用技术。举办各类培训班20期，现场教学40余次，培训专业技术人员210人（次），培训林农12 000余人（次）。建设完善新王店林业高科技基地、孙庄新世纪示范园等林业科技示范园区10个。引进红叶杨、金丝楸等林木新品种15个，推广抗旱保水剂等林业新技术16项。在林农复合经营方面，积极探索经济效益高、群众易于接受的经营模式。在5年生以下林地内，着重发展林菜（瓜）、林菌、林油等复合经营模式；在5年以上林地内，重点发展耐阴性的食用菌。全年推广林农复合经营面积5万亩，林农收入成倍增长。

（十三）城市园林绿化

牢固树立“以人为本”和“全面、协调、可持续”的发展观，紧紧围绕较高品位的生态宜居滨河城市建设目标，坚持高起点规划、高标准设计、高质量建设、高水平管理，千方百计扩大城市绿量，推进城市绿地系统建设，提升园林城市内涵。市区新增绿化面积86万平方米，绿化覆盖率、绿地率、人均公共绿地面积分别达到46.22%、37.18%和14.36平方米，分别比2005年增长0.62、0.98个百分点和0.16平方米，分别比全省平均水平高出13.89、10.77个百分点和6.51平方米。

（十四）园林绿化六大工程

一是“桃花工程”。重点在沙澧河沿岸绿地、东北入市口、西南入市口、黄河路、淞江路、大学路等现有广场绿地、道路转角等处大量种植以观花为主的碧桃、黄金美丽桃、满天红桃等桃树新品种52 000余株，增加花量，突出亮点，增强美化、彩化效果，营造桃红柳绿的美丽风景。二是“果树进城”工程。以观花观果的乡土树种为主，科学编制了《漯河市果树进城规划》。采取成行栽植、片植、插植等办法，形成点、线、面相结合的果树布局。在市区主干道和主要游园绿地内种植枇杷、石榴、柿树、梨树等10多个品种1.5万余株，大力营造春花秋实、花果飘香的城市园林新景观。三是“森林围城”工程。在新北环、湘江西路、创业大道东段、中山路南段、银鸽大道等地营造生态防护林带。在市领导的亲自参与带动和社会各界的共同努力下，共计栽植碧桃、杨树、楸树、广玉兰等树种12万余株。四是立体绿化工程。在沙澧河大桥引桥两侧、市区立交桥桥体、主干道两侧建筑墙体、绿地内棚、架、廊等处种植爬墙虎、常春藤等攀援植物2万余株，摆放迎春花5 000余盆，进一步丰富绿化层次，拓展绿化空间。五是道路绿化改造工程。对市区黄山路、海河路、嵩山路、人民东路、漯舞路等地段进行绿化改造，栽植重阳木、法桐、黄山栾等乔木2 000多株，改造修砌花坛3 000多平方米，栽植花灌木10万余株，更新草花、地被植物6万多平方米，进一步改善了道路景观。六是鲜花摆放工程。在“五一”、“十一”等节日以及全市重大活动期间精心组织实施了鲜花摆放工程。共摆放时令鲜花130余万盆。在庆祝建省辖市20周年及中原食品节期间以“盛世辉煌”为主题，在市区广场、主干道及游园绿地等位置摆放鲜花，组成色彩鲜艳、图形优美的各种图案来扮靓城市，受到市内外客商和广大市民的一致好评。

（十五）城市依法护绿

严格行政审批手续。对受理的占用绿地、移植城市树木等审批事项，依照有关法律、法规，严格程序，依法办理。共受理审批此类事项91件，办结率达100%。加大了园林监察工作力度，开展了夏季“百日护绿”、河道清理整治、绿化区禁牧等专项整治行动。与市直有关部门联合，落实“门前绿化五包”责任制。全年共治理占用破坏绿地行为430余起，拆除绿线内违章建筑、广告牌38处，清理流动摊点340个，长期占绿经营摊点41个。

（十六）义务植树

市委、市政府高度重视义务植树工作，于3月1日召开专题会议对义务植树进行安排部署。通过广播、电视、报纸等多种新闻媒体，大力宣传全民义务植树，强化市民的绿化意识，充分发挥水利、铁路、交通、城建等行业的重要作用，调动各方面的积极性，努力形成多部门、多主体、多形式参与造林绿化的新格局。全市义务植树594万株，尽责率达到90%以上。在7月份省绿化委员会通报表扬的4个义务植树开展较好的地市中，漯河名列第三位。

（十七）野生动物疫源疫病防控

市林业园艺局、舞阳县滞洪区湿地监测点分别制定了《漯河市野生动物疫源疫病疫情应急预案》、《舞阳县野生动物疫源疫病疫情应急预案》。坚持每日零报告制度，严格监控疫情动向。

（十八）野生动物保护

组织开展了“野生动物保护宣传月”活动，发动野生动物保护协会4个会员单位和120余名会员积极参与野生动物保护宣传。组织开展了以“鸟、人、自然——和谐发展”为主题的第二十五届“爱鸟周”科普宣传教育活动。将宣传活动与加强野生动物管理有机结合，组织林政、森林公安开展野生动物驯养繁殖与经营利用市场整顿，严厉打击非法捕猎、经营、运输野生动物行为。

二、纪实

开展越冬虫情调查 1月，漯河市林业局开展越冬虫情调查，重新布控市级51个林业有害生物监测点。

召开全市义务植树动员会 3月1日，召开全市义务植树动员会。3月10日，市直及各县（区）开展了大规模义务植树活动，市四大班子领导带头参加。全市义务植树594万株，尽责率达到90%以上。

舞阳县、漯河移动通信公司分别获“全国绿化模范县”、“全国绿化模范单位”称号 3月，全国绿化委员会分别授予舞阳县、漯河移动通信公司为“全国绿化模范县”、“全国绿化模范单位”称号（全绿字〔2006〕8号）。

召陵林业工作站荣获“全国林业先进工作站”称号 3月，国家林业局授予召陵林业工作站“全国林业先进工作站”称号（林站发〔2006〕51号）。

孙保民荣获“全国绿化先进工作者”称号 3月，全国绿化委员会、国家人事部、国家林业局授予孙保民同志“全国绿化先进工作者”称号（国人部发〔2006〕29号）。

漯河林业局被评为“2005年度林业工作目标管理先进单位” 3月，省林业厅授予漯河林业局“2005年度林业工作目标管理先进单位”称号（豫林〔2006〕39号）。

漯河林业局团委荣获“河南省五四红旗团委”称号 4月，共青团河南省委授予漯河林业局团委“河南省五四红旗团委”称号（豫青字〔2006〕26号）。

建成新沟河速生杨、速生楸实验示范基地 4~6月，建成新沟河速生杨、速生楸实验示范基地，改变该河道面貌。

漯河市天地蓝防控林业有害生物服务中心成立 5月，注册成立漯河市天地蓝防控林业有害生物服务中心。

实施《黄淮平原农田防护林优良新品种及优化配置技术示范推广》项目 5月，漯河市林业局承担的国家项目《黄淮平原农田防护林优良新品种及优化配置技术示范推广》在漯河市实施。

完成草履蚧综合防控课题项目 6月，完成河南省草履蚧综合防控课题项目。

临颍县、郾城区通过林业生态县达标验收 6月20日，市政府下发《关于印发漯河市创建林业生态县实施意见的通知》（漯政〔2006〕60号）。经过自查申报，临颍县、郾城区通过河南省政府组织的林业生态县达标验收。

开通林业有害生物情报短信平台 7月，漯河市开通林业有害生物情报短信发送平台。

邵卫军获“森林公安个人二等功” 8月，国家林业局森林公安局授予邵卫军同志“森林公安个人二等功”（林公奖字〔2006〕1号）。

开展“绿盾行动” 11月1日~12月10日，漯河市林业公安组织开展“绿盾行动”，在全市范围内开展以打击破坏林地和野生动物资源违法犯罪活动为主要内容的专项行动。

三个林果无公害生产标准发布实施 12月，经市技术监督局审定，《无公害杏生产技术规程》等三个林果无公害生产标准作为市级地方标准发布实施。

认定10家林业产业化市级重点龙头企业 12月5日，市政府下发《关于公布林业产业化市级重点龙头企业的通知》（漯政办〔2006〕107号），重新认定了10家林业产业化市级重点龙头企业。

召开全市林业工作会 12月6日，召开全市林业工作会。市政府对2个县（区）、10个乡（镇）、10个非公有制造林企业和106名先进个人进行了表彰。副市长薛豫宛对2006年工作进行了总结，并对2007年植树造林、义务植树、重点工程项目及森林防火工作进行了全面部署。

郾城区三丁木百检查站被授予“河南省文明执法热情服务十佳木材检查站”称号 12月，省政府纠风办、省林业厅授予郾城区三丁木百检查站“河南省文明执法热情服务十佳木材检查站”称号（豫林政〔2006〕255号）。

平顶山市

一、概述

2006年，平顶山市把构建“和谐、生态平顶山”作为奋斗目标，以加快平顶山市林业生态建设为重点，扎扎实实开展了退耕还林、精品工程、荒山绿化、城郊绿化、通道绿化等造林绿化工作和以林政资源管理、森林防火、林业有害生物防治为主的森林资源保护活动。全市共完成大面积造林13.14万亩，为目标任务的103%，其中退耕还林面积5万亩，淮防林面积0.775万亩，速生丰产林面积1.5万亩，外资造林面积2.55万亩，一般造林面积3.315万亩。完成精品工程8万亩，为任务的107%。完成中幼林抚育面积28.35万亩，为任务的189%。完成林业育苗面积1.59万亩，为任务的122%。完成通道绿化982公里。完成城郊森林绿化面积7 000亩。全市建立300亩以上的义务植树基地10个，建立市、县两级领导义务植树联系点50个，面积1.6万亩。全市义务植树1 520万株，义务植树尽责率90.9%。2006年全面完成了年度工作目标任务，实现了“十一五”规划的良好开局，是迈出新步伐、取得新成绩、再上新台阶的一年。

（一）平原绿化

按照市委、市政府的工作部署，各县（市、区）实行了平原绿化工作行政首长负责制，主要领导亲自抓，分管领导具体抓，并积极落实林业政策，严格平原绿化达标技术标准，大力开展了农田林网、村庄绿化、城镇绿化和沟、路、河、渠绿化。2006年，全市新建和完善农田林网134万亩，为目标任务70万亩的191%。宝丰县、郏县通过了省林业厅的验收，实现了平原绿化高级标准建设。

（二）退耕还林

截至2006年底，全市累计完成退耕还林面积72.36万亩，共涉及9个县（市、区）、79个乡（镇）、1 102个行政村，8.23万农户、30万人口。

（三）非公有制林业发展

林业部门依托我市丰富的资源优势，以苗木花卉、生态旅游、经济林和速生丰产林为主导产业，按照“谁造谁有、谁投资谁受益”的发展理念，积极深化林业产权改革，制定优惠政策，采取联营、承包、租赁、拍卖等方式，吸引各种社会投资主体投资造林。2006年，全市300亩以上的造林大户增加到500余户，经营面积50余万亩。造林大户在新技术新品种利用、市场趋势研究、经营管理等方面都起到很好的示范带头作用。

（四）森林资源管护

资源林政管理坚持凭证采伐，凭证率为95%。在全市范围内组织开展了以“绿盾行动”为重点的三次严打专项行动，取得了明显成效。全年行政立案223起，查结203起；治安案件30起，治安拘留10人；刑事立案14起，查结14起，其中逮捕10人，刑拘10人；罚款和补缴规费76万余元；没收非法木材100多立方米，补种树木4万余株，有效保护了森林资源。

（五）森林防火

森林防火工作充分发挥组织、协调、监督、检查职能，各县（市、区）高度负责，各有关部门密切协作，全市始终坚持“预防为主，积极消灭”的方针和“以人为本，安全第一”的思想，突出“政府负总责，全民搞防火”的工作思路，强化领导、明确责任、完善制度、狠抓落实，圆满完成了各项工作目标。一年来，森林防火工作机制得到了进一步完善，森林火灾防控能力进一步得到提升，基础设施建设进一步改善。全市共发生森林火情236起，其中荒火86起，森林火警146起，一般森林火灾4起，过火面积1 873亩，森林火灾受害率0.3‰，没有发生较大森林火灾，人民群众的生命财产得到了保护，维护了森林资源和生态安全。

（六）野生动物保护

全市共发放野生动物宣传资料5万余份，接受群众咨询3 500人（次），查处违法案件17起，收缴捕鸟网300米，救护国家一、二级保护动物20头（只），重点保护动物52头（只），救护成功率为95%。

（七）野生动物疫源疫病监测

全市野生动物疫源疫病监测点由2005年的15处，增加到现在的22处，其中省级监测点2处，市级监测点7处，县级监测点13处，重点监测天鹅、大雁、野鸭等鸟类，全年没有发现野生动物疫源疫病。同时，制定了《平顶山市重大陆生野生动物疫病防控应急预案》、《平顶山市疫源疫病监测点建设标准》、《平顶山市疫源疫病监测报告制度》。

（八）林业有害生物防治

林业有害生物防治工作积极贯彻“预防为主、科学防控、依法治理、促进健康”的防治方针，根据《平顶山市林业有害生物防治工作意见》，重点抓好林业有害生物的预测预报、治理防控和防治宣传，不断加强监测预警、防治减灾和检疫御灾体系建设。全市林业有害生物成灾率0.9‰，测报准确率86%，种苗产地检疫率89%。全年新设置固定测报点70个，市、县、乡三级测报网络初步健全，森林资源监测覆盖率达到90%以上。全市共防治各类林业有害生物总面积33.6万亩，其中无公害防治面积24.2万亩，无公害防治率达73%，有效控制了林业有害生物的发生和蔓延。

（九）省级森林公园申报

“平顶山省级森林公园”已完成总体规划设计。该森林公园位于平顶山市北部山地，西起香山，东至金牛山，东西全长17公里，规划总面积42 705亩，分为香山宗教文化景区、落凫山森林游憩景区、平顶山休闲娱乐景区和金牛山林果采摘四大景区，共66个景点，建设期限3年，规划总投资16 420万元。

（十）公益林建设

全市国家级重点和省级公益林面积扩大到47.15万亩，国营鲁山林场、国营石漫滩林场、国营郏县林场、国营叶县林场和国营风穴寺林场全部纳入国家、省级公益林管理，国家财政直接补助资金150多万元。

（十一）林木种苗质量抽检

根据省林业厅《关于做好2006年林木种苗质量抽查工作的通知》要求，4月份对各县（市、区）工程造林用苗情况进行了抽查。抽查结果为，良种使用率100%，苗木合格率100%，均符合工程造林用苗标准。

（十二）林业技术推广

全市各级林业部门始终把科技兴林作为林业持续、快速、健康发展的一项基础性工作，常抓不懈，大力引进推广先进实用的林业技术。全年在鲁山、宝丰、郏县、叶县等地共推广新品种豫大籽石榴面积200亩。新建林业科技示范园区3个，推广林业新技术5项和林果新品种36个，制定并发布实施市、县级地方林业技术标准规程1个。

（十三）科技服务下乡

组织和指导各县（市、区）林业科技推广机构，根据本地区林业特点和林农对林业科技的需求，开展形式多样的送科技下乡活动。据统计，全市开展送科技下乡活动23次，涉及县、乡、村100多个；印发科技资料7万多份（册），张贴宣传标语800多条，科普挂图300多幅；举办科技报告会、科技讲座、科技培训班19期，参加活动、培训林业职工、林农达3 500人（次）。

（十四）林业产业

林业产业坚持以经济效益为重点，进一步加大产业结构调整力度，全市发展以杨树为主的速生丰产林面积2.6万亩，特色经济林面积3万亩。出台了促进伏牛山区旅游开发资源保护的实施意见，组织了多种形式的森林旅游宣传推介活动。全市10处森林生态旅游景区正式对游客开放，全年接待游客150万人（次），直接旅游收入达800万元。全市完成林业总产值6.93亿元，较去年增长了12%。

二、纪实

市领导参加义务植树　3月12日，市委书记邓永俭、市长赵顷霖、市人大主任侯玉德、市政协主席刘振军等四大班子领导及2 000多名市民在湛河区凤凰山参加义务植树活动。本次活动共植树5 000余株。

开展“春季打击涉林违法犯罪”专项活动　4月1日~6月30日，市林业局在全市范围内组织开展了“春季打击涉林违法犯罪”专项活动。3个月内，全市共出动警力2 600人（次），查处刑事案件17起，行政案件159起，治安案件19起，刑事拘留12人，林业行政处罚135人，清理木材市场35个，清理木材加工经营场所94家，取缔矿点、炭窑16个。

关于切实加强林木管护工作的通知　4月28日，为进一步提高造林质量，巩固造林成果，在“三夏”即将到来之际，提出加强林木管护工作意见。一是加强领导、提高认识，切实增强做好林木管护工作的责任感。二是落实管护责任。三是加强幼林的抚育管理。四是严厉打击各种毁坏林木的违法行为。五是加大检查力度，严格兑现奖惩。

平顶山省级森林公园成立　10月28日，经省林业厅专家组验收，批准成立平顶山省级森林公园。该公园规划设计总面积42 713亩，涉及新华区、卫东区、平煤林场、宝丰李庄乡4个单位，分香山宗教文化区、落凫山森林游憩区、平顶山休闲娱乐区、金牛山林果采摘区等四大景区，66处景点。

召开全市造林绿化工作会议　11月6日，市政府造林绿化工作会议召开，副市长蒋克勤对2006年冬2007年春造林绿化工作进行了安排部署。

市林业局成立造林督察组　11月8日，为认真贯彻落实省、市2006年冬2007年春造林绿化工作会议精神，确保造林目标顺利实现，市林业局加大对造林绿化工作的督察力度，抽调6名班子成员和12名正科级干部分包到10个县（市、区），要求各督察组切实负起责任，在抓好造林进度的同时，加强技术指导，狠抓造林质量，及时总结推广好做法、好经验，切实提高造林绿化水平。督查组每周五集中汇报，对行动情况在全市进行通报。

召开冬季造林绿化现场会　11月22日，全市冬季造林现场会议在郏县召开，各县（市、区）林业局局长、主管副局长及林业局有关科室负责人参加了会议。会议对当前及今后一段时期的造林绿化工作进行了再动员、再部署。

舞钢市成功创建林业生态县　11月，舞钢市成功创建省级林业生态县（市），并通过了省政府核查组检查验收，获奖励资金20万元，成为省政府第一批命名的省级生态县（市）。

出台推进社会主义新农村建设的实施意见　12月20日，为认真贯彻落实《中共中央　国务院关于推进社会主义新农村建设的若干意见》（中发〔2006〕1号）、《中共河南省委　河南省人民政府关于推进社会主义新农村建设的实施意见》（豫发〔2006〕1号）、《河南省林业厅关于推进社会主义新农村建设的实施意见》（豫林〔2006〕138号）、《平顶山市委、平顶山市政府关于推进社会主义新农村建设的实施意见》（平发〔2006〕1号）等文件精神，充分发挥林业在社会主义新农村建设中的作用，结合平顶山市林业建设实际，出台了平顶山市林业局《关于推进社会主义新农村建设的实施意见》。

商丘市

一、概述

2006年，商丘市各级林业部门以加快全市林业发展，促进社会主义新农村建设为目标，坚持科学发展观，认真落实《商丘林业发展“十一五”规划》，积极组织实施防沙治沙、通道绿化、高标准平原绿化、速生丰产林和名优经济林、苗木花卉基地等林业重点工程建设，切实加强林板、林纸一体化，大力推进林业产业化，进一步加大森林、野生动物资源保护管理、森林防火和科技兴林工作力度，完成或超额完成了省、市下达的各项林业目标任务。

(一)领导重视，大力推动商丘造林绿化工作

商丘市委对造林绿化工作高度重视，年初，组织召开了全市春季造林绿化工作会议和全市春季植树造林电视电话会议，下发了造林绿化工作实施意见。各县（市、区）及时召开有主要领导参加的春季植树造林动员会、现场会，对春季造林工作进行重点安排部署。全市各级林业部门把防沙治沙、通道绿化等重点林业生态工程作为促进社会主义新农村建设的一项重要任务，采取科学规划、强化管理等措施，严把造林质量关，进一步加大了造林绿化工作力度。商丘市林业局组成了由各位党组成员任组长，各科、室、站业务骨干为成员的造林绿化督导组，分包县（市、区）和重点林业生态工程，深入造林第一线跟踪督查。2006年商丘市完成人工造林面积5.25万亩，是省、市下达任务（4.59万亩）的114.4%；完善农田林网面积32万亩。共完成造林投资3 000万元，植树2 566万株。人工造林精品率达40%以上，较2005年提高5个百分点。

（二）精心组织，深入开展全民义务植树运动

商丘市各级党政领导干部认真贯彻执行《河南省全民义务植树条例》，带头参加义务植树活动，领办绿化点，增强了全民参与义务植树的自觉性。组织社会各界开展了形式多样的营造特色纪念林活动。商丘电视台在商丘市黄河故道国家森林公园营造了“相约晚八点”纪念林，共栽植木瓜树300多株；共青团商丘市委组织了大中专院校学生、部队官兵等200多名青年志愿者参加的义务植树活动，共植树1 000多株；商丘市林业局全体干部职工在商丘市黄河故道国家森林公园栽植了“改善生态，建设社会主义新农村”纪念林，建立了义务植树基地。积极组织开展了以“大力植树造林，加快社会主义新农村建设”为主体的义务植树活动，提高了全民义务植树的积极性，掀起了全民义务植树热潮。植树节期间，商丘市、县两级政府举行大型义务植树活动10余次，建立义务植树基地10处，领导办绿化点完成280个。全市完成义务植树2 260余万株，适龄公民义务植树尽责率达98%以上。

(三)真抓实干，强力推进全市林业产业化

商丘市将林业产业工作纳入林业年度责任目标考核的重要内容，实行林业部门一把手负责制，切实将林业产业工作摆上主要领导议事日程。利用林业资源优势，开展一系列招商引资活动，大力引进资金、技术，努力扩大企业规模和生产能力。宁陵县成功举办了“中国宁陵梨花节”。以商丘桐木制品有限公司、鼎盛木业、松本木业为主的全市十大木材加工龙头企业，采取“公司+基地+经营大户”的发展模式，大力开展木材深加工，拉长了产业链条，提高了木材加工附加值。全市已有20个木材加工经营专业村，近200个大户经营联合体与龙头企业联姻，初步形成了龙头带基地、基地联经营大户的发展格局，在一定程度上实现了从原木生产到板材加工、从板材加工到家具成品半成品生产的转变，提高了全市木材加工业集约化经营水平。进一步提高了干鲜果贮藏加工能力，商丘市干鲜果加工利用率已达60%以上。依靠商丘市的林业资源和交通优势，积极实施品牌战略。对商丘市被国家命名的“全国平原绿化先进单位”、“全国防沙治沙典型示范区”、“全国绿化先进集体”、“泡桐之乡”、“酥梨之乡”、“名优经济林之乡”等进行大力宣传，提高了商丘林业的知名度。全市已有10多个木材加工企业通过了ISO国际质量体系认证，逐步实行了标准化生产。商丘市新建工业原料林基地1万亩，名优经济林基地1.5万亩，苗木花卉基地1万亩；新发展“中华红叶杨”苗木繁育基地0.2万亩，新发展名贵树种（楸树）基地0.1万亩。全市新发展木材加工企业20余家，技术改造中小型木材加工企业30余家，新增木材加工生产能力5万立方米。大中小型木材加工企业已达2 500余家，其中年产值千万元以上的23家，百万元以上的155家。商丘市县级以上木材综合市场已发展到15家，乡镇木材交易所已达190余个，村级木材交易点达700余个。林业产值实现38.7亿元，较2005年增长18%以上。

(四)强化管理，努力巩固造林绿化成果

加强了造林质量管理。在工程造林中，严把苗木关、栽植关、管护关和重点工程造林“三不准”制度，提高了全市造林的质量和成活率。大力推进定权发证工作。对于重点工程造林特别是2005年退耕还林，通过调查摸底，登记造册，绘制小班作业卡，确定产权，发放了林权证，明确了责权利，调动了林农造林护林的积极性。按照“预防为主、防治结合”的方针，动员森林病虫害防治部门对危害杨树、泡桐、经济林的主要危险性病虫害和重点发生的县、乡、村，开展综合防治，提高防治效果，严格控制成灾率。对乱砍滥伐林木，非法猎捕野生动物，抢占林地，无证经营、采伐、运输木材等行为进行了严厉打击和重点整治。“三夏”期间进一步加强了森林防火工作，没有发生造成较大损失的森林火灾现象。2006年商丘市完成森林、林木更新采伐61万立方米，是省下达年采伐限额（63万立方米）的96%；国有林场林木凭证采伐率、办证合格率达100%，集体、个体凭证采伐率、办证合格率达91%，高于目标任务（90%）1个百分点；征占国有林地审核率达100%，征占集、个体林地审核率达92%以上，高于目标任务（90%）2个百分点；完成了2005年度退耕还林林权登记发证任务，其他林业重点工程林权证发放率达82%；完成了7个国有林场二类调查年度任务；没有发生大的森林病虫害，成灾率为5‰，低于目标任务（9‰）4个千分点；森林火灾发生率为零，焚树毁林案件发生率低于10次/150万亩；无公路“三乱”现象。

二、纪实

宁陵县金顶谢花酥梨实施地理标志产品保护 1月12日，国家质量监督检验检疫总局发布公告，批准对宁陵县金顶谢花酥梨完善地理标志产品保护。这是宁陵酥梨继1998年取得全国优质酥梨生产基地、2004年取得无公害酥梨生产基地之后，获得的又一块产品保护金牌。

商丘市党政军领导带头参加义务植树 3月10日，商丘市四大家领导与商丘军分区、梁园区、睢阳区和市直部门主要负责同志及青年志愿者共600余人，参加了在商丘市阏伯路举行的大型义务植树活动，共植绿化苗木5 000余株。

商丘市林业局获“全国绿化先进集体”荣誉称号 3月27日，商丘市林业局被全国绿化委员会、人事部、国家林业局授予“全国绿化先进集体”荣誉称号。

商丘市开展用飞机集中防治林木病虫害 7月上中旬，商丘市林业局根据全市林木病虫害发生情况测报，在省森防部门的大力支持下，组织在全市杨树、经济林病虫害发生较重的区域，采取用S—300C型直升机喷洒阿维灭幼脲等生物制剂的方法，重点对杨树、经济林食叶害虫开展了集中防治。此次用飞机防治林木病虫害是沿连霍高速公路民权至虞城段、105国道睢阳区段、301国道民权至宁陵段、国有民权代寨林场、宁陵林场、市黄河故道国家森林公园的杨树、经济林病虫害发生区，防治里程200余公里，喷洒药物4吨，防治覆盖面积达10万亩，防治率达85%以上。

商丘市遭受龙卷风及暴雨冰雹袭击 8月3日，商丘市虞城县、夏邑县、梁园区、睢阳区部分乡（镇）遭受龙卷风及暴雨冰雹袭击，林业受灾情况较为严重。此次受灾面积较大，共涉及4县（区）的15个乡（镇）。据初步统计，全市经济林受灾面积达25 995亩，其中绝收面积达7 500亩，刮倒折断树木172 100余棵，直接经济损失达1 100余万元。

商丘市森林公安机关连续破获三起猎捕贩卖青蛙案 8月8日，商丘市交警二大队民警在商柘路巡逻时，发现一辆运输车载有6大箱青蛙，共12 000只，重达300公斤。8月12日，睢县森林公安分局在睢县后台乡通往杞县的路上查获青蛙10 000多只，重300公斤，并当场抓获2名违法嫌疑人。8月15日，夏邑县森林公安分局先后在业庙、马头、刘店等乡（镇）的乡间小道上蹲点守候，在不到10天的时间内，查获4人猎捕青蛙2 000余只。

河南省林业厅副厅长乔新江莅临商丘调研林业工作 8月23~24日，省林业厅副厅长乔新江一行3人在商丘市政府副市长胡向阳、李思杰，副秘书长李振兴，商丘市林业局局长王义军的陪同下，到宁陵县、虞城县就生态建设工作开展深入调研。

全省林业生态建设现场会在商丘召开 9月14日，全省林业生态建设现场会在商丘召开。省委副书记陈全国出席会议并作了重要讲话，会议由副省长刘新民主持。会议总结交流了近年来河南省开展林业生态建设、推动社会主义新农村建设的经验，安排部署了下一阶段全省的林业工作。

全国黄河故道防沙治沙现场经验交流会在商丘召开 10月31日，全国黄河故道防沙治沙现场经验交流会在商丘召开，国家林业局防沙治沙办公室副主任王信建、国家农业综合开发办公室副处长车新一行率河北省、山东省、江苏省、安徽省、河南省林业厅防沙治沙办公室和5省沿黄河故道28个省辖市的林业部门负责同志参加了会议。

商丘市加强与江苏常州木材加工企业的交流合作 9月18~19日，商丘市委书记刘满仓、副市长曾昭宝在商丘市林业局长王义军陪同下，率梁园区主要领导及市有关部门负责人到江苏省常州市横林镇考察木材加工企业。

商丘市栽植国际华商归根林 11月11日，商丘市领导王师灿、胡家印、曾昭宝、刘爱田和参加2006年国际华商文化节的海内外华商，在商丘市黄河故道国家森林公园举行了隆重的国际华商归根林栽植仪式。

国家林业局林业产业调研组莅临商丘检查指导工作 11月20~22日，国家林业局林业产业调研组在国家林业局计资司副司长杨超带领下，一行3人莅临商丘调研林业产业工作。

商丘市召开秋冬季植树造林暨森林防火工作电视电话会议 11月6日，河南省秋冬季植树造林暨森林防火工作电视电话会议后，商丘市政府召开了全市秋冬季植树造林暨森林防火工作电视电话会，副市长李思杰就如何贯彻落实河南省电视电话会议精神、进一步加强今年秋冬季植树造林和森林防火工作作了全面安排部署。

商丘市林业局通过市级文明单位标兵检查验收 12月，商丘市林业局顺利通过市文明委关于争创市级文明单位标兵工作的检查验收。

周口市

一、概述

2006年，在市委、市政府和省林业厅的正确领导及高度重视下，周口市深入贯彻落实《中共中央 国务院关于加快林业发展的决定》和《绿色中原建设规划》，按照“完善林网、抓好精品、产业突破、强市富民”的工作思路，以市场为导向，以机制创新为动力，以科教兴林为支撑，卓有成效地开展林业建设的各项工作。全年共完成植树造林2 800万株，是全年任务2 685万株的104.3%;完成国家和省下达的各项林业建设工程3.01万亩，其中水土保持造林0.27万亩，外资项目造林1.23万亩，淮太防护林0.76万亩，防沙治沙造林0.4万亩，平原绿化工程0.35万亩;完成一般化造林2.49万亩，是全年任务2.49万亩的100%;新建和完善农田林网90.1万亩，是全年任务56.3万亩的160%，其中新建28.9万亩，完善61.2万亩;完成通道绿化1 048公里，是全年任务874.5公里的119.8%;完成林业育苗3.5万亩，是全年任务2.28万亩的153%。

(一)农田林网进一步完善，通道绿化进程加快

各县（市、区）重点加大了农田林网的完善补植和大波大洼林网空当的新建力度。做到全市一盘棋，全面推进，重点突破，对网烂、断带的林网进行补植，全面完成了农田林网的新建和完善任务。同时，各县（市、区）把高速公路、国道、省道和沟河绿化作为重点，采取得力措施，明确责任，确保了通道绿化任务的完成。项城市切实加大通道绿化建设力度，通道和通道出口绿化率达95%以上。

(二)全民义务植树活动向深度和广度发展

组织开展了有规模、有声势、有影响的宣传活动，广泛动员广大群众自觉投身到全民义务植树活动中来，掀起全社会办林业、全民搞绿化的热潮。2006年，全民义务植树呈现以下特点:一是规模更大，全市义务植树2 687万株，尽责率在86%以上。二是质量更高，注重科学规划，加强科技推广，强化经营管护，认真检查监督，确保造林成活率达到90%以上。三是尽责形式多样化，提倡和鼓励个人认养公共绿地。

(三)工程项目造林稳步推进

2006年，国家和省共下达周口市林业工程项目造林3.01万亩，主要是防沙治沙、水土保持造林、淮太防护林和外资造林。项目造林涉及的县（市、区）坚持把工程项目造林与农田林网、通道绿化、经济林、速生丰产林基地建设结合起来，严格按照造林作业设计书的要求，高标准、高质量完成了项目造林任务。

(四)科技兴林成绩斐然

2006年，共完成林业科技创新项目3项，其中一等奖1项，二等奖2项。全市共推广林业新技术20项，推广107杨、108杨、楸树、乌克兰樱桃、红梨、黄冠梨、冬枣等新品种28个。新建林业科技示范基地28个，共33 490亩；建林业科技示范村23个。市、县两级共举办培训班36期（次），受训人数2万人（次）。

(五)林业产业加速发展

2006年，重点加大了对郸城县天工木业、淮阳县恒源木业、西华县海森实业、扶沟县豫鑫木业等龙头板材加工企业的信贷、政策扶持力度，充分发挥龙头企业的优势，延伸产业链条，扩张规模，辐射带动，加快林业产业的发展。淮阳县成立了板材加工产业领导组，组织成立了板材商会，在板材加工业发展政策的基础上，实行“四不限”、“四放开”的优惠扶持政策，并积极争取林业项目和政策性资金，通过在园区内建立行政服务中心和板材信用担保中心等措施，扶持板材加工业发展。目前已形成以刘振屯乡为中心，年加工板材50多万立方米，产值2.62亿元，辐射豫、鲁、苏、皖等省和周边地区的板材加工工业区。涌现出板材加工专业村17个，板材加工专业场（户）310家，吸收就业人数9 700人，人均增收4 000多元，有力促进了当地的社会主义新农村建设。

(六)非公有制林业发展势头强劲

各县（市、区）积极探索、创新营造林机制，采取拍卖林地使用权或以租赁、承包股份制经营等形式，按照“谁造谁有，合造共有”的林业发展政策，鼓励各类社会主体投资参与造林绿化，有力推动了全市林业建设进程。截至2006年年底，全市500亩以上的非公有制造林大户发展到110户，总经营面积近10万亩。

(七)林业育苗实现“四化”

实现了苗木生产的多样化、良种化、规模化和集约化，全面提高苗木生产的质量效益和规范化经营水平。充分发挥县、乡苗圃和育苗专业村、专业户的骨干作用，采取集中与分散相结合，经济林、用材林、景观绿化树种、珍稀树种和优良乡土树种相结合的模式，适应造林绿化和市场需求，有计划、有目的地落实育苗面积。

(八)做好林木检疫和林业有害生物防治

林木种苗产地检疫率达89.7%。按照重点防治与全面防治相结合、专业队与群防群治相结合的方法，有效地控制了林木病虫害暴发成灾。2006年，全市林木病虫害发生16.03万亩，发生率5.92%;防治面积12.9万亩，防治率达80.5%，各项指标均达到上级要求。

(九)大力加强林业执法体系建设

全市12个森林公安分局（派出所）已全部接入公安信息网。沈丘县、川汇区森林公安分局开通了公安专线电话。基层派出所在等级评定中全部通过省森林公安局验收，其中2个所被评定为二级。2006年全市共受理林业案件460起，其中刑事案件32起，行政案件428起，刑拘27人，逮捕16人，打掉盗伐林木团伙10个。资源林政管理部门切实抓好林木采伐、木材运输和销售管理。2006年，全市资源林政管理部门共办理林木采伐证1 201份，审批采伐林木12.1万立方米，凭证采伐率达93%以上。办理野生动物运输许可证、森林植物检疫证、出省木材运输证9 816份。全市木材经营加工户达到2 370个，凭证经营率达90%以上。切实加强林业用地管理，全年共上报征占用林地项目4个，审核上报面积42.3亩，审核率100%。

二、纪实

李绍彬副市长安排部署春季植树造林工作 2月9日，李绍彬副市长在全市春季农业生产电视电话会议上对植树造林工作进行安排部署。

市领导参加义务植树活动 3月10日，市领导一行来到西环路沙颍河大桥南侧，与2 000多名市直各单位干部职工及当地群众一起参加义务植树活动。

召开春季植树造林现场会 3月23日，全市春季植树造林现场会在太康县召开。会议的主要任务是总结推广太康县植树造林工作的经验，抓住春季造林的最后时机，在全市范围内掀起植树造林高潮。

周口市林业局荣获“全国绿化先进集体”称号 3月31日，国务院在人民大会堂举行全国造林绿化表彰动员大会，261家单位被全国绿化委员会、国家人事部、国家林业局授予“全国绿化先进集体”荣誉称号，周口市林业局榜上有名。

开展“春季打击涉林违法犯罪”专项活动 4月1日~6月30日，周口市林业局开展了为期3个月的“春季打击涉林违法犯罪”专项行动。此次行动，全市共出动警力3 200人（次），警车600多台（次），破获案件295起，其中刑事案件10起，行政案件285起；打击处理违法人员313人，其中刑事拘留12人；收缴木材863.8立方米，取缔非法木材收购场所41个。

周口市植物园建设工程启动 4月20日，周口市植物园工程建设在东行政新区正式开工。

市政府制定“十一五”生态保护规划 5月，为保护全市生态环境，维护生态安全，市政府出台了周口市“十一五”生态保护规划。规划明确了“十一五”期间生态环境保护的目标、主要任务和保障措施。把巩固提高农田防护林体系建设水平和“生态县”、“环境优美乡镇”、“生态文明村”作为生态建设的重点。计划到“十一五”末，建成2个生态示范县、9个省级生态环境优美乡镇和101个生态文明村。把黄泛区农场建成国家级生态示范区。

对古树名木进行普查登记 5~8月，市林业局抽调专业技术人员对全市古树名木的种类、分布及生长状况进行了全面普查登记。经普查，全市现有古树名木216株，其中散生木131株;古树群两处，古树85株。

成功收回120亩被占林地 7月10日，市林业局在川汇区政府、川汇区城北办事处的配合下，成功收回被当地群众长期侵占的市苗圃场120亩林地。

商水县发现一稀有古树 8月26日，在商水县张庄乡境内发现了一棵浑身长刺的古树。该树位于张庄乡北王庄行政村别楼村东，高11米，树干周长2.7米，占地面积半亩左右。据当地村民介绍，该树每年春季开花，秋季结出乒乓球大小的果实，已有数百年的历史。经过市、县林业技术人员现场观察，采集标本，查找资料，认真对比，认定为柘树，属桑科，树龄在300年左右，是稀有的珍贵树种之一。

“绿盾行动”告捷 11月1日~12月30日，根据省林业厅的统一部署，市林业局组织开展了“绿盾行动”。全市森林公安机关充分发挥资源保护主力军作用，重拳出击，集中打击。共出动执法人员5 660人(次)，警车1 200多台 (次)，查处各类案件401起，打击处理违法人员437人，收缴木材1 620立方米，取缔非法木材收购场所63个。

市委、市政府召开植树造林现场会 11月21日，市委、市政府在西华县召开全市2006年冬2007年春植树造林现场会。会议的中心议题是传达贯彻全省冬季植树造林暨森林防火电视电话会议精神，安排部署冬季植树造林工作，动员全市上下抓住时机，积极行动，迅速掀起植树造林高潮。市长高德领出席会议，市委副书记王爱主持会议。

驻马店市

一、概述

2006年驻马店市林业工作在市委、市政府的正确领导下，在省林业厅的支持指导下，认真践行“三个代表”重要思想，深入贯彻落实《中共中央 国务院关于加快林业发展的决定》，以科学发展观统领林业工作全局，以保护和发展森林资源、增加资源总量、改善生态环境、构建和谐社会、促进人与自然和谐为目标，坚持“速度、规模、力度、质量、效益”十字林业方针，开拓创新，扎实工作，各项林业工作均取得了显著成绩，圆满完成了省林业厅和市政府下达的目标任务，林业建设迈上了新的台阶。

（一）植树造林任务全面完成

2005年冬以来，按照省委、省政府的统一部署，驻马店市各级党委、政府把造林绿化作为一件大事来抓，突出“主攻农田林网、完善通道绿化、狠抓项目建设、全面开展义务植树活动”四项工作重点，将造林绿化工作当做冬春农村工作的中心工作来安排部署，科学规划，全面动员，精心组织，大打了一场以补植完善、提高标准为主的平原绿化攻坚战，圆满完成省林业厅和市委市政府下达的各项造林任务。本年度全市共完成人工成片造林面积13.39万亩，是省厅下达目标任务面积10.49万亩的127.6%，其中完成淮防林面积1.95万亩，退耕还林面积3万亩，外资造林面积3.5万亩，速生丰产林面积2.2万亩，一般造林面积2.74万亩。人工造林精品率达到48%，超过目标任务8个百分点；完善农田林网面积280万亩，是任务60万亩的466%；中幼林抚育面积12万亩，是任务10万亩的120%；四旁植树1 950万株，是任务1 600万株的121.8%；完成大田育苗面积2.346万亩，是任务2.3万亩的102%；义务植树1 700万株，是任务1 234万株的137%，义务植树尽责率达到91.2%。

（二）森林资源保护管理工作进一步加强

大力宣传森林法及有关法律法规，全民法制观念和资源环境保护意识不断增强。加强林木凭证采伐、凭证运输、凭证经营加工制度的落实，规范林地管理和林业行政审批，林木凭证采伐率和发证合格率均达到92%以上，征占用林地审核率达到95%以上。森林公安机关依法严厉打击涉林违法犯罪活动，共查处林业案件1 600起，其中刑事案件54起，治安案件14起，林业行政案件1 532起；抓获犯罪嫌疑人121人，其中刑事拘留71人，逮捕58人；罚款200多万元，收缴木材163立方米，为国家挽回经济损失100多万元。全年没发生重大毁林、乱占林地和破坏野生动物案件。基本实现了“发案少、秩序好、林区稳定、群众满意”的工作目标。以贯彻落实《野生动物保护法》等法律法规为重点，大力加强对野生动、植物的保护管理工作。坚持“预防为主，科学防控，依法治理，促进健康”方针，积极开展林业有害生物防治工作，圆满完成了省林业厅下达驻马店市的林业有害生物防治目标管理任务，成灾率控制在1‰以内。贯彻落实温家宝总理提出的森林防火行政领导负责制的“五条标准”，坚持“预防为主，积极消灭”的防火方针，切实抓好各项防范措施的落实，取得了较好成绩。全市全年未发生重特大森林火灾事故。

（三）森林分类经营工作取得新突破

森林生态效益补偿工作取得新进展。在2005年划定国家重点公益林64万多亩的基础上，2006年划定省级公益林112万多亩。全年落实中央和省级生态效益补偿基金295万元，为驻马店市公益林管理工作奠定了坚实基础。在着力抓好林业生态建设的同时，加快林业产业发展，努力构建完备的林业生态体系和发达的林业产业体系。2006年驻马店市林业产业发展迅猛，全市现有林板企业192家。

（四）项目建设稳步推进

2006年，全市共争取各类林业项目资金3 802.96万元，其中外资2 108.96万元，国债资金260万元，中央财政专项资金642万元，省级财政资金792万元。林业项目造林任务7.75万亩。其中退耕还林面积3万亩，外资造林面积0.6万亩，淮防林面积1.95万亩，速生丰产林2.2万亩，全部完成了建设任务。截至目前，驻马店市已累计完成退耕还林面积66.6万亩，有效地改善了驻马店市生态状况。

（五）科技兴林成效显著

结合驻马店市工程造林重点推广了速生杨、速生刺槐、楸树、大枣、杏李、桃、板栗、石榴等林木新品种20余个。工程造林良种使用率达到90%以上，推广应用林业新技术13项，建成了上蔡县花木生产科技示范园1 000亩，泌阳县瓢梨生产科技示范园1 000亩，新蔡县林木良种繁育示范园200亩。积极开展科普宣传和组织科技人员送科技下乡活动，为群众讲解林业实用技术，为农林林果业发展、增加农民收入、推进新农村建设作出了积极贡献。

二、纪实

发布2006年林业有害生物发生趋势预测 1月份，市森林病虫害防治检疫站组织人员开展越冬前虫情调查，发布了2006年林业有害生物发生趋势。

全市森林公安机关积极开展基层基础八项重点工作 2月12日，在以市林业局黑天义副局长为组长的全市森林公安“三基”工作领导小组的组织协调下，全市森林公安机关积极开展了基层基础八项重点工作。

安排部署春季植树造林和护林防火工作 2月16日，在全省春季植树造林暨护林防火电视电话会议后，市政府继续召开全市春季植树造林和护林防火电视电话会议，黄卫华副秘书长主持会议，郭鹏亮副市长作了重要讲话。

省春季造林督导组到驻马店市督导检查 2月21日，以河南省林业调查规划院光增云副院长为组长的省春季造林督导组到驻马店市进行督导检查，对驻马店市春季造林工作给予了高度评价。

省政府通报表彰驻马店市5个县（区）为“省平原绿化高级标准先进县（市、区）” 2月24日，省政府发出通报，表彰驻马店市驿城区、西平、上蔡、平舆、确山5个县（区）为“省平原绿化高级标准先进县（市、区）”。至此，驻马店市全部实现了平原绿化高级达标，这是驻马店市林业建设一个历史性的重大突破，在驻马店市林业建设史上树立了一块新的里程碑。

积极开展林板企业现状调查 2月份，市林业局组织开展了全市林板企业现状、生物质能源和利用状况调研工作。

积极开展送科技下乡活动 3月3日，由市林业技术推广站部分专家和技术人员组成的林业科技服务团到确山县竹沟镇进行送科技下乡活动，现场举办培训班，为林农讲解传授林果栽培和管理技术，深受群众欢迎。

开展跨区联合非法经营木材场点专项治理活动 3月7日，在省森林公安分局组织协调下，驻马店市森林公安分局与平顶山市森林公安分局联合对平顶山市舞钢区和驻马店市遂平县、西平县交界处非法经营木材场点开展区域性专项治理活动。

市四大班子领导积极参加义务植树活动 3月9日，市四大班子领导在市委副书记、市长化有勋的带领下，一行20多人到市前进路参加义务植树活动。

市委书记、市长联名致信号召大力开展植树造林 3月11日，市委书记宋璇涛、市长化有勋联名在《驻马店日报》上发表《加快林业发展步伐，建设秀美和谐的社会主义新农村》的文章，要求全市各级党委、政府强化措施，继续搞好造林绿化工作，号召全市人民积极参加义务植树活动，大力开展植树造林。

组织森林病虫害防治检疫机构业务骨干赴罗山参观学习 3月17日，市林业局组织全市森林病虫害防治检疫机构业务骨干20多人，赴罗山森林病虫害防治检疫站参观学习。

组织开展造林苗木质量抽查 3月25~28日，市林业局抽调精干力量组成检查组，在全市范围内开展了造林苗木质量抽查工作，共抽查苗木3 000多株，合格率达90%。

大力开展非法烧炭集中整治行动 3月下旬，针对驻马店市泌阳县和确山县交界处存在的非法烧炭现象，市林业局组织两县森林公安机关积极开展集中整治行动。

制作新闻专题片，宣传平原绿化高级达标成果 3月份，市林业局和市电视台新闻部联合拍制平原绿化高级达标专题新闻片，并在驻马店电视台多次播放，使全市人民更加了解驻马店市平原绿化高级达标成果和林业建设新成就。

积极开展春季打击涉林违法犯罪专项活动 4月7日，市林业局召开全市森林公安工作会议，安排部署严打工作，对春季打击涉林违法犯罪专项行动进行动员。

积极参加国家林业局举办的知识竞赛 4月10日，驻马店市林业局积极组织人员参加国家林业局举办的《中华人民共和国种子法》实施5周年林木种苗知识竞赛活动，被省林业厅评为“组织奖”，有6名同志获得物质奖。

开展技术培训，积极服务“三农” 4月10~25日，为响应全省开展服务“三农”工作的号召，市林业局选派3名林业技术专家，深入到泌阳、确山、平舆3县，为林农朋友开展技术培训，培训林农1 000多人（次），发放技术资料2 000余份，并通过市电视台《农村大世界》栏目，向农民朋友讲授了当前林业科学管理技术。

市林业局组织人员到上蔡县指导草履蚧防治工作 4月14日，市林业局助理调研员马桂荣带领市森林病虫害防治检疫站站长吴淑芳、副站长石湘云及技术人员到发病严重的上蔡县指导草履蚧防治工作，并协同县电视台摄制了防治现场专题宣传片。

驻马店市举行第25届“爱鸟周”科普宣传活动 4月21日，市林业局和驿城区林业局联合在市森林公园举行“爱鸟周”活动启动仪式，市林业局、驿城区林业局和河南兴展标本有限公司的全体同志以及新闻记者、学生代表、部分群众等200多人参加了启动仪式。

积极开展杨树病虫害调查工作 5月18~23日，根据《河南省森林病虫害防治检疫站关于开展杨树黄叶病专项调查的通知》精神和要求，市森林病虫害防治检疫站组织各县（区）对全市杨树病虫害发生情况进行调查，经认真调查，未发现黄叶病虫害。

驻马店市火炬松采种基地项目通过省林业厅验收 5月20日，驻马店市马道林场火炬松采种基地项目，通过了省林业厅组织的项目竣工验收。

安排部署“三夏”期间的护林防火工作 5月20日，市森林防火指挥部召开会议，安排部署“三夏”期间的护林防火工作。

认真开展世界银行项目审计工作 5月24~26日，市林业局配合省林业厅、市审计局对汝南县、确山县、平舆县2005年度世界银行项目进行了认真审计，提出了整改意见和措施。

组织开展种源实验情况调查 5月25日，市林业局组织开展了种源实验情况调查，全市共参试树种25个，其中中国林业科学研究院参试树种6个，省林业科学研究院参试树种5个，驻马店市林业科学研究所参试树种10个。参试种源数量1 389个，建立实验点214个，规模5 013亩，全部通过鉴定。

积极开展省级公益林界定调查工作 5月26日，根据省林业厅要求，在完成全市范围内省级公益林界定调查工作基础上，上报省级公益林界定面积112万亩。

省林业厅工作组来驻马店市进行营造林情况检查 6月8~9日，省林业厅检查组到驻马店市进行2006年度营造林质量和全民义务植树情况检查，对该项工作给予高度评价。

配合省财政厅、林业厅完成世界银行项目审计工作 6月23~25日，市林业局配合省财政厅、省林业厅对驻马店市泌阳、汝南两个世界银行项目县一、二期项目资金进行了认真审计和调查。

市林业局工作组深入县乡进行病虫情况调查 6月26~27日，市林业局助理调研员马桂荣带领市森林病虫害防治检疫站有关人员赴确山、遂平、西平三县实地调查病虫情况，发现因干旱导致杨树叶发黄的现象得以缓解，杨树食叶病虫正值第2代1~4龄。

召开全市湿地和自然保护区建设管理工作会议 6月29日，李清河局长在参加完省林业厅会议之后，组织召开了全市湿地保护管理暨自然保护区建设管理工作会议，传达了省厅会议精神，安排部署了下一步工作。

驻马店市遂平县与舞钢市成立护林防火联防委员会 7月3日，驻马店市遂平县与平顶山舞钢市护林防火联防委员会成立暨第一次联防会议在遂平县召开，两县市护林防火联防正式实现每年一值的值班制。

市林业局派技术人员赴正阳县开展杨树食叶害虫防治工作 7月17~18日，以杨小舟蛾、杨扇舟蛾、杨黄卷叶螟为主的杨树食叶害虫在驻马店市正阳县大面积发生，局部暴发成灾。为尽快控制和解决杨树食叶害虫大面积暴发趋势，根据局领导安排，市林业局助理调研员马桂荣带领市森林病虫害防治检疫站技术人员亲临一线，调查虫情，指导协助正阳县开展防治工作。正阳县政府召开紧急工作会议，安排部署防治工作，并拨专款4.5万元；县林业局组织专业队对主要路段和林区进行了统一防治，取得了明显成效。

完成4个国有林场和6个国有苗圃场的石油价格补贴工作 7月份，根据中央通知精神和要求，市林业局协助有关部门完成了驻马店市4个国有林场和6个国有苗圃场的石油价格补贴工作。

大力开展野生动物保护工作 8月14日，根据群众举报，市野生动植物保护科、市森林公安分局、驿城区森林公安分局组成联合执法组，到驻马店市火车站货运仓库内，将已打包即将外运的10件20 000只青蛙查获，进行了放生，对责任人进行了处理，并通过市电视台进行了曝光。

举办全市森林扑火指挥员业务培训 8月17~19日，为加强森林防火队伍建设，提高扑火能力，举办了全市森林扑火指挥员业务培训班。

组织开展风景旅游区森林防火检查工作 8月23~24日，为消除火灾隐患，增强防范意识，驻马店市组织开展了风景旅游区森林防火检查工作。

市政府下发通知安排部署杨树病虫害防治工作 8月15日，市政府下发了《驻马店市人民政府关于防治杨树病害的紧急通知》（驻政〔2006〕10号），对驻马店市杨树病虫害防治工作进行了部署。

市林业局加强对杨树病虫害防治督导工作 8月22~30日，根据武国定副市长的指示精神，由市林业局副局长杜广申带队，组成督导组，对全市杨树病虫害防治工作进行认真的检查督导。

省林业厅林木种苗工作检查组到驻马店市进行检查 9月10~15日，省林业厅组织林木种苗工作检查组到驻马店市对2006年度林业育苗目标完成情况进行检查。通过检查，全市共完成大田育苗2.34万亩，是省林业厅下达任务2.3万亩的102%。

积极开展日元贷款项目培训 9月14~21日，市林业局配合省林业厅项目办公室完成了对驻马店市泌阳等7个县的“日本政府贷款河南造林项目”总体设计的培训任务。

积极开展松材线虫病普查工作 9月15日，即日起经过近一个月时间，在全市范围内开展了松材线虫病普查工作。外业调查发现，驻马店市泌阳、确山两县部分松林有松墨天牛分布，但内业鉴定未发现松材线虫病。

下达省级生态公益林补偿基金 9月19日，省财政厅、省林业厅给驻马店市下达生态公益林补偿基金。驻马店市省级公益林实施补偿26.77万亩，年度补偿资金120.4万元。

召开全市林业局长会议 9月21日，市林业局组织召开全市县（区）林业局长工作会议，党组书记、局长李清河安排部署了创建林业生态县及2006年冬2007年春植树造林工作。

召开全市退耕还林工作会议 9月26日，为贯彻落实省退耕还林工作会议，驻马店市召开了由各县（区）林业局主管局长、退耕还林办公室主任参加的全市退耕还林工作会议。

恢复建立野生动物疫情病情日报告制度 10月10日，在全市林业系统恢复建立了野生动物疫情病情日报告制度，为有效掌握野生动物疫情提供了保障。

市政府制定印发森林防火抢险应急预案 10月9日，为加强森林防火抢险工作，经研究，市政府办公室印发了《驻马店市人民政府办公室关于印发驻马店市森林防火抢险应急预案的通知》（驻政办〔2006〕87号）。

市政府护林防火指挥部对先进单位和个人进行表彰 10月19日，为进一步推进工作，树立典型，市护林防火指挥部下发了《驻马店市人民政府护林防火指挥部关于表彰2005年度全市森林防火工作先进单位和个人的决定》（驻护防指〔2006〕7号）和《关于表彰2006年度森林防火目标管理先进单位的决定》（驻护防指〔2006〕8号），对市财政局等31个先进单位和陈天锡等42名先进个人予以表彰，并颁发了荣誉证书和奖金。

开展退耕还林实绩核查 10月20日开始，在全市范围内开展了为期近一个月的退耕还林实绩核查工作。

加强对科技示范园建设检查督导工作 10月24~25日，市林业局组织人员对全市的三个科技示范园建设和标准化的制定工作进行了检查、督导。

积极开展林木良种基地调研工作 10月26日，为掌握林木良种基地的经营现状、管理方式，解剖林木良种与普通种子的生产成本和构成要素的有关费用，市林业局组织对马道林场火炬松采种基地、上蔡县林木良种基地的生产建设情况进行了认真调研。

驻马店市又有两支森林防火纠察中队正式成立 10月26日，为加强森林防火工作，驻马店市上蔡县无量寺乡、齐海乡两支森林防火纠察中队正式通过市级验收，这是驻马店市第21支、第22支森林防火纠察中队，也是全省第一批乡级平原森林防火纠察中队。

省林业厅年度目标考核组来驻马店市进行年度目标考核 10月26~29日，省林业厅年度目标考核组来驻马店市对市林业局和上蔡、泌阳、新蔡等县进行了考核，并对泌阳县森林病虫害防治检疫站省级标准站进行了验收。

积极开展野生动植物保护宣传月活动 10月份，驻马店市积极开展了野生动植物保护宣传月活动，在主要街道设立保护野生动物咨询台，发放倡议书、宣传单，并现场回答群众提出的热点、敏感问题。

开展“绿盾行动”保护森林资源 11月1日，全市森林公安机关针对破坏林地和野生动物资源违法犯罪活动，开展了为期2个月的“绿盾行动”。

驻马店市召开林业生态县建设暨2006年冬2007年春植树造林工作动员会议 11月2日，为深入贯彻落实全省林业生态建设商丘现场会议精神，市委、市政府在西园宾馆召开了全市林业生态县建设暨2006年冬2007年春植树造林工作动员会议。

省政府禽流感防控督导组到驻马店市检查督导工作 11月5日，由省林业厅副厅长谢小涛带队的省政府禽流感防控督导组到驻马店市检查督导禽流感防控工作，并给予高度评价。

市政府召开全市冬季植树造林暨护林防火电视电话会议 11月6日，在全省冬季植树造林暨护林防火电视电话会议后，市政府召开电视电话会议，黄卫华副秘书长主持会议，武国定副市长作了重要讲话。

安排部署义务植树和古树名木保护工作 11月10日，驻马店市召开全市主管林业局局长、股长会议，安排部署了全市义务植树和古树名木保护工作。

市林业局送科技助推新农村建设 11月14日，根据林业局党组安排，由副局长、驻村工作联络员孙保平带队，驻村队员、防火办公室主任陈卫波，高级工程师徐励，工程师邵明丽4位同志组成的工作队到驻马店市泌阳县马谷田镇下河、茨园等村，以现场培训、咨询答疑和发放技术资料等方式进行林果技术传播和指导。马谷田镇镇长王岩、副镇长刘艺参与活动组织和现场主持，100多名果农和农业技术骨干参加了活动。

豫鄂两省九县（市、区）六届三次暨鹰宛驿一届一次护林防火会议在驻马店市泌阳县召开 12月6日，豫鄂两省九县（市、区）六届三次暨鹰宛驿一届一次护林防火会议在驻马店市泌阳县召开。会议认真总结了联防区一年来的工作，分析了形势，研究了对策，表彰了先进，加强了沟通，讨论修改并通过了两个联防区的协议书。

国家林业局和省林业厅工作组到驻马店市开展林业有害生物防治中长期发展与建设规划编制调研工作 12月7日，国家林业局植树造林司保护处王晓华处长、国家森林病虫害防治检疫总站张旭东副处长和省森林病虫害防治检疫站林晓安副站长在驻马店市林业局助理调研员马桂荣、森林病虫害防治检疫站站长吴淑芳的陪同下，到驻马店市确山县开展“全国林业有害生物防治中长期发展与建设规划”编制调研工作。

驻马店市宿鸭湖湿地自然保护区通过省级评审验收 12月11日，市林业局总工程师杨保森、野生动植物保护科副科长苏平到省林业厅参加宿鸭湖湿地自然保护区总体规划评审会。会上，宿鸭湖湿地省级自然保护区总体规划顺利通过专家评审验收，为下一步晋升国家级湿地自然保护区奠定了坚实基础。

市林业局召开全市林业宣传工作会议 12月12日，市林业局召开全市林业宣传工作会议，传达了12月7日在郑州召开的全省林业宣传工作会议精神，总结了2006年全市林业宣传工作的开展情况，孙保平副局长安排部署了下一步全市林业宣传信息工作。

驻马店市举办森林防火工作暨森林火灾统计人员培训班 12月15日，为加强森林防火工作，驻马店市举办了全市森林防火工作暨森林火灾统计人员培训班。

市林业局大力加强冬季植树造林督导工作 12月20~28日，为加强全市冬季植树造林工作，由副局长杜广申、助理调研员马桂荣带队，组成两个督导组，到各县（区）检查督导冬季植树造林工作开展情况。

南阳市

一、概述

2006年，南阳市林业工作在省林业厅的具体指导和大力支持下，认真贯彻落实《中共中央 国务院关于加快林业发展的决定》和省、市林业工作会议精神，加强领导，强化措施，狠抓落实，林业建设取得了很大成绩。林业工作是多年来领导最为重视、工作力度最大、成效最为明显的一年。全市共完成造林面积116.52万亩，植树11 700.24万株，实现了“造林超百万亩，植树超亿株”的预期目标。新建完善农田林网面积860.7万亩，完成通道造林面积8.36万亩，植树881.16万株，完成义务植树面积1 805万株。新发展经济林面积15.6万亩，栽植速生杨面积78.6万亩。吸引2.3亿元社会资金投入造林。引进林果新品种13个，推广应用新技术10项。查处各类案件2 993起，处理违法犯罪分子3 373人，为国家挽回经济损失799.8万元。

（一）造林绿化

市委、市政府从落实科学发展观，实现“五个统筹”，建设“经济强市、文化名市、生态大市”的战略高度，把造林绿化作为全市农村最重要的工作之一来抓，全市动员，形成了主要领导亲自抓、分管领导具体抓、全民参与搞绿化的大好工作局面。全市以平原丘陵区造林绿化为突破口，强力推进平原绿化高级达标工作。镇平县、唐河县、宛城区、邓州市、社旗县、卧龙区，克难攻坚，重点突破，一举实现平原绿化高级达标，全市提前一年达到平原绿化高级标准。据统计，全市共完成工程造林面积46.835万亩，其中退耕还林面积17.1万亩，长防林面积4.337 5万亩，速生丰产林面积3.1万亩，水土保持林面积0.3万亩，外资项目造林面积3.97万亩，飞播造林面积4万亩，其他造林面积14.027 5万亩。一是领导高度重视。原市委书记何东成、市长黄兴维亲自安排部署林业工作，带头参加义务植树活动。市委副书记李天岑、副市长姚龙其多次深入县、乡检查指导工作，解决问题，推动工作的开展。2005年以来，市委、市政府先后召开了全市平原绿化工作会等10次林业工作会议，下发了《关于搞好2006年平原丘陵区造林绿化的意见》等11个重要文件，对全市林业工作进行全方位安排部署。这是多年来市委、市政府就林业工作召开会议、下发文件最多的一年。各县（市、区）党委、政府主要领导亲自动员部署，亲自参与林业建设，极大地促进了造林绿化工作的开展。

二是责任明确到位。市委、市政府下发平原丘陵区造林绿化工作意见，明确各级党委、政府对造林绿化工作负总责，各级党政一把手是造林绿化工作的第一责任人，分管领导是主要责任人。对完成年度造林任务的，给予通报表扬，并给予一定数量的资金奖励；对完不成年度造林任务的，给予通报批评。对如期达到平原绿化高级标准的县（市、区），通报表彰，并给作出显著成绩的党政主要领导、分管领导和林业部门主要领导记功一次；对不能如期达到平原绿化高级标准的县（市、区），通报批评，责令限期完成，并给予负有责任的相关领导通报批评，玩忽职守、责任重大者，给予纪律处分。市政府与各县（市、区）政府签订了平原绿化高级达标、森林防火工作目标责任书，把造林任务纳入对县（市、区）政府年度目标考评的内容，年终考核奖惩。市财政拿出100万元实行以奖代补。三是督查奖惩有力。市委、市政府领导定期或不定期地对全市林业工作进行督查指导。市林业局领导班子成员组成8个督导组，分包各县（市、区）和重点乡（镇），对造林绿化、林业育苗、森林防火、林业案件查处等工作进行全面检查指导。2006年6~7月，市林业局按照市委、市政府“两办”《2006年度平原丘陵区造林绿化考核奖惩办法》，组织技术人员对8个平原县（市、区）造林绿化情况进行了全面检查验收。市委、市政府依据核查结果，对率先实现平原绿化高级达标的新野县和造林绿化工作成绩突出的社旗县、方城县、邓州市、镇平县分别进行了表彰奖励。

（二）林业产业

全市以建立比较发达的林业产业体系为目标，调整结构，优化布局，培育龙头，提高效益，促进了一、二、三产业的协调发展。一是大力发展林果业。因地制宜，突出特色林果品种，重点发展以山茱萸、猕猴桃、辛夷、柿子、油桃等为主的经济林，建成了一批干鲜果基地和中药材基地，全市新发展经济林面积15.6万亩。大力发展以107、108杨树为主的速生丰产用材林，初步形成了以唐、白、湍、丹四大水系及主要通道和岗丘区为主的速生杨基地，新发展面积78.6万亩。二是着力培育林产品加工业。依托资源优势，加快林产品加工业发展步伐，初步形成了以南方木业、镇平腾达、内乡天曼、邓州北园胶合等为主的木材加工企业，以宛西制药、福森药业为主的中药制造业，以南召华龙辛夷、唐河泰瑞和栀子为主的林产化工业，全市林产品加工企业达850家，年加工木材30.85万立方米，处理中药材3万余吨。三是快速推进森林旅游业。以森林公园和自然保护区为依托，加快景区建设步伐，大力发展森林旅游业。伏牛大峡谷、太白顶、宝天曼、老界岭、独山已成为南阳市森林旅游的新景点。伏牛山世界地质公园的申报成功，为南阳市生态旅游又增添了一张重要名片。旅游收入达到5 000万元，年接待游客194.3万人（次）。2006年，全市林业产值首次突破40亿元，达到41.41亿元。

（三）非公有制林业

市、县两级政府积极出台优惠政策，采取多种形式，鼓励各种社会主体跨所有制、跨地区、跨行业投资发展林业，大大激发了社会各界投资造林的积极性，非公有制造林呈现出强劲的发展势头。特别是平原县（市、区）大力推行土地流转和“两权”拍卖，社旗、邓州、唐河、镇平等县（市）林地承包、“两权”拍卖达90%以上。社旗县出台优惠政策，对100亩以上的造林大户实行挂牌保护，对50亩以上的个体造林大户，每亩补助50元苗木费。方城县在环城林带建设中采取政府投苗、群众投工，每亩每年补贴100元的标准，鼓励多造林、造好林。镇平县、卧龙区对新造林实行先确权后造林，造林地块一次性拍卖，明确了林地可由业主承包30~50年，并允许继承、转让和抵押。桐柏县勇于实践，大胆创新，在林权制度改革和招商引资方面成效明显，先后吸引了大友（香港）公司、安徽阜阳农村科技开发有限公司等商户到桐柏投资，从事林业开发与建设，为林业的发展注入了新的活力。南召县主动引进外地造林大户到本地投资造林，非公有制造林面积达90%以上。内乡县林业局组织所属二级单位成立了造林公司，与乡村、农户合作造林1.6万亩，保证了造林质量，推进了林业建设与市场的接轨，实现了由国家投资造林向造林公司合作承包造林的转变。2006年，全市共吸引2.3亿元社会资金投入造林，拍买、承包农田林网和路林1.98万条2.24万公里，非公有制造林占全市造林总面积的80%以上。

（四）科技兴林

市委、市政府把科技作为加快林业发展的助推器，强力实施科技兴林战略，加大林业创新力度，努力提高林业技术含量。继续深化院市科技合作。全国“两会”期间，市委书记、原市长黄兴维，副市长姚龙其亲自到中国林业科学研究院汇报工作。局领导先后两次到中国林业科学研究院进行合作洽谈。市林业局对院市合作5年来的情况进行摸底调查，进一步明确了下一步的合作方向。省市科技合作取得新进展，2006年9月，南阳林业科技示范园晋升省级科技示范园区正式挂牌，双方合作进入实质性阶段。积极组织开展“科技服务周”和“科技三下乡”活动，全市共抽调8 000余名专业技术人员深入林业生产第一线，开展果园管理、苗木培育等技术服务活动。2006年，全市引进林果新品种13个，推广应用新技术10余项；组织实施国家“948”项目4个，科研攻关项目2个，省、市林业科研项目8个，制定省级林业标准文本3个。全市林果新品种、新技术普及应用率达80%以上，重点林业工程项目科技进步贡献率达40%以上。南阳市林业局被国家林业局授予“全国林业科技工作先进集体”称号。

（五）资源管护

保护森林资源就是保护生产力。南阳市林业局坚持以保护促发展，加大执法力度，加强森林资源管理，维护了生态安全。一是加强林政资源管理。严格森林采伐限额，坚持凭证采伐、凭证运输、凭证经营加工制度，严把木材源头、流通关，有效规范木材采伐、运输、经营、加工行为。各地集中开展了征占用林地清理整顿大检查活动，依法打击非法侵占林地行为。全市林木凭证采伐率、办证合格率均达到95%，征占用林地审核率达到91%。二是加大林业“严打”力度。组织森林公安、林政、林业稽查开展4次林业“严打”专项行动，林业案件查处率达到95%以上。全市共查处各类涉林案件2 993起，其中刑事案件152起，治安案件29起，行政案件2 812起，处理违法犯罪分子3 373人，为国家挽回经济损失799.8万元。三是坚持不懈地抓好森林防火工作。认真落实森林防火行政首长负责制，制订防火预案，严格火源管理，加强春节、元旦、清明节等关键时期的防火工作，狠抓各项防火扑火措施的落实，森林火灾受害率控制在0.5‰以内。四是积极做好林木病虫害防治检疫工作。抓好主要林木病虫害的测报和防治工作，做到“早预防、早发生、早防治”。坚持以飞机防治和人工防治相结合的方法，防治林木病虫害面积130余万亩，森林病虫害受害率控制在7.05‰以下。做好林业有害生物普查和检疫执法工作，制订重大林业有害生物灾害应急预案，严防外来物种入侵。五是搞好野生动物保护和自然保护区建设。加强野生动物资源保护，依法管理，全市新建标准化猕猴、梅花鹿养殖场2个。野生动物疫源疫病监测体系初步完善。自然保护区建设步伐进一步加快。宝天曼国家级自然保护区扩大范围和桐柏太白顶、高乐山两个省级自然保护区合并建立淮河源国家级自然保护区的报告已报国家环保总局，两处保护区面积将增加45万亩，全市生态保护力度和保护范围进一步扩大。六是加强生态公益林管护。积极探索和完善生态公益林管理机制，进一步落实管护措施。

二、纪实

市政府领导慰问全市森林防火人员 1月22日，市护林防火指挥部指挥长、副市长姚龙其在市政府有关部门领导的陪同下，慰问防火人员并检查了市森林防火办公室工作。

市政府召开春季植树造林暨森林防火电视电话会议 2月16日，在组织收听收看了全省春季植树造林和森林防火电视电话会议后，市政府结合南阳实际，召开了由市、县两级绿化委员会成员和防火指挥部成员参加的电视电话会议，贯彻落实省政府会议精神，部署安排全市当前林业重点工作。

市政府召开平原绿化高级达标座谈会 2月17日，南阳市召开了由8个平原县（市、区）县（市、区）长、主管县（市、区）县（市、区）长和林业局局长参加的平原绿化高级达标座谈会，副市长姚龙其主持会议。

市委书记何东成调研指导造林绿化工作 2月25日，市委书记何东成在市林业局等有关部门领导的陪同下，深入卧龙区七里园乡、蒲山镇、龙兴乡、王村乡等地，调研指导造林绿化工作。何东成指出，平原丘陵区造林绿化工作仍是南阳市林业发展的潜力所在、希望所在，必须集中精力，重点突破，整体推进。

南阳市开展大规模义务植树活动 3月10日，在第25个植树节来临之际，市委、市人大、市政府、市政协、军分区的领导以及市直有关单位干部职工2 000余人到独山参加义务植树活动，共栽植香樟、银杏、雪松等名贵绿化树种4 600余株。

《孑遗植物（银杏）》特种邮票首发 3月12日，中国《孑遗植物（银杏）》特种邮票在南阳西峡县中华白垩纪恐龙园隆重首发。

国家林业局林业工作总站领导到南阳调研 4月16~17日，国家林业工作总站站长马广仁、办公室主任邓侃在省林业厅副厅长丁荣耀、省林业工作总站站长孔维鹤的陪同下，到南阳市淅川县、西峡县调研乡镇林业站建设情况。马广仁指出，乡镇林业工作站建设要围绕农村经济发展，围绕林业工作这个中心，在社会主义新农村建设中，充分发挥职能，起到示范带动作用，作出新贡献。

河南省活立木市场桐柏营业部开业运营 4月29日，河南省活立木交易市场桐柏营业部正式开业运营。原省林业厅副厅长（正厅级）、省活立木交易市场理事会理事长张守印，南阳市林业局局长贺国勤，活立木交易市场理事会副理事长杨献国，省活立木营业所主任周广新及省内外造林企业、林业造林大户等共计200多人参加了开业典礼。

南阳市林业局开展破案攻坚战活动 5月10日~6月30日，市林业局在全市范围内组织开展以“打团伙、挖窝点、破大案”为重点的破案攻坚战，并将此行动作为“春季打击涉林违法犯罪”专项行动和林区禁毒人民战争的重要组成部分，以“春季打击涉林违法犯罪”专项行动为龙头，掀起全市林业严打斗争的高潮。

市林业局领导班子调整　5月22日，根据中共南阳市委宛文〔2006〕131号、宛文〔2006〕124号文件，局长贺国勤调市教育局任局长，镇平县委副书记宋运中任市林业局局长，局调研员张荣山任市林业局党组书记。

召开县（市、区）林业局长会议　6月1日，南阳市召开了县（市、区）林业局长会议。会议回顾总结了2005年冬以来全市林业工作开展的情况，安排部署了当前的几项重点林业工作，要求各县(市、区）对照2006年责任目标，研究制定措施，加大工作力度，确保各项林业工作任务如期完成。

西峡县森林公安分局成功破获特大盗窃国家二级野生保护动物大鲵案　6月5日，西峡县森林公安分局在卢氏县森林公安分局五里川森林公安派出所的配合下，将涉嫌盗窃国家二级野生保护动物的犯罪嫌疑人程新朝、黄小栓、曹小欢刑事拘留。

南阳市飞机防治杨树食叶害虫成效明显　6月9~15日，市林业局从湖北沙市调集两架运五飞机，实施大面积飞机防治，共作业85个架（次），使用生物制剂阿维灭幼脲防治15万亩，涉及宛城、卧龙、方城、社旗、唐河、新野、邓州、镇平、内乡9个县（市、区）以及APP集体公司。

国家林业局副局长赵学敏莅临南阳考察指导工作　6月24~25日，国家林业局副局长赵学敏、中国湿地公约履约办公室常务副主任印红、计资司副司长杨冬、中国野生动物保护协会秘书长陈润生、宣传办公室副主任厉建祝、赵学敏副局长秘书杜荣、保护处副处长王隆富一行7人，在省林业厅厅长王照平、副市长张宪中及有关负责人的陪同下，到淅川丹江省级湿地自然保护区、内乡宝天曼国家级自然保护区考察指导工作。

市委、市政府召开平原绿化高级达标工作会议　7月28日，市委、市政府召开平原丘陵区造林绿化工作会议。会上，市委、市政府下发了《关于表彰2006年度平原丘陵区造林绿化先进集体的决定》（宛文〔2006〕215号），市政府下发了《南阳市人民政府关于表彰平原绿化高级达标先进集体和先进个人的决定》（宛政〔2006〕67号）及《关于对全市平原丘陵县市区2006年度造林绿化情况的通报》，市政府与7个有平原绿化高级达标任务的县（市、区）签订了目标责任书。

河南省林业科技示范园在南阳建立　9月8日上午，河南省林业科技示范园在南阳正式挂牌。河南省林业厅副厅长丁荣耀、科教处处长罗襄生，市政府副秘书长、市农业综合开发办公室主任赵玉坤等领导及市林业局主要负责人参加了揭牌仪式。

全省林业科技工作会在南阳市召开　10月18日，全省林业科技工作会议在南阳市召开。省林业厅副厅长丁荣耀、市委副书记李天岑出席会议并讲话。

南阳市林业局被授予“全国林业科技工作先进集体”称号　国家林业局下发了《关于表彰全国林业科技工作先进集体和全国优秀林业科技工作者的通报》(林科发〔2006〕173号)，南阳市被授予“全国林业科技工作先进集体”称号。

南阳市举办森林扑火指挥员培训班　10月18~20日，南阳市在桐柏县举办了森林扑火指挥员培训班。

市政府召开秋冬季植树造林暨森林防火电视电话会议　11月6日，南阳市市政府在组织收听收看了全省秋冬季植树造林和森林防火电视电话会议后，结合实际，立即召开会议，贯彻落实。

南阳林业局开展“绿盾行动”　11月8日，南阳市林业局在市国税大厦十五楼会议室召开会议，安排部署全市“绿盾行动”专项斗争。

信阳市

一、概述

一年来，信阳市认真贯彻落实中央和省、市林业工作会议精神，坚持落实科学发展观，按照省、市下达的年度目标任务，扎扎实实抓落实，一心一意求发展，大力开展植树造林绿化活动，切实加强森林资源的保护与管理。

（一）造林绿化

2006年以来全市共完成造林面积25.43万亩，是省林业厅下达任务24.625万亩的103.3%，其中人工造面积23.4万亩，封山育林（淮防林）面积2.03万亩。新建和完善农田林网面积68.1万亩，中幼林抚育面积68.7万亩，林业育苗面积2.7万亩，完成通道绿化736公里，四旁植树1 185万株，参加义务植树人数387.36万人（次），植树1 767.2万株，均超额完成目标任务。

（二）重点林业工程建设

高标准完成退耕还林面积6.5万亩，是目标任务的100%；按照省林业厅的要求，加强补植补造，巩固退耕还林造林成果，加快退耕还林信息档案建设。按照精品工程要求，完成淮防林、小型公益林、外资造林作业设计，并严格按照作业设计进行实施，完成淮防林面积4.955万亩，外资造林面积5.43万亩，速生丰产林面积2.95万亩，分别按规定完成或超额完成建设任务。

（三）森林资源保护管理

一是按照国家林业局和省林业厅的统一部署，动员、组织全市森林公安和林政执法力量，认真开展了“区域性整治涉林违法犯罪活动”、“春季打击破坏森林资源专项行动”等，共查处林业行政案件644起，收缴木材2 455.6立方米，罚款100.23万元，行政处罚681人。二是组织开展了第二十五届“爱鸟周”科普宣传活动、“候鸟二号行动”和野生动物禽流感防治工作。三是组织开展林业“破案攻坚战”，严厉打击涉林违法犯罪活动；开展了林区禁种铲毒专项行动，查处非法种植毒品源植物罂粟案件。四是狠抓森林防火制度落实，杜绝重大森林火灾发生。全市发生一般森林火情74起，受害森林面积1 096亩，森林火灾受害率低于目标任务0.51‰。五是积极开展森林病虫害防治，重点防治马尾松、杨树、板栗等病虫害30余万亩，其中飞机防治马尾松毛虫13万余亩，全年森林病虫害成灾率控制在省定目标10‰以下；认真开展林业有害生物专项执法行动，及时清除“加拿大一枝黄花”等检疫性有害生物。本年度，信阳市林业局被省政府护林防火指挥部评为先进集体，市森林公安局被省森林公安局记集体三等功。

（四）森林公园及自然保护区建设

信阳两河口湿地公园正式被省林业厅批准为省级湿地公园。新县连康山国家级自然保护区总体规划获批复；淮河源自然保护区申报国家级自然保护区已通过国家林业局评审；选择光山王母观保护区、固始淮河自然保护区等向上申报，拟规划建设省级保护区；指导督促淮滨淮南湿地保护区、四望山保护区成立机构。

（五）其他主要工作

完成省级公益林区划界定工作，共区划省级公益林294.74万亩；全年争取省级以上森林生态效益补偿基金1 275.7万元；完成二类资源调查相关基础材料的收集、制作和上报工作。

二、纪实

市委书记刘怀廉视察新县森林防火工作　1月6日，市委书记刘怀廉、市人大主任姚铁璜，市委常委、市委秘书长李功勋等市领导到新县检查森林防火工作，现场观看了专业森林消防队员的队列演练。

市委副书记胡玉成深入一线督导林业生产　2月7日，市委副书记胡玉成、市政府副市长张继敬带领市林业局等部门负责同志，先后深入平桥区、浉河区检查督导2005年冬2006年春的林业生产情况，石榴、板栗等林产品加工情况，要求各地抢抓季节，迅速掀起春季植树造林高潮，加快林业产业开发，提高林业经济效益，推进绿色富民。

召开县（区）林业局局长会议　2月8日，市林业局召开了全市各县（区）林业局局长会议，重点传达了市委副书记胡玉成关于做好“五个围绕”开创林业工作新局面的指示和张继敬副市长做好当前林业工作的要求。

市党、政、军领导参加义务植树活动　3月10日，市党、政、军领导和市直部门机关工作人员共计500余人，到平桥区洋河乡吕老堂村义务植树基地开展义务植树活动，当天共栽植石榴、桃、杨树等计5 000余株。

全市林业有害生物防治工作会议召开　3月，信阳市召开全市林业有害生物防治工作会议，重点就新县马尾松毛虫防治、固始松材线病虫害的监测、“加拿大一枝黄花”治理、杨树食叶害虫防治等林业有害生物防治工作进行了安排部署。

市领导考察震雷山省级风景名胜区　3月22日，市委常委、常务副市长刘军甫深入平桥震雷山省级风景名胜区，刘军甫强调震雷山开发以“城市公园、休闲公园、生态家园”为主要发展方向，以休闲、度假、娱乐为主题，建成休闲的乐园、生态的家园。

全国政协副主席罗豪才视察固始安山森林公园　3月29日，全国政协副主席罗豪才一行在省政协副主席陈义初、市委副书记胡玉成等陪同下，深入固始县安山森林公园视察寻根文化。

信阳市全面完成飞防工作　3月31日，信阳市圆满完成飞机防治马尾松毛虫工作，自3月25日开始，新县、罗山县与湖北通用航空公司密切合作、抢天夺时，克服早春气候多变的不利因素，争分夺秒，抓住一切可以飞防的机会，全面完成飞机防治马尾松毛虫任务。本次飞行作业52个架(次)，防治面积13万亩，使用阿维灭幼脲悬浮剂4.5吨，投入防治资金近60万元，对新县31个行政村和新县国有林场3个林区的马尾松毛虫进行了全面治理。

世界银行专家对新县林业发展项目进行竣工检查 4月13~15日，由世界银行中国项目区经理、农业专家刘瑾女士和美国高级农业专家阿拉布特•尼柏格先生等组成的检查团，在国家林业局世界银行项目管理中心副主任姜喜山、省林业厅副厅长张胜炎、市林业局和新县县委、县政府主要负责同志陪同下，到新县对世界银行贫困地区林业发展项目进行竣工检查。

新县荣获“全国绿化模范县”称号 5月，新县被全国绿化委员会表彰为“全国绿化模范县”，是此次表彰的全国54个单位之一，也是新县获得“全国造林绿化百佳县、全国经济林建设先进县”之后的又一殊荣。

淮河源自然保护区通过国家林业局评审 5月，国家林业局在北京召开了林业系统国家级保护区晋升评审会，平桥区天目山自然保护区联合桐柏县申报淮河源国家级自然保护区项目顺利通过了评审。

连康山自然保护区总体规划获得国家林业局批复 5月，国家林业局以林计发〔2006〕35号，正式批复了新县《连康山国家级自然保护区总体规划》。

信阳市建立首家湿地公园 5月，省林业厅以豫林护批〔2006〕20号文正式批复信阳两河口湿地公园为省级湿地公园，这是信阳市首家省级湿地公园。

国家林业局森林公安局到信阳开展接受革命传统教育活动 7月29~30日，国家林业局森林公安局局长杜永胜带领森林公安局机关党支部一行43人，在信阳开展了接受革命传统教育活动。

信阳市森防信息网正式开通 8月，信阳市森防信息网正式开通运行，成为全省首家林业有害生物防治专业网站。该网站具体介绍了林业有关法律法规、病虫害预测预报、防治、检疫的方法技术、最新林业新闻、森防信息以及在办理行政审批所履行的程序和内容等。

淮河湿地省级保护区通过省级评审 8月23日，由省环保局主持，河南农业大学、省科学院地理研究所、省发改委、省林业厅、河南淮河管理委员会、信阳市政府等单位专家参加，在郑州召开了河南固始淮河湿地省级自然保护区申报评审会，审阅了建立省级自然保护区申报书《河南固始淮河湿地自然保护区初步规划》。评审委员会一致同意通过河南固始淮河湿地省级自然保护区评审。

信阳市林业网站正式开通 12月12日，信阳市林业网站正式开通，网站包括林业动态、森林资源保护、造林绿化、林业产业等9个一级栏目、34个二级栏目，内容涉及林业信息、林业电子公文、林业行政审批等各个方面。该网站的开通将为全面宣传信阳市林业提供一个重要网络平台，是全面推介展示信阳市林业的一个重要窗口。

董寨国家级自然保护区荣膺国家级示范自然保护区称号 12月，在中国自然保护区发展50周年纪念大会上，国家林业局宣布将董寨等51个保护区列为首批国家级示范自然保护区并授牌。

全省首个鸟类环志站落户信阳 12月，国家鸟类环志中心组织专家到罗山县董寨国家级自然保护区实地考察后，批准董寨保护区建立鸟类环志站，这是河南省第一个鸟类环志站。

济源市

一、概述

2006年，济源市继续加大造林绿化力度，强化资源管护，坚持科技兴林，全市林业生产呈现快速健康发展的良好局面。

（一）突出项目带动，造林绿化工作开创新局面

2006年，济源市积极争取国家、省重点工程，全年新建、续建林业生态建设项目达到5个，分别为天然林保护工程、退耕还林工程、自然保护区建设、日元贷款造林、水土保持林建设，共争取国家、省无偿投资3 434万元。在项目建设带动下，全市造林绿化工作取得显著成效。共完成造林面积6.22万亩，其中退耕还林工程面积0.5万亩，封山育林面积1万亩，飞播造林面积3.7万亩，一般造林面积1.65万亩。完成通道绿化108条、448.74公里，完成农田林网72条、58.77公里，完善平原林网面积5万亩。建设生态家园达标村20个，植树54.8万株。新建林果专业特色村40个，发展以薄皮核桃为主的经济林面积12 057亩，栽植苗木60余万株。完成义务植树130万株，完成林业育苗面积3 611.7亩。

（二）坚持防打并举，森林资源管护取得新成效

加大林政管理工作力度。严格执行限额采伐制度，全年共批准采伐241起，蓄积14 711.9立方米。积极整顿木材经营市场秩序，共清查加工企业52家，依法取缔10家，停业整顿20家，补征规费58 890元。严格林地管理，认真做好济邵高速公路、河南联创化工、豫源国电等工程建设征占用林地的查验、审核、上报审批等服务工作。完成了2005年0.28万亩退耕还林地的林权清查登记工作。

严厉打击各种破坏森林资源的违法犯罪活动。充实完善了森林公安内设、下设机构和人员队伍建设，机关内部设立了办公室、政工科、法制室，下属刑警大队、治安大队、5个林场派出所，增强了基层警力。全年先后开展了春季严打、林山综合治理、“绿盾行动”等专项行动，共查处各类涉林案件252起，收缴木材257.9立方米，挽回经济损失25余万元。在全市范围内开展“飞鸟”行动，对全市宾馆、饭店及收购贩卖野生动物窝点进行拉网式排查，收缴野生动物25只。

全面加强森林防火工作。健全完善了市、乡、村三级森林火灾扑救体系，加强野外用火管理，共制止野外违章用火12起，清理整改火灾隐患200余起。全年共发生森林火灾、火警20余起，过火面积500余亩。由于扑救及时，共挽回林木经济损失200多万元。

积极做好林木病虫害防治工作。对大峪、承留镇及大沟河林场等2.5万亩虫害重灾区，采取了直升飞机喷洒生物农药的办法进行防治，生物防治率达到85%以上。

认真做好野生动物保护工作。按照国家的有关法律及市政府的有关规定，对因金钱豹和野猪造成损失的农户给予了相应的经济补偿。完成了限量猎捕野猪活动，共猎捕野猪100头，对控制野猪种群数量、减少对林区群众危害起到了积极作用。积极救护受伤野生动物40余只，其中国家重点保护的野生动物20只。搞好野生动物疫源疫病疫情监测，强化了野生动物保护宣传，组织“爱鸟周”活动，与济源日报社联合举办了“爱心鸟”征文比赛。

积极推进自然保护区管理工作。完成了保护区监测和管理体系一期工程建设；严格按照自然保护区管理条例的有关规定，对通过自然保护区的济邵高速公路等重点工程建设，严格按照程序报批，切实维护自然保护区的合法权益。

（三）扎实服务三农，林果业成为农民增收新亮点

以发展优质薄皮核桃为突破口，在全市实施了“533”工程，全市新发展林果专业村40个，涉及9个乡（镇），40个行政村；共栽植苗木602 839株、1.2万亩，其中核桃55万株、1.1万亩。在年底实施的“3+1”工程中，全市又新发展林果专业村46个，栽植薄皮核桃20 147亩、906 630株。一是抓低产核桃园的改造，嫁接新品种核桃8518、香玲、绿波等20万株，成活率达到95%以上。二是抓试验示范和技术研究。与郑州果树研究所联合在邵原林场建立了占地100亩的核桃良种中试基地，引进核桃杂交种4个组合，定植核桃实生苗1 000多株，为以后核桃杂交育种及良种试验示范打下良好的基础。三是开展形式多样的科技培训活动。聘请中国农业科学研究院郑州果树研究所专家曹尚银博士举办了“核桃栽培管理技术培训班”，对全市各乡（镇）的农业副乡（镇）长、林业站站长、林果技术骨干150余人进行了培训。此外，为重点搞好新培育林果专业村技术服务及培训工作，先后在9个乡（镇）18个村进行培训和指导，发放核桃栽植明白卡3万余份，共举办各类培训班26次，培训人员达3 000余人（次）。

（四）加大工作力度，国有场圃发展步伐明显加快

大沟河林场与中国林业科学研究院合作，在林场三林区建立了生态效益监测塔2处、定位观测样地5处，对林区的土壤呼吸度、湿度进行跟踪监测。同时由中国林业科学研究院投资，在该场建设黄河小浪底森林生态系统定位研究站。黄楝树林场投资40万余元，重新修缮了场部至上架林区10公里道路，建成了场部餐厅，完成了黑龙沟栈道刷漆工作，改善了景点景区道路，并加大了对外宣传力度，共接待各类游客1 400余人（次），实现经济效益4.8万余元。漭河林场森林生态旅游项目进展顺利，完成原大寨3公里回路的步游道和百合岭隧道的扩宽加固工程，完成了禅堂山800米隧道开挖工程、石洞宾馆84间客房的分隔和顶棚处理工程、1个凉亭和3 000平方米停车场建设工程，实现年度投资1 000万元。

三、纪实

国有济源市邵原林场核桃基因库建设 1月，为配合济源市10万亩核桃基地建设，邵原林场和郑州干果研究所联合建立了核桃基因库。该基因库占地20亩，共投资20余万元，引进良种核桃母树1 000株，涉及品种20个，年可繁育核桃实生苗木6万余株。

全市林业工作会议召开 2月22日，全市林业工作会议召开。副市长田国强、倪用兴出席了会议，市绿化委员会成员单位、各乡（镇）、48个林果专业特色村和生态家园工程建设试点村的主要负责人参加了会议。

森林公安基层派出所顺利通过省森林公安局等级评定 3月8日，济源市森林公安基层派出所顺利通过省森林公安局的审核评定，大沟河林场派出所、愚公林场派出所、黄楝树林场派出所为三级派出所。

市领导参加义务植树 3月10日，段喜中、刘敏超、梁达贵、范正刚、薛玉森等市领导和市林业局、建委、双桥街道办事处等单位的机关干部一起在“森林同心园”植树。

市领导检查生态家园建设工作 3月21日，市委副书记刘敏超、副市长田国强深入克井镇逢南新村、思礼乡洛峪新村检查生态家园建设工作。刘敏超在检查时指出，要根据农村现有规划格局，认真调查论证，突出绿化效果，高标准、全方位推进生态家园建设。

市人大领导调研造林绿化工作 3月22日，市人大常委会调研组对全市造林绿化工作和林果特色村建设情况进行调研。在副市长田国强的陪同下，调研组先后到克井镇逢南新村、王屋乡前刘沟村和邵原镇金沟村，对生态家园建设和特色林果村建设情况进行调研，并认真听取了市林业局造林绿化工作进展情况的汇报。

市森林公安局第二警务区荣立集体三等功 3月29日，省林业厅森林公安局授予济源市森林公安分局第二警务区“集体三等功”。济源市森林公安分局第二警务区是全省唯一一个获此殊荣的警务区。

济源市林业局被评为全省2005年度林业工作目标管理先进单位 4月，济源市林业局被评为全省“2005年度林业工作目标管理先进单位”。

王备战同志荣获“全国优秀护林员”称号 4月，济源市国有大沟河林场小岭河林区的护林员王备战同志，被国家林业局办公室和中国农林水利工会全国委员会授予“全国优秀护林员”称号。

省农业综合开发办公室领导检查济源市森林防火工作 4月11日，省政府森林防火指挥部成员、省农业综合开发办公室副主任井建国一行深入济源市林区检查指导森林防火工作。

开展第25届“爱鸟周”活动 4月19日~5月15日，济源市组织开展了第25届“爱鸟周”活动。4月19日，“爱鸟周”活动启动仪式暨“爱鸟及屋”挂巢仪式在大沟河林场举行，全市林业系统干部职工100余人参加了仪式。

直升飞机防治林木病虫害 4月30日~5月2日，济源市采用S-300C直升机作业40架（次），科学划分4个防区，对全市2.5万亩集中连片中度以上的刺槐尺蠖发生区，进行了有效的生物农药防治。

省政府参事对济源市森林旅游资源开发利用情况进行调研 5月24~25日，省政府参事赵体顺、

纪好勤、余健等一行4人，对济源市森林旅游资源开发利用情况进行调研。调研组对济源市近年来利用森林资源开发旅游情况给予了充分的肯定，要求济源市在保护好森林资源的前提下，合理开发利用，进一步促进森林旅游业的健康发展。

圆满完成飞播造林任务　6月9~15日，济源市圆满完成了飞播造林任务。共在邵原、大峪、下冶、五龙口等地的3个播区，飞行20架（次），播撒油松、臭椿、侧柏等林木种子1.5万公斤，飞播作业面积3.7万亩。

圆满完成杨树食叶害虫防治工作　7月13~15日，济源市调用Y-5B型飞机，圆满完成了对207国道、新济路、获轵路、小浪底专用线、环城路沿线及部分林网的杨树食叶害虫防治工作，防治通道150公里，面积1万亩，总投资8万余元。这是2006年济源市继5月份对刺槐尺蠖发生区防治后的第二次飞防。

40.5万元重奖造林绿化先进单位　7月，济源市政府下发通报，对全市2005年冬2006年春植树造林工作进行表彰。市政府拿出40.5万元重奖了18个植树造林绿化成绩突出的单位，并授予市林业局、环保局、公安局等10个单位“庭院绿化先进单位”称号。

国家林业局森林资源管理重大问题调研组赴济源市调研　8月10~13日，国家林业局森林资源管理重大问题调研组赴济源市进行调研。国家林业局驻武汉专员刘嗣上在听取汇报后肯定了成绩，指出了存在问题，强调地方政府要高度重视林业建设，林业部门也要搞好自身建设，挖掘内部潜力，促进林业健康快速发展。省林业厅助理巡视员谢晓涛陪同刘专员进行了调研活动。

林业办公大楼顺利建成使用　8月26日，市林业办公大楼正式建成投用。省林业厅领导、省科研单位的专家学者和济源市领导刘玉申、田国强、段礼忠出席了庆典仪式。

全省林木采伐管理培训班在济源市举办　9月15~19日，全省林木采伐管理培训班在济源市举办，来自信阳、南阳、许昌、漯河、平顶山、商丘、周口、驻马店8市林业局及所辖县（区）林业局林政科长和办证人员共150人参加了培训。

认真开展退耕还林摸底调查工作　9月下旬，济源市全面开展了退耕还林摸底调查工作。为切实搞好本次摸底调查，济源市召开了由全市各主管林业副乡（镇）长、林业站站长、国有林场场长和技术员近60人参加的退耕还林摸底调查专题会议，对普查方法、普查程序以及表格填写等任务提出了严格的要求。专门抽调20名技术人员，分包至各乡（镇）、林场，对调查工作进行严格的技术指导和督查。

邀请省内外知名专家共同谋划自然保护区发展　10月19~21日，中国科学院地理研究所、西北大学、河南师范大学、郑州大学的5位专家学者应河南太行山猕猴自然保护区济源管理局的邀请，对太行山猕猴自然保护区的建设及猕猴的生境进行了实地考察，并对济源市生态资源的开发、利用、保护提出了建设性意见和建议。

举办全市护林员培训班　10月24日，为进一步加强天然林保护工程区的森林管护工作，济源市举办了全市护林员培训班，各有关乡（镇）及国有林场的天然林保护工程区护林员参加了此次培训。

郑州果树研究所专家在济源市开展果树实用技术培训　10月28~29日，应济源市林业局、科技局的邀请，中国农业科学研究院郑州果树研究所曹尚银博士等4名专家来到济源，先后到轵城、下冶等地讲授核桃、石榴栽培管理技术，为当地林农、果农送去了丰盛的文化大餐。

冬季三项工作拉开帷幕 11月6日，济源市召开2006年冬2007年春造林绿化、水利建设和土地开发整理三项工作动员大会，认真部署，统筹安排，继续强力推进三项工作，促进济源经济社会与资源环境的和谐发展、人与自然的和谐发展。

全市森林防火工作会议召开 11月8日，全市森林防火工作会议召开。市政府森林防火指挥部指挥长、副市长田国强，市武装部部长张会清等出席会议，全市各乡（镇）、风景区管理局、国有林场和防火指挥部成员单位的负责人参加了会议。

全省林业统计培训会议在济源市召开 11月16日，全省林业统计培训会议在济源市召开。会议就如何做好2006年林业综合统计年报和2007年定期报表统计工作进行了培训，并安排了全省2007年林业重点工程社会经济效益监测工作。省林业厅计财处处长赵海林在会上作了重要讲话，各省辖市林业局的统计人员参加了培训。

广泛开展森林防火宣传活动 12月18~19日，根据市森林防火指挥部的统一部署，由市林业局及各乡（镇）相关负责人组成的森林防火宣传队巡回各乡（镇）、各风景旅游区，广泛深入地开展森林防火宣传活动。

“枣良种光雾工厂化快繁无土育苗技术研究与应用”项目通过省科技厅成果鉴定 12月，济源市林果技术推广中心与中国林业科学院经济林研究中心、中国农业科学研究院郑州果树研究所、济源市国有苗圃场共同承担的“枣良种光雾工厂化快繁无土育苗技术研究与应用”项目，顺利通过了省科技厅组织的成果鉴定。